JN301913

高校と大学をむすぶ
幾何学

Ohta Haruto
大田春外

日本評論社

まえがき

　本書は，著者が，小学校，中学校，高等学校の教師を目指す大学2年生に行っている「幾何学」の講義ノートをまとめたものである．初等幾何と解析幾何の基本的な話題と円周率などの関連する話題を組み合わせて，目先を変えながら授業を進めているが，それがそのまま本書の構成になっている．実際の授業では，大学初年度の微積分と線形代数を利用しているが，それらを知らなくても理解できるように説明を加えた．したがって，高校生にも十分に理解できる内容になったのではないかと思う．

　第1–3章，4章，5章，6章，7–10章はほぼ互いに独立しているので，これらの5つの部分は，どの順番に読むことも可能である．それぞれの内容と必要となる予備知識は，次の通りである．

　第1–3章は，初等幾何の基本的な話題であるが，幾何を通して，数学における「証明」の持つ意味について考えることがもう1つの目的である．幾何学の歴史にも簡単に触れる．特に予備知識を必要としない．

　第4章は，円周率に関する話題である．2通りの方法で円周率を小数第2位まで求めて，円周率が無理数であることを証明する．後半では，高校数学IIIの微積分を用いる．

　第5, 6章は，平面幾何の話題である．特に予備知識を必要としない．

　第7–10章は，高校の「図形と方程式」と「ベクトル」の知識を仮定して，座標平面上の幾何，行列と1次変換，合同と相似，2次曲線について考える．ここでは，特に大学における線形代数への接続を意識した．第10章は，高校での2次曲線の復習と続きの内容である．

　本文中の問は，理解を確かめるためのもの，または，説明を補うためのものである．読者には，解きながら読むことを勧めたい．また，各節末の演習問題は，難問よりは，どちらかと言えば，著者が数学的に美しいと思う問題を選んだ．問と演習問題の解答例を巻末に与えた．

　本書の表題について述べておこう．本書で触れる話題の大部分は，中学校と高校の幾何の発展的内容である．また，その多くは，高校において過去には必

修であったが，数年後には選択扱いになるか削減されるか，あるいは，すでにそうなっているものである．一方，大学のカリキュラムには，これらの高校から「押し出された幾何」に対する受け皿が十分に用意されているとは言い難い．理系の大学であっても，抽象的な理論の具体例として部分的にとり上げられることはあっても，わざわざ時間を割いて授業が行われることは少ない．授業で習わなくても「教養として知っているべき事柄」という扱いが一般的ではないだろうか．また，高校から押し出された理由は，主に分量の問題であって，重要度が低下したということではない．「行列と1次変換」のように，大学における線形代数の理解のために大変役立つと同時に，数学全体の基礎になっている内容もある．したがって，教職を目指す学生だけでなく，一般の学生や，理工系の学部へ進学する高校生などにも，これらの数学を学んでおいてほしいと考えて，この表題を選んだ．執筆にあたっては，できるだけ論理の飛躍の少ない，ていねいな説明を心がけた．本書が，大学生，高校生，社会人など，数学に興味を持つ人たちの助けになれば幸いである．

　最後に，草稿全体を精読して，貴重な助言を頂いた横井勝弥，美佐子夫妻には心から感謝したい．著者の浅学による誤解を含めて，数多くの間違いを指摘して頂いた．もしご夫妻の助力がなければ，本書がこのような形で完成することはなかったと思う．また，何とか完成に漕ぎつけたのは，第4章の円周率の計算を手伝って頂いた堀江雅幸氏，同僚の山田耕三氏をはじめ，静岡大学教育学部数学教育教室の諸氏の協力によるところが大きい．静岡大学理学部の依岡輝幸氏にも，数学の議論を通して有益なヒントを頂いた．これらの方々に対し，心から御礼を言いたい．加えて，日本評論社の高橋健一氏には，企画から完成まで大変お世話になった．特に，著者の遅筆を暖かく見守って頂いたことに対し，深く感謝の意を表したい．

2010年3月31日
大田春外

ギリシャ文字一覧表

$A,$	α	アルファ	$N,$	ν	ニュー
$B,$	β	ベータ	$\Xi,$	ξ	クシー
$\Gamma,$	γ	ガンマ	$O,$	o	オミクロン
$\Delta,$	δ	デルタ	$\Pi,$	π	パイ
$E,$	ϵ	エプシロン	$P,$	ρ	ロー
$Z,$	ζ	ゼェータ	$\Sigma,$	σ, ς	シグマ
$H,$	η	イータ	$T,$	τ	タウ
$\Theta,$	θ, ϑ	シータ	$\Upsilon,$	υ	ユプシロン
$I,$	ι	イオータ	$\Phi,$	ϕ, φ	ファイ
$K,$	κ	カッパ	$X,$	χ	カイ
$\Lambda,$	λ	ラムダ	$\Psi,$	ψ	プサイ
$M,$	μ	ミュー	$\Omega,$	ω	オメガ

目 次

まえがき　　　　　　　　　　　　　　　　　　　　　　　　　　　　i

ギリシャ文字一覧表　　　　　　　　　　　　　　　　　　　　　　iii

第1章　ピタゴラスの定理　　　　　　　　　　　　　　　　　　1
1.1　ピタゴラスの定理とその証明 ………………………………　1
1.2　ハップスの中線定理 ……………………………………………　8
1.3　ピタゴラス数 ……………………………………………………　10
1.4　ピタゴラスの定理と余弦定理 …………………………………　15

第2章　三角形の基本定理　　　　　　　　　　　　　　　　　17
2.1　辺の長さと角の大きさに関する定理 …………………………　17
2.2　角の二等分線と辺の比に関する定理 …………………………　22

第3章　タレスとユークリッド　　　　　　　　　　　　　　　25
3.1　古代エジプトとバビロニアの数学 ……………………………　25
3.2　タレスの数学 ……………………………………………………　33
3.3　ユークリッド『原論』 …………………………………………　37
3.4　定義と公準に関する補足 ………………………………………　43

第4章　円周率　　　　　　　　　　　　　　　　　　　　　　47
4.1　アルキメデスの漸化式 …………………………………………　47
4.2　無限級数による近似 ……………………………………………　54
4.3　π の無理数性 ……………………………………………………　61

第5章　三角形の五心　　　　　　　　　　　　　　　　　　　67
5.1　重心と内心 ………………………………………………………　67
5.2　外心，垂心，傍心 ………………………………………………　70
5.3　オイラーの定理と九点円の定理 ………………………………　74

第 6 章　方べきの定理，メネラウスの定理とチェバの定理　**79**
6.1　方べきの定理 ……………………………………………… 79
6.2　メネラウスの定理とチェバの定理 ……………………… 83

第 7 章　座標平面と直線の方程式　**90**
7.1　座標平面とベクトル ……………………………………… 90
7.2　直線の方程式 ……………………………………………… 95

第 8 章　行列と 1 次変換　**104**
8.1　行列とその演算 …………………………………………… 104
8.2　写像 ………………………………………………………… 112
8.3　1 次変換 …………………………………………………… 117
8.4　1 次変換と表現行列の正則性 …………………………… 125

第 9 章　合同と相似　**135**
9.1　合同と相似 ………………………………………………… 135
9.2　合同変換と相似変換 ……………………………………… 141
9.3　直交行列と直交変換 ……………………………………… 147

第 10 章　2 次曲線　**153**
10.1　放物線，楕円，双曲線 ………………………………… 153
10.2　焦点と接線の性質 ……………………………………… 159
10.3　2 次曲線とその移動 …………………………………… 165

附録 A　問と演習問題の解答例　**174**
A.1　第 1 章の問と演習 ……………………………………… 174
A.2　第 2 章の問と演習 ……………………………………… 184
A.3　第 3 章の問と演習 ……………………………………… 188
A.4　第 4 章の問と演習 ……………………………………… 191
A.5　第 5 章の問と演習 ……………………………………… 196
A.6　第 6 章の問と演習 ……………………………………… 204
A.7　第 7 章の問と演習 ……………………………………… 208
A.8　第 8 章の問と演習 ……………………………………… 212

A.9　第9章の問と演習 ································ 219

A.10　第10章の問と演習 ································ 226

参考書   **233**

索引   **235**

第1章

ピタゴラスの定理

　任意の多角形は三角形に分割できる．さらに，任意の三角形は2つの直角三角形に分割できる．その意味で，平面幾何において三角形はもっとも基本的な図形であり，直角三角形に関するピタゴラスの定理 (三平方の定理) はもっとも重要な定理の1つである．また，この定理は幾何学の基本概念である「長さ」に直接関係している．座標平面上においても，座標空間内においても，2点間の距離はピタゴラスの定理に基づいて計算される．

1.1　ピタゴラスの定理とその証明

　ピタゴラスの定理の主張は，ピタゴラスよりも1000年以上前の古代バビロニアでも知られていたが (例 3.6 を参照)，それは経験的な知識として伝承されて使われていたに過ぎない．ギリシャ時代になって，ピタゴラス (前582–前496) は初めてその主張に証明を与えた．

定理 1.1 (ピタゴラスの定理)　直角三角形の直角をはさむ2辺の長さを a, b, 斜辺の長さを c とするとき，等式 $a^2 + b^2 = c^2$ が成立する．

　ピタゴラス自身の証明は明らかではないが，この定理には多くの異なる証明がある．そのうちのいくつかを紹介しよう．最初の証明は，中学校の標準的な教科書に採用されている証明である．

証明 図 1.1 左図のように，直角三角形 ABC の ∠C が直角であるとし，$BC=a, CA=b, AB=c$ とする．この直角三角形と合同な三角形 4 個を図 1.1 右図のように組み合わせる．このとき，∠C が直角であることから，外側の四辺形と内側にできる四辺形は共に正方形である．すなわち，もとの直角三角形 ABC と合同な三角形 4 個と 1 辺の長さ c の正方形 1 個を組み合わせると，1 辺の長さ $a+b$ の正方形ができる．直角三角形 ABC の面積は $ab/2$ だから，結果として，等式

$$4 \times \frac{ab}{2} + c^2 = (a+b)^2$$

が得られる．右辺を展開して等式を整理すると，$a^2+b^2=c^2$. □

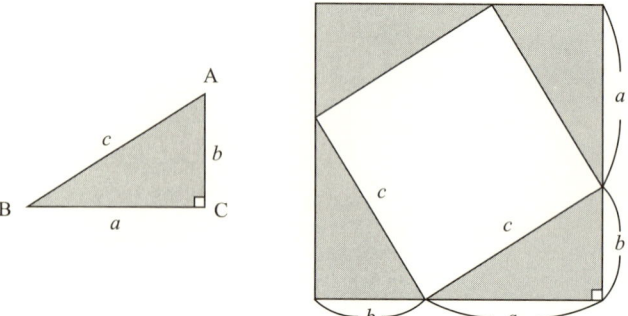

図 1.1 教科書の証明．

上で与えた証明は，文字式 $(a+b)^2$ の展開を使う点で中学生向きではあるが，「なるほど」と思わせる点に欠けている．しかし，図 1.1 を別の角度から見ると直観的な証明に変えることができる．

別証明 図 1.1 右図の内側の 1 辺の長さ c の正方形に着目する．図 1.2 左図のように，この正方形から直角三角形 ABC と合同な三角形 S, T を切り取り，それらをそれぞれ S', T' の位置に移動すると，図 1.2 右図の図形が得られる．この図形は**ピタゴラスの椅子**とよばれる．この変形で面積は変わらないから，ピタゴラスの椅子の面積は c^2 である．一方，ピタゴラスの椅子は 1 辺の長さ a の正方形と 1 辺の長さ b の正方形の和だから，その面積は a^2+b^2 である．ゆえに，$a^2+b^2=c^2$. □

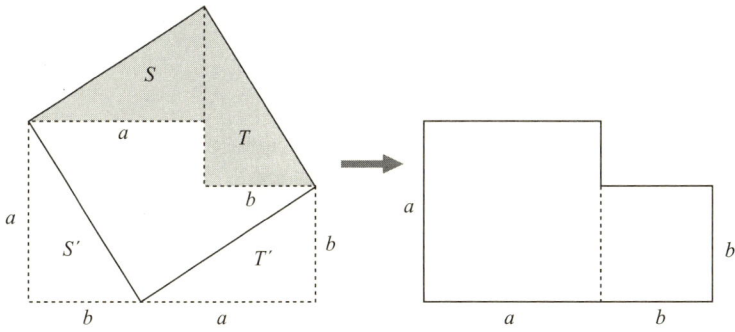

図 1.2 ピタゴラスの椅子.

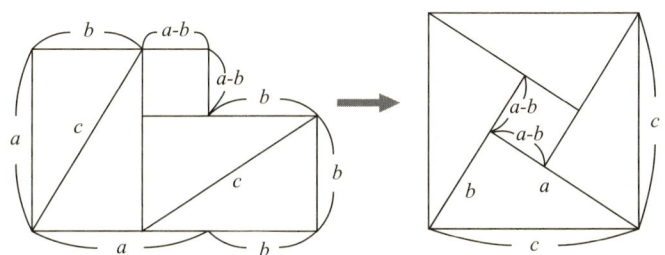

図 1.3 $a > b$ のとき，面積 $a^2 + b^2$ のピタゴラスの椅子から，面積 c^2 の正方形を作る．

別証明の方が最初の証明より説得力があるのではないだろうか．図 1.3 は，逆にピタゴラスの椅子から 1 辺の長さ c の正方形を作る別の方法を示している．参考書 [15] によると，ピタゴラスの定理には 400 以上の異なる証明があるということだが，それらの中でもっとも美しいと言われるものは，ユークリッドによる次の証明である．

ユークリッドによる証明 直角三角形 ABC の ∠C が直角であるとし，BC = a, CA = b, AB = c とする．この直角三角形の外側に，それぞれ辺 BC, CA, AB を 1 辺とする正方形を図 1.4 のように描く．これら 3 つの正方形の面積を順に α, β, γ とすると，$\alpha = a^2, \beta = b^2, \gamma = c^2$. したがって，等式

$$\alpha + \beta = \gamma \tag{1.1}$$

が成立することを示せばよい．点 C を通り辺 AI に平行な直線をひくと，正方

形 ABHI は 2 つの長方形 JBHK と AJKI に分割される．これら 2 つの長方形の面積をそれぞれ γ_1, γ_2 とすると，$\gamma = \gamma_1 + \gamma_2$．いま，$\alpha = \gamma_1, \beta = \gamma_2$ が成立することを示そう．$\alpha = \gamma_1$ が成立するためには，$\triangle BEC = \triangle BHJ$ であればよい．底辺と高さが等しい 2 つの三角形の面積は等しいから，

$$\triangle BEC = \triangle BEA \quad \text{かつ} \quad \triangle BHJ = \triangle BHC. \tag{1.2}$$

ここで，$\triangle BEA$ と $\triangle BHC$ は，どちらも長さ a と c の 2 辺を持ち，その間の角の大きさは $\angle ABC + 90°$ だから，$\triangle BEA \equiv \triangle BHC$．結果として，(1.2) より $\triangle BEC = \triangle BHJ$．ゆえに，$\alpha = \gamma_1$ が示された．$\beta = \gamma_2$ の証明は読者に任せよう．以上によって，等式 (1.1) が成立する． □

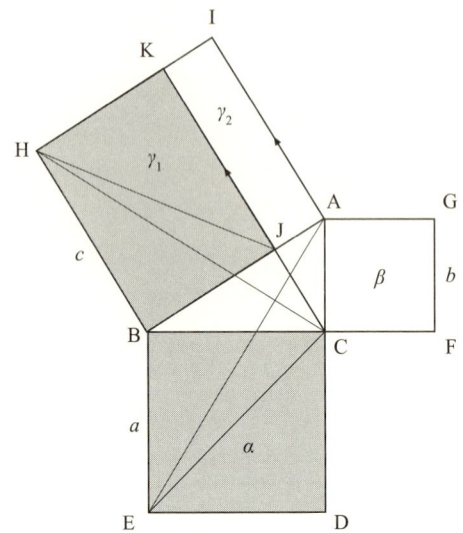

図 **1.4** ピタゴラスの定理のユークリッドによる証明．

問 1 $\beta = \gamma_2$ を示して，ユークリッドによる証明を完成せよ．

三角形 ABC において $BC = a, CA = b, AB = c$ とするとき，ピタゴラスの定理の主張は「$\angle C$ が直角ならば $a^2 + b^2 = c^2$」である．一般に「p ならば q」の形の命題に対しては，その逆「q ならば p」もまた正しいかどうかを考えることが大切である．

定理 1.2 (ピタゴラスの定理の逆) 三角形 ABC において $BC=a, CA=b, AB=c$ とする．このとき，$a^2+b^2=c^2$ ならば，$\angle C$ は直角である．

証明 等式 $a^2+b^2=c^2$ が成立したと仮定する．図 1.5 のように，点 C を通り辺 BC に垂直な直線上に $CA'=b$ である点 A' をとる．このとき △ABC と △A'BC において，$CA'=b=CA$ であり，辺 BC は共通．さらに △A'BC は直角三角形だから，ピタゴラスの定理より $A'B^2=a^2+b^2$．仮定より $a^2+b^2=c^2$ だから，$A'B=c=AB$．以上により，△ABC ≡ △A'BC．ゆえに，$\angle C = \angle BCA = \angle BCA'$ だから，$\angle C$ は直角である． □

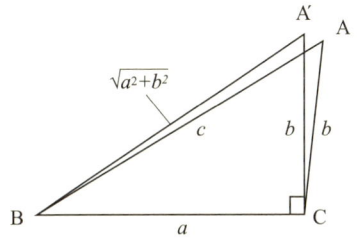

図 **1.5** ピタゴラスの定理の逆．

ピタゴラスの定理とその逆により，$BC=a, CA=b, AB=c$ である三角形 ABC において，$a^2+b^2=c^2$ であることは $\angle C$ が直角であるための必要十分条件であることが分かる．

点 A と A を含まない直線 ℓ が与えられたとする．このとき，A を通り ℓ に垂直な直線が ℓ と交わる点を，A から ℓ に下ろした**垂線の足**という．空間内における点 A と A を含まない平面に対しても，同様の表現をする．

例題 1.3 1 辺の長さが 1 である正四面体 T の体積 V を求めよ．

解 正四面体 T の各面は，1 辺の長さ 1 の正三角形である．図 1.6 のように，頂点 A から面 BCD へ下ろした垂線の足を H とする．このとき，H は正三角形 BCD の重心である．T の高さ AH を求めよう．辺 BC の中点を E とすると，DE は 1 辺の長さが 1 の正三角形の高さだから，ピタゴラスの定理より $DE=\sqrt{3}/2$．また，H は線分 DE を 2:1 の比に内分する (定理 5.1) から，$DH=\sqrt{3}/3$．直角三角形 ADH に再度ピタゴラスの定理を適用すると，

$$\mathrm{AH} = \sqrt{\mathrm{AD}^2 - \mathrm{DH}^2} = \sqrt{1 - \frac{1}{3}} = \frac{\sqrt{6}}{3}. \tag{1.3}$$

△BCD の面積は $\sqrt{3}/4$ だから，$V = (1/3) \cdot (\sqrt{6}/3) \cdot (\sqrt{3}/4) = \sqrt{2}/12$.

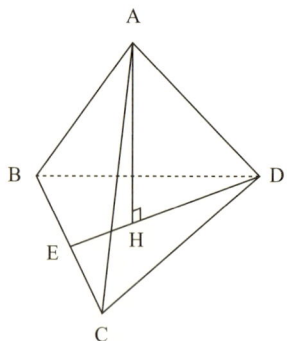

図 **1.6** 正四面体 T.

問 2 縦，横，高さが，それぞれ，4, 5, 3 である直方体のもっとも長い対角線の長さを求めよ．

註 1.4 ピタゴラスは半宗教的，半政治的な団体を作り，数学や天文学を研究した．彼等は「万物の始原は数である」を教義として，整数を神秘的なものと考えた．弦楽器の弦の長さと音の高低の関係を調べ，歴史上最初の音階を作ったことでも有名である．また，ピタゴラス学派は辺の長さ 1 の正方形の対角線の長さが整数の比で表せないこと，すなわち，$\sqrt{2}$ が有理数でないことを最初に証明した．整数の比で表せない数が存在することを示すこの結果は，学派の教義に反するものとして，永く門外不出にされたと言われている (詳しくは，参考書 [15] を見よ)．

* * * * * * * * *

演習 1.1.1 長方形 ABCD の内部に任意に点 P をとる．このとき，等式
$$\mathrm{AP}^2 + \mathrm{CP}^2 = \mathrm{BP}^2 + \mathrm{DP}^2$$
が成り立つことを証明せよ．

演習 1.1.2 直角をはさむ 2 辺の長さが a, b, 斜辺の長さが c である直角三角形の内接円の半径 r は, $r = (a+b-c)/2$ で与えられることを示せ.

演習 1.1.3 直角をはさむ 2 辺の長さが a, b である直角三角形において, 直角の頂点から対辺へ下ろした垂線の長さを d とする. このとき, 等式
$$\frac{1}{a^2} + \frac{1}{b^2} = \frac{1}{d^2}$$
が成立することを証明せよ.

演習 1.1.4 4 面体 ABCD の頂点 D に集まる 3 つの角がすべて直角であるとする. 4 つの面 △ABD, △BCD, △CAD, △ABC の面積を順に $\alpha, \beta, \gamma, \delta$ とするとき, 等式 $\alpha^2 + \beta^2 + \gamma^2 = \delta^2$ が成立することを証明せよ.

演習 1.1.5 ∠C が直角である △ABC の外側に, 辺 BC を直径とする半円, 辺 CA を直径とする半円, 辺 AB を直径とする半円を描く. これらの半円の面積を順に α, β, γ とするとき, α, β, γ の間にはどんな関係が成り立つか.

演習 1.1.6 ∠C が直角である △ABC の外側に, 辺 BC を直径とする半円と辺 CA を直径とする半円を描く. 図 1.7 のように, これらの半円から △ABC の外接円に含まれる部分を除いて得られる月形の図形を, それぞれ, S_1, S_2 とする. S_1 と S_2 の面積の和と △ABC の面積とを比較せよ.

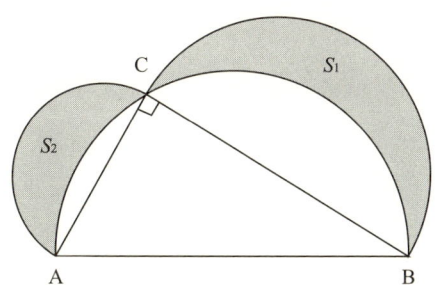

図 1.7 演習 1.1.6. 月形の図形 S_1, S_2 はヒポクラテスの月とよばれる. ヒポクラテス (前 460–前 377) は古代ギリシャの医学者.

演習 1.1.7 半径が共に 1 である 2 つの円 A, B が外接し, それらはどちらも半径が 3 の円 C に内接している. このとき, 円 C に内接し, 2 円 A, B に外接

する円の半径を求めよ．

演習 1.1.8　図 1.8 のように池の水面に芦(あし)の葉が 5cm 出ている．葉の先端を持って横に引っ張ると，先端は 60cm 動いて水に沈んだ．水深を求めよ．

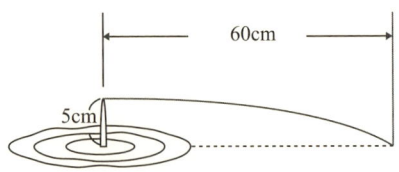

図 1.8　演習 1.1.8. このとき，水深は？

1.2　ハップスの中線定理

ギリシャ時代後期の数学者ハップス (300–350 頃) によるピタゴラスの定理の応用例を与えよう．三角形の 1 つの頂点と対辺の中点とを結ぶ線分は**中線**とよばれる．

定理 1.5 (ハップスの中線定理)　三角形 ABC の辺 BC の中点を M とするとき，次の等式が成立する．

$$AB^2 + AC^2 = 2(AM^2 + BM^2). \tag{1.4}$$

証明　∠C が直角でないとき，図 1.9 のように頂点 A から辺 BC または BC の延長へ下ろした垂線の足を H とする．このとき，△ABH と △ACH にそれぞれピタゴラスの定理を適用すると，

$$\begin{aligned} AB^2 + AC^2 &= (AH^2 + BH^2) + (AH^2 + CH^2) \\ &= 2AH^2 + (BH^2 + CH^2). \end{aligned} \tag{1.5}$$

いま BM = CM だから，

$$\begin{aligned} BH^2 + CH^2 &= (BM + MH)^2 + (CM - MH)^2 \\ &= 2(BM^2 + MH^2). \end{aligned}$$

これを (1.5) に代入して，△AMH にピタゴラスの定理を適用すると，

$$\mathrm{AB}^2 + \mathrm{AC}^2 = 2\mathrm{AH}^2 + 2(\mathrm{BM}^2 + \mathrm{MH}^2)$$
$$= 2(\mathrm{AH}^2 + \mathrm{MH}^2 + \mathrm{BM}^2)$$
$$= 2(\mathrm{AM}^2 + \mathrm{BM}^2).$$

ゆえに，等式 (1.4) が成立する．∠C が直角の場合は，上の証明で C = H と考えればよい． □

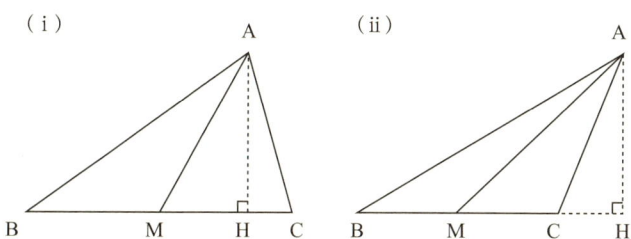

図 1.9 ハップスの中線定理．証明ではすべての場合を考えなければならない．(i), (ii) を左右に反転した場合の証明は，(i), (ii) の証明と同様である．

問 3 定理 1.5 を ∠C が直角の場合に証明せよ．

問 4 3 辺の長さが $5, 6, 8$ である三角形の 3 本の中線の長さを求めよ．

ハップスの中線定理は，三角形 ABC において「M が BC の中点ならば，等式 (1.4) が成立する」ことを主張している．この逆「等式 (1.4) が成立するならば，M は BC の中点である」は成立しない．それを示す例を与えよう．

例 1.6 図 1.10 のような △ABC を考える．$\mathrm{BM} = x, \mathrm{MH} = y, \mathrm{CH} = z, \mathrm{AH} = h$ とおくと，ピタゴラスの定理より $\mathrm{AB}^2 = (x+y)^2 + h^2, \mathrm{AC}^2 = z^2 + h^2, \mathrm{AM}^2 = y^2 + h^2$. したがって，

$$(1.4) \iff ((x+y)^2 + h^2) + (z^2 + h^2) = 2((y^2 + h^2) + x^2)$$
$$\iff x^2 + y^2 - 2xy - z^2 = 0$$
$$\iff (x - y + z)(x - y - z) = 0$$
$$\iff x = y + z \text{ または } x = y - z.$$

$x = y + z$ のとき，M は BC の中点である．しかし，$x = y - z$ のとき，数式

(1.4) は成立するが，M は BC の中点ではない．たとえば，$x=1, y=2, z=1$ のとき，ハップスの中線定理の逆が成立しないことを示す例が得られる．

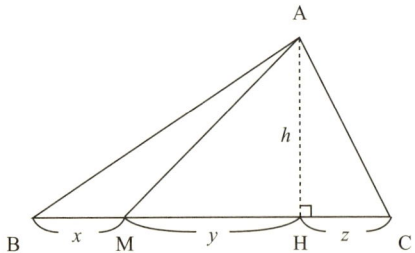

図 1.10 この図で $x=1, y=2, z=1$ のとき，等式 (1.4) は成立するが，M は BC の中点ではない．

* * * * * * * * *

演習 1.2.1 定理 1.5 ではピタゴラスの定理からハップスの中線定理を導いた．逆に，ハップスの中線定理を使ってピタゴラスの定理を導け．

演習 1.2.2 △ABC の 3 本の中線を AD, BE, CF とするとき，等式
$$\mathrm{AB}^2 + \mathrm{BC}^2 + \mathrm{CA}^2 = \frac{4}{3}(\mathrm{AD}^2 + \mathrm{BE}^2 + \mathrm{CF}^2)$$
が成立することを証明せよ．

演習 1.2.3 △ABC の辺 BC の両側に 2 つの正三角形 DBC, EBC を作るとき，等式 $\mathrm{AD}^2 + \mathrm{AE}^2 = \mathrm{AB}^2 + \mathrm{BC}^2 + \mathrm{CA}^2$ が成立することを証明せよ．

1.3　ピタゴラス数

等式 $a^2 + b^2 = c^2$ を満たす自然数 (= 正の整数) の組 (a, b, c) を**ピタゴラス数**という．たとえば，$(3, 4, 5)$ はピタゴラス数である．もし (a, b, c) がピタゴラス数ならば，任意の自然数 k に対して (ka, kb, kc) もピタゴラス数だから，$(6, 8, 10)$ や $(9, 12, 15)$ もピタゴラス数である．3 数 a, b, c の最大公約数が 1 であるピタゴラス数 (a, b, c) を**既約なピタゴラス数**とよぶ．たとえば，$(3, 4, 5)$ は既約なピタゴラス数であるが，$(6, 8, 10)$ や $(9, 12, 15)$ は既約ではない．

補題 1.7 (a,b,c) がピタゴラス数ならば，a,b の少なくとも一方は偶数である．

証明 背理法で証明する．もし a,b が共に奇数であったと仮定すると，$a=2p-1, b=2q-1$ を満たす整数 p,q が存在する．このとき，
$$a^2+b^2=(2p-1)^2+(2q-1)^2=4(p^2+q^2-p-q)+2$$
だから，a^2+b^2 は 4 で割ると 2 余る整数である．一方，c^2 は 4 で割ると 2 余る整数にはなり得ない．なぜなら，c が偶数のとき c^2 は 4 の倍数，c が奇数のとき c^2 は奇数だからである．ゆえに $a^2+b^2 \neq c^2$．これは (a,b,c) がピタゴラス数であることに矛盾する． □

ピタゴラス数 (a,b,c) において，最初の 2 数 a,b の順序は本質的でない．上の補題より a,b の少なくとも一方は偶数だから，本書では中央の数 b はつねに偶数を表すと約束する．次の命題はピタゴラス数を見つける方法を与える．

命題 1.8 任意の自然数 m,n $(m>n)$ に対して，3 数
$$a=m^2-n^2, \quad b=2mn, \quad c=m^2+n^2 \tag{1.6}$$
の組 (a,b,c) はピタゴラス数である．

証明 a,b,c の定め方より，
$$\begin{aligned}a^2+b^2&=(m^2-n^2)^2+4m^2n^2\\&=m^4+2m^2n^2+n^4=(m^2+n^2)^2=c^2.\end{aligned}$$
ゆえに，(a,b,c) はピタゴラス数である． □

たとえば，$m=100, n=1$ を (1.6) に代入すると，$a=9999, b=200, c=10001$．したがって，$(9999, 200, 10001)$ はピタゴラス数である．表 1.1 (p.12) は，いろいろな自然数 m,n $(m>n)$ を (1.6) に代入して，ピタゴラス数を求めたものである．ここで，「表 1.1 はすべてのピタゴラス数を含むか」という疑問が生じるが，その答えは否定的である．たとえば，ピタゴラス数 $(9,12,15)$ は表 1.1 には出てこない．なぜなら，15 は m^2+n^2 の形で表せないからである．しかし，既約なピタゴラス数はすべて表 1.1 に含まれることが証明できる．既約でないピタゴラス数は既約なピタゴラス数の自然数倍として表されるから，本質的にすべてのピタゴラス数は命題 1.8 の方法で求められると言える．本節の残りの部分で，そのことを示そう．

m	n	$a=m^2-n^2$	$b=2mn$	$c=m^2+n^2$
2	1	3	4	5
3	1	8	6	10
3	2	5	12	13
4	1	15	8	17
4	2	12	16	20
4	3	7	24	25
⋮	⋮	⋮	⋮	⋮

表 **1.1** 命題 1.8 によって求められるピタゴラス数.

定理 1.9 任意の既約なピタゴラス数 (a,b,c) に対して，
$$a=m^2-n^2, \quad b=2mn, \quad c=m^2+n^2 \tag{1.7}$$
を満たす自然数 m,n $(m>n)$ が存在する．

次の補題は，定理 1.9 を証明するための準備である．

補題 1.10 (a,b,c) は既約なピタゴラス数であるとする (命題 1.8 の上に書いた約束から b は偶数であることを思い出そう)．このとき，a と c は共に奇数である．

証明 背理法で証明する．a,c の少なくとも一方は偶数であると仮定する．もし a が偶数で c が奇数ならば，a^2+b^2 は偶数であるが c^2 は奇数．これは $a^2+b^2=c^2$ であることに矛盾する．もし a が奇数で c が偶数ならば，a^2+b^2 は奇数であるが c^2 は偶数．これは $a^2+b^2=c^2$ であることに矛盾する．もし a,c が共に偶数ならば，3 数 a,b,c はすべて偶数だから，(a,b,c) が既約であることに矛盾する．ゆえに，いずれの場合も矛盾が生じるから，a,c は共に奇数でなければならない． □

a,b を自然数とする．a が b の約数のとき，$a|b$ とかく．すなわち，$a|b$ であるとは，$b=pa$ を満たす整数 p が存在することを意味する．また，a,b の最大公約数が 1 のとき，a と b は**互いに素**であるという．ある整数 k の平方として $a=k^2$ と表される数 a を**平方数**という．

定理 1.9 の証明 (a,b,c) を既約なピタゴラス数とする．命題 1.8 の上に書い

た約束から b は偶数で，補題 1.10 から a,c は共に奇数である．最初に，a と c は互いに素であることを示そう．そのためには，a,c の最大公約数を d とおいて，$d=1$ であることを示せばよい．$d|a$ かつ $d|c$ だから，$a=pd,c=qd$ を満たす整数 p,q が存在する．いま $a^2+b^2=c^2$ だから，
$$b^2 = c^2 - a^2 = (q^2 - p^2)d^2.$$
したがって，$d^2|b^2$ だから $d|b$ (下の問 5 を参照)．ゆえに，$d|a$ かつ $d|b$ かつ $d|c$ だから，d は 3 数 a,b,c の公約数である．いま (a,b,c) は既約だから，$d=1$．以上で a と c は互いに素であることが示された．$b^2=c^2-a^2$ だから，
$$\left(\frac{b}{2}\right)^2 = \frac{c+a}{2} \cdot \frac{c-a}{2}. \tag{1.8}$$
ここで，a,c は共に奇数で $a<c$ だから，$c+a$ と $c-a$ は正の偶数である．したがって，$s=(c+a)/2, t=(c-a)/2$ とおくと，s,t は共に自然数．

次に，s と t は互いに素であることを示そう．そのために s,t の最大公約数を e とおいて，$e=1$ を示す．$c+a=2s, c-a=2t$ だから，これを a,c について解くと，
$$a = s-t, \quad c = s+t. \tag{1.9}$$
$e|s$ かつ $e|t$ だから，$s=ue, t=ve$ を満たす整数 u,v が存在する．(1.9) より $a=(u-v)e, c=(u+v)e$ だから，$e|a$ かつ $e|c$．最初に示したように a と c は互いに素だから，$e=1$．ゆえに，s と t も互いに素である．

最後に，b は偶数だから，$b=2k$ をみたす整数 k が存在する．(1.8) より，
$$k^2 = \left(\frac{b}{2}\right)^2 = st. \tag{1.10}$$
したがって，積 st は平方数で s と t は互いに素だから，s,t も共に平方数である (下の問 6 を参照)．ゆえに，ある自然数 m,n が存在して，$s=m^2, t=n^2$ と表される．このとき，$s>t$ だから $m>n$．(1.9) より，$a=m^2-n^2, c=m^2+n^2$．(1.10) より，$b^2=4st=4m^2n^2$ だから，$b=2mn$． □

次の問 5, 6 の証明には，素因数分解の一意性 (すなわち，任意の整数 $a \geq 2$ は素数の積として，ただ一通りに表されること) を用いる．それを学んでいない読者のために，巻末に解答と共に解説を与える．

問 5 自然数 a,b に対して，もし $b^2|a^2$ ならば $b|a$ が成り立つことを示せ．

問 6 互いに素な自然数 a と b の積 ab が平方数ならば，a, b も共に平方数であることを示せ．

問 7 $a = 119, b = 120, c = 169$ のとき，(a, b, c) はピタゴラス数である．このとき，定理 1.9 の数式 (1.7) を満たす自然数 m, n を求めよ．

註 1.11 命題 1.8 より，ピタゴラス数は無限に多く存在する．この事実から，$a^3 + b^3 = c^3$ や $a^4 + b^4 = c^4$ を満たす自然数の組 (a, b, c) を求めようとすることは自然である．17 世紀の数学者フェルマーはそのような自然数の組は存在しないと予想し，命題「自然数 $n \geq 3$ に対しては，$a^n + b^n = c^n$ を満たす自然数の組 (a, b, c) は存在しない」について，「このことの見事な証明を見つけたが，それを書くには余白が少なすぎる」と書き残して世を去った．その後の約 350 年間に，命題は「フェルマーの最終定理」とよばれるようになり，それを証明することは，数学のもっとも有名な未解決問題になった．オイラー (1707–1783) は，$n = 3$ のとき，命題が正しいことを証明した．19 世紀以後，個々の n についての研究が進み，4×10^6 までの n に対しては命題が正しいことが証明された．しかし，それはフェルマーの最終定理が正しいことを意味しない．20 世紀の終わりに，この問題に終止符が打たれる時が来た．1995 年にアンドリュー・ワイルズ教授が，3 以上のどんな自然数 n に対しても $a^n + b^n = c^n$ を満たす自然数の組 (a, b, c) は存在しないことを証明して，ついにフェルマーの主張は正しいことが確かめられた．

* * * * * * * * *

演習 1.3.1 (a, b, c) がピタゴラス数ならば，a, b の少なくとも一方は 3 の倍数であることを示せ．

演習 1.3.2 3 辺の長さがすべて自然数である直角三角形の内接円の半径はまた自然数であることを示せ．

演習 1.3.3 (a, b, c) はピタゴラス数で，a は素数とする．このとき，b と c を a を使って表せ．

演習 1.3.4 $|a - b| = 1$ であるピタゴラス数 (a, b, c) を 3 組見つけよ．

1.4 ピタゴラスの定理と余弦定理

ピタゴラスの定理と余弦定理の関係を考えよう．本節では，三角形 ABC において，つねに $BC=a, CA=b, AB=c$ であるとする．

定理 1.12 (余弦定理) 三角形 ABC において，$\angle C = \theta$ とするとき，
$$c^2 = a^2 + b^2 - 2ab\cos\theta \tag{1.11}$$
が成立する．

証明 $\theta = 90°$ のとき，(1.11) はピタゴラスの定理そのものである．図 1.11 のように，(i) $\theta < 90°$ の場合と (ii) $\theta > 90°$ の場合を考えよう．頂点 A から辺 BC または BC の延長へ下ろした垂線の足を H とし，$CH = x$ とおくと，ピタゴラスの定理より，$AH^2 = b^2 - x^2$．再度ピタゴラスの定理を $\triangle ABH$ に適用すると，(i) の場合は
$$c^2 = BH^2 + AH^2 = (a-x)^2 + (b^2 - x^2) = a^2 + b^2 - 2ax.$$
このとき $x = b\cos\theta$ だから，(1.11) が得られる．(ii) の場合は
$$c^2 = BH^2 + AH^2 = (a+x)^2 + (b^2 - x^2) = a^2 + b^2 + 2ax.$$
このとき $x = b\cos(180° - \theta) = -b\cos\theta$ だから，(1.11) が得られる． □

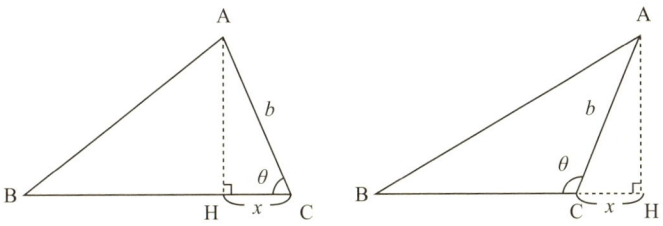

図 1.11 余弦定理の証明．(i) $\angle C$ が鋭角の場合と (ii) $\angle C$ が鈍角の場合．

余弦定理はピタゴラスの定理を使って証明されるが，ピタゴラスの定理よりも多くの情報を我々に与える．特に，証明中でも述べたように，$\theta = 90°$ のとき，(1.11) はピタゴラスの定理である．また逆に，$a^2 + b^2 = c^2$ のとき，(1.11) より $\cos\theta = 0$ だから，$\theta = 90°$ が導かれる．すなわち，余弦定理はピタゴラスの定理とその逆を特別な場合として含んでいる．さらに，次の系が成立する．

系 1.13 三角形 ABC において，次が成り立つ．

(1) $a^2+b^2>c^2$ であるためには，∠C が鋭角であることが必要十分．

(2) $a^2+b^2<c^2$ であるためには，∠C が鈍角であることが必要十分．

証明 (1) ∠C $=\theta$ とおくと，$0°<\theta<180°$．もし $a^2+b^2>c^2$ ならば，余弦定理より $\cos\theta>0$ だから，$0°<\theta<90°$．ゆえに，∠C は鋭角．逆に，∠C が鋭角ならば，$\cos\theta>0$ だから，余弦定理より $a^2+b^2>c^2$．ゆえに (1) が成り立つ．(2) も同様に示される．□

例 1.14 余弦定理を使うと，直角三角形でない一般の三角形 ABC に対しても，3 辺の長さ a,b,c の間の関係式を作ることができる．たとえば，∠C $=120°$ である三角形 ABC に対しては，$\cos 120°=-1/2$ だから，等式
$$a^2+ab+b^2=c^2 \tag{1.12}$$
が得られる．これは，ピタゴラスの定理の「120° の三角形」版とも言うべきものである (関連する話題については，参考書 [12] を見よ)．

* * * * * * * * *

演習 1.4.1 等式 (1.12) を満たす自然数の組 (a,b,c) で，互いに他の自然数倍でないものを 3 組見つけよ．

演習 1.4.2 ∠C $=60°$ である △ABC について，ピタゴラスの定理の「60° の三角形」版を作れ．

演習 1.4.3 △ABC の辺 BC を $m:n$ の比に内分する点を D とするとき，
$$n\mathrm{AB}^2+m\mathrm{AC}^2=(m+n)\mathrm{AD}^2+n\mathrm{BD}^2+m\mathrm{CD}^2$$
が成立することを証明せよ (この命題は**スチュワートの定理**とよばれる．$m:n=1:1$ のとき，ハップスの中線定理である)．

第2章

三角形の基本定理

三角形に関する5つの基本的な定理を紹介する．いずれも難しくはないが，証明しようとすると戸惑う定理である．読者には，本書の証明を読む前に，どのように示せばよいか自ら考えてみてほしい．平面幾何の典型的な証明を味わいながら，証明について考えることが本章の目的である．

2.1 辺の長さと角の大きさに関する定理

最初の定理は「大きい辺に対する角は小さい辺に対する角より大きく，大きい角に対する辺は小さい角に対する辺より大きい」ことを主張している．

定理 2.1 三角形 ABC において，AB > AC であるためには，∠C > ∠B であることが必要十分である．

証明 本定理の主張は「AB > AC ⟺ ∠C > ∠B」と表される．したがって，($\Longrightarrow$) と ($\Longleftarrow$) の両方を示さなければならない．

($\Longrightarrow$)：AB > AC であるとする．このとき，図 2.1 のように，辺 AB 上に点 D を AD = AC となるようにとることができる．このとき，線分 CD は ∠C の内部にあるから，

$$\angle C > \angle ACD. \tag{2.1}$$

△ACD は二等辺三角形だから，

$$\angle \mathrm{ACD} = \angle \mathrm{ADC}. \tag{2.2}$$

$\angle \mathrm{ADC}$ を $\triangle \mathrm{DBC}$ の外角と考えると,
$$\angle \mathrm{ADC} = \angle \mathrm{B} + \angle \mathrm{BCD} > \angle \mathrm{B}. \tag{2.3}$$
(2.1), (2.2), (2.3) より, $\angle \mathrm{C} > \angle \mathrm{ACD} = \angle \mathrm{ADC} > \angle \mathrm{B}$.

($\Longleftarrow$) : $\angle \mathrm{C} > \angle \mathrm{B}$ とする. 2 辺 AB と AC の間には, 次の 3 つの関係のうち 1 つだけが必ず成立する.
$$\mathrm{AB} > \mathrm{AC}, \quad \mathrm{AB} = \mathrm{AC}, \quad \mathrm{AB} < \mathrm{AC}.$$
後の 2 つの場合が起こらないことを示せばよい. もし $\mathrm{AB} = \mathrm{AC}$ ならば, $\triangle \mathrm{ABC}$ は二等辺三角形だから $\angle \mathrm{C} = \angle \mathrm{B}$. これは, 仮定 $\angle \mathrm{C} > \angle \mathrm{B}$ に矛盾する. もし $\mathrm{AB} < \mathrm{AC}$ ならば, 上で証明した本定理の ($\Longrightarrow$) の部分から $\angle \mathrm{C} < \angle \mathrm{B}$. これは, 仮定 $\angle \mathrm{C} > \angle \mathrm{B}$ に矛盾する. ゆえに, $\mathrm{AB} > \mathrm{AC}$ でなければならない. □

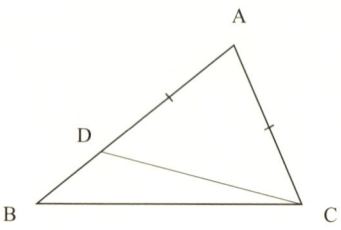

図 2.1 $\mathrm{AB} > \mathrm{AC} \Longleftrightarrow \angle \mathrm{C} > \angle \mathrm{B}$.

<u>定理 2.2</u> 三角形において, 任意の 2 辺の長さの和は, 他の 1 辺の長さより大きい.

証明 $\triangle \mathrm{ABC}$ において, $\mathrm{AB} + \mathrm{AC} > \mathrm{BC}$ を示す. 図 2.2 のように, 辺 AB の延長上に点 D を $\mathrm{AD} = \mathrm{AC}$ となるようにとる. このとき, $\triangle \mathrm{ACD}$ は二等辺三角形だから,
$$\angle \mathrm{D} = \angle \mathrm{ACD}. \tag{2.4}$$
辺 CA は $\angle \mathrm{BCD}$ の内部にあるから,
$$\angle \mathrm{ACD} < \angle \mathrm{BCD}. \tag{2.5}$$
(2.4), (2.5) より, $\angle \mathrm{D} = \angle \mathrm{ACD} < \angle \mathrm{BCD}$. したがって, $\triangle \mathrm{BCD}$ に定理 2.1 を適用すると, $\mathrm{BC} < \mathrm{BD} = \mathrm{AB} + \mathrm{AC}$. □

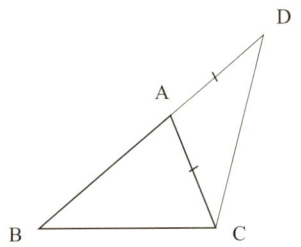

図 2.2 　AB＋AC＞BC を示そう．

定理 2.2 の証明は難しくはないが，辺 AB の延長上に点 D をとることは，なかなか思いつかない．このような「ひらめき」を必要とする点が，平面幾何に対する好き嫌いが分かれるところである．定理 2.2 の応用を与えよう．

例題 2.3 　直線の線路 ℓ の同じ側に 2 つの工場 A, B がある．A, B からの距離の和が最小になる地点にこの鉄道の駅を作りたい．その場所を決定せよ．

解 　図 2.3 のように，直線 ℓ に関して A と対称な点を A′ とし，線分 A′B と ℓ との交点を P とすると，P が求める駅の位置である．そのことを証明する必要がある．そのためには，ℓ 上の任意の点 Q $\neq$ P に対し，

$$AP + BP \leq AQ + BQ$$

が成立することを示せばよい．いま，定理 2.2 を △QA′B に適用すると，A′B＜A′Q＋QB．したがって，AP＋BP＝A′B＜A′Q＋QB＝AQ＋QB．ゆえに，P が求める駅の位置である．

註 2.4 　図 2.3 において，線分 AP と直線 ℓ がなす角と線分 BP と ℓ がなす角は等しい．この事実は，ℓ を鏡面と考えたとき，点 A から発射された光が ℓ で反射して点 B に届くとき，点 P で反射すること，すなわち，光は最短コースを進むことを示している．

定理 2.5 　三角形の任意の 2 辺の長さの差は，他の 1 辺の長さより小さい．

証明 　三角形の 3 辺の長さを a, b, c とする．$|a-b| < c$ であることを示せばよい．定理 2.2 より $a < b + c$ だから，$a - b < c$．また，定理 2.2 より $b < a + c$ だから，$b - a < c$．ゆえに，$|a - b| < c$． 　□

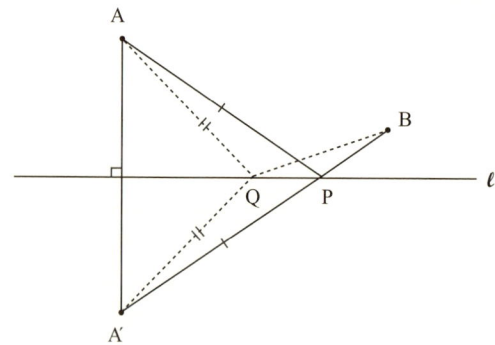

図 2.3　AP + BP が最小になる地点 P を見つけたい.

註 2.6　ここで，本節の 3 つの定理の証明を振り返ろう．定理 2.1 の証明では，次の 2 つの図形の性質を使って定理の主張を導いた．

(1)　二等辺三角形の両底角は等しい．

(2)　三角形の 1 つの頂点の外角は，残り 2 頂点の内角の和に等しい．

本書では性質 (1), (2) を断りなく使ったが，どちらも中学校ですでに証明したことのある定理である．また，定理 2.1 と (1) から定理 2.2 を導き，さらに，定理 2.2 から例題 2.3 と定理 2.5 を導いた．以上の関係を図 2.4 に示す．このように，すでに証明された (いくつかの) 定理から証明によって新しい定理を導

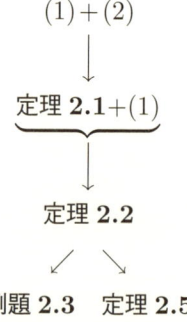

図 2.4　すでに証明された定理から証明 (⟶) によって新しい定理を導く．そこには，希望的推測やヤマカンが入り込む余地はない．

いていく数学のスタイルは，次章で述べるユークリッドの『原論』によって確立された．

問 1 註 2.6 で述べた命題 (1), (2) を証明せよ．

＊　＊　＊　＊　＊　＊　＊　＊　＊

演習 2.1.1 △ABC の辺 BC の中点を D とする．このとき，不等式 AD < (AB + AC)/2 が成立することを証明せよ．

演習 2.1.2 △ABC において，辺 BC を最大の辺とする．辺 AB, CA 上にそれぞれ頂点と異なる点 P, Q をとる．このとき，PQ < BC であることを証明せよ．

演習 2.1.3 △ABC において，$s = (AB + BC + CA)/2$ とおく．△ABC の内部の任意の点 P に対して，不等式 $s < PA + PB + PC < 2s$ が成り立つことを証明せよ．

演習 2.1.4 両岸が平行な川をへだてて 2 地点 A, B がある．図 2.5 のように，岸に垂直な橋 PQ をかけ，A から B への道を作りたい．その道のりを最小にするためには，橋 PQ の位置をどこにすればよいか．

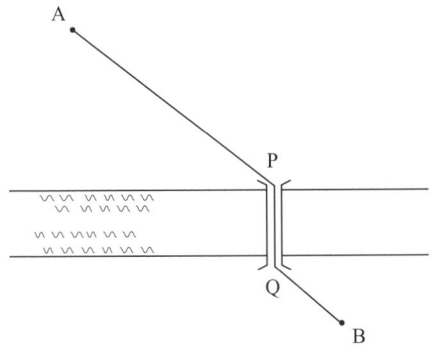

図 2.5 演習 2.1.4. もっとも便利な橋の位置を見つけよう．

2.2 角の二等分線と辺の比に関する定理

本節で紹介する定理は，後の章でも何度か使われる．線分 AB 上に端点 A, B と異なる点 P があるとき，点 P は線分 AB を AP:PB の比に**内分**するという．また，線分 AB の延長上に点 P があるとき，点 P は線分 AB を AP:PB の比に**外分**するという．図 2.6 を見よ．

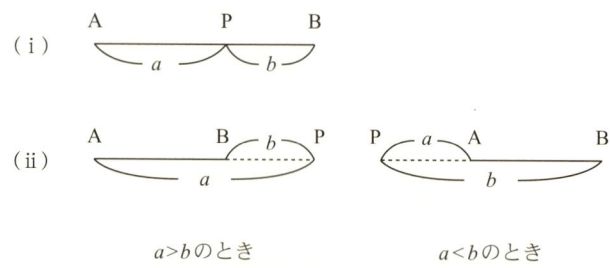

図 2.6 線分 AB を (i) $a:b$ の比に内分する点 P と (ii) $a:b$ の比に外分する点 P．

定理 2.7 (内角の二等分線と辺の比の定理) 三角形 ABC の辺 BC 上に点 D がある．このとき，線分 AD が ∠A を二等分するためには，点 D が辺 BC を AB:AC の比に内分することが必要十分である．

証明 本定理の主張は，「AD は ∠A を二等分する $\iff$ BD:DC＝AB:AC」である．したがって，($\Longrightarrow$) と ($\Longleftarrow$) の両方を示す必要がある．

($\Longrightarrow$)：AD が ∠A を二等分するとする．図 2.7 のように，点 C を通って線分 AD に平行な直線 ℓ をひき，ℓ と辺 AB の延長との交点を E とする．このとき，AD∥ℓ であることと AD が ∠A を二等分することから，
$$\angle ACE = \angle CAD = \angle BAD = \angle AEC.$$
したがって，△ACE は二等辺三角形だから，AC＝AE．ゆえに，
$$AB:AC = AB:AE. \tag{2.6}$$
また，AD∥EC だから，
$$AB:AE = BD:DC. \tag{2.7}$$
(2.6), (2.7) より，BD:DC＝AB:AC．

($\Longleftarrow$)：逆に，次の等式が成り立つとする．

$$BD:DC = AB:AC. \tag{2.8}$$

このとき，∠A の二等分線と辺 BC との交点を D′ とすると，上で証明した本定理の ($\Longrightarrow$) の部分から，

$$BD':D'C = AB:AC. \tag{2.9}$$

(2.8), (2.9) より，BD:DC = BD′:D′C．すなわち，点 D と D′ は辺 BC を同じ比に内分するから，D = D′．ゆえに，AD は ∠A の二等分線である． □

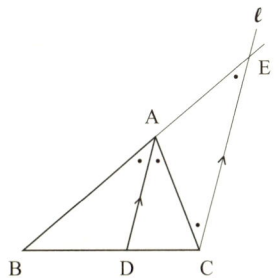

図 2.7 定理 2.7 の証明．補助線 ℓ をひくところに「ひらめき」を必要とする．

<u>註 2.8</u>　定理 2.7 の証明では，次の 4 つの図形の性質を使った．

(1) 平行な 2 直線に 1 つの直線が交わるとき，錯角は等しい．
(2) 平行な 2 直線に 1 つの直線が交わるとき，同位角は等しい．
(3) 底角が等しい三角形は二等辺三角形である．
(4) 三角形 ABC の辺 AB, AC 上にそれぞれ点 B′, C′ をとる．このとき，BC // B′C′ ならば，AB′:B′B = AC′:C′C.

上で与えた定理 2.7 の証明は，これらの命題 (1)–(4) がすでに証明済みであるという前提の下で書かれている．

次の定理の証明は読者に任せよう．

<u>定理 2.9</u> (外角の二等分線と辺の比の定理)　三角形 ABC の辺 BC の延長上に点 D をとる．このとき，線分 AD が ∠A の外角を二等分するためには，点 D が辺 BC を AB:AC の比に外分することが必要十分である．

問 2 定理 2.9 を証明せよ．

問 3 △ABC において，AB = 6, BC = 7, CA = 5 とし，∠A の二等分線と辺 BC との交点を D，∠A の外角の二等分線と辺 BC の延長との交点を E とする．このとき，線分 BD, DC, CE の長さを求めよ．

* * * * * * * * *

演習 2.2.1 直角三角形 ABC の直角の頂点 C から斜辺 AB へ下ろした垂線の足を D とし，∠A の二等分線が CD, BC と交わる点をそれぞれ E, F とする．このとき，CE : ED = BF : FC が成立することを証明せよ．

演習 2.2.2 △ABC の辺 BC の中点を M とし，∠A の二等分線と辺 BC との交点を D とする．このとき，AD ≤ AM であることを証明せよ．

演習 2.2.3 △ABC において ∠A の二等分線と辺 BC との交点を D とするとき，等式 $AD^2 = AB \cdot AC - BD \cdot CD$ が成り立つことを証明せよ．

第3章

タレスとユークリッド

　数学では，ギリシャ時代に得られた知識がそのまま現代にも通用する．これは証明された命題だけを真と認める数学の特徴によるものである．証明によって次々に新しい定理を導いていく数学のスタイルは，ギリシャ時代にタレスによって始められたと伝えられていて，その後ユークリッドによって確立された．本章では，タレスとユークリッドの数学について概説する．

3.1　古代エジプトとバビロニアの数学

　タレスの数学の時代背景を知るために，タレス以前の数学を簡単に振り返ろう．エジプトのナイル川流域には紀元前2800年頃には統一王朝が成立し，農耕を主とした文明が栄えた．そこでは，季節を知るために天体観測が行われ，耕地を測量したり作物を分配するためにさまざまな計算法が考え出された．ちなみに，幾何学を意味する geometry という単語は，土地 (geo) の計測 (metry) を語源としている．また，現在のイラクにあたるメソポタミア地方のチグリス・ユーフラテス川流域にも，紀元前3500年頃に都市文明が形成された．その後，特に南部のバビロニア地方で繁栄して，ここでも天文学が生まれ，数学の計算技術が発達した．

　両文明の違いの1つは，エジプトではパピルスとよばれる紙が発明されたのに対し，バビロニアには紙が無かったことである．バビロニアでは，粘土板に

細長い三角柱状の棒で「楔形文字」とよばれる文字を刻んで記録を残した．この筆記用具の違いは数の表し方にも影響を及ぼした．

例 3.1 (**エジプトの数字とバビロニアの数字**)　エジプトでは，パピルスの上に図 3.1 のような数字を書いていた．その特徴は位取り記数法でなかったことである．そのために，大きな数を表すためには多くの数字を書く必要があり計算上の不便が生じた．

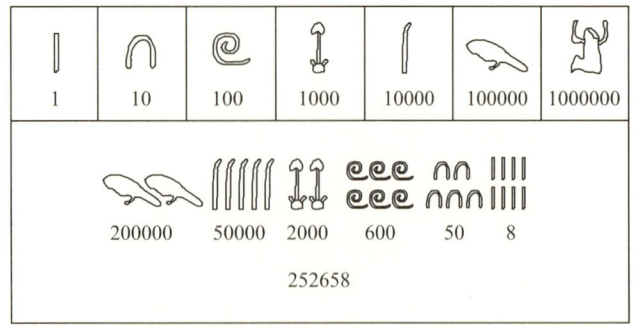

図 3.1　エジプトの数字．10 進法を用い，$1, 10, 10^2, 10^3, \cdots$ を表す記号 (= 数字) を定めて，必要な個数だけそれらの記号を書き並べて数を表現した．

一方，バビロニアの粘土板の上には，基本的に ◀ と ▼ の 2 つの印しか刻めなかった．2 つの記号ですべての数を表現するために，歴史上初めて位取り記数法が発明された．図 3.2 に示すように，◀ = 10, ▼ = 1 として，1 から 59 までの整数をエジプトと同じ方法で表し，それ以上の整数と小数に対しては 60 進法の位取り記数法を使った．たとえば，632550 は
$$632550 = 2 \times 60^3 + 55 \times 60^2 + 42 \times 60^1 + 30 \times 60^0$$
だから，2 55 42 30 と書いた．位取り記数法を使った結果として，バビロニアでは計算技術が発達し，九九に相当する乗法表や平方根表なども作られた．図 3.3 は，辺の長さが 30 の正方形の対角線の長さを求めている粘土板の写真である．対角線の上の数字 1 24 51 10 は 60 進法で表した $\sqrt{2}$ の値
$$1\ 24\ 51\ 10 = 1 + \frac{24}{60} + \frac{51}{60^2} + \frac{10}{60^3} = 1.41421296\cdots$$
を示している．その下の数字

図 3.2 バビロニアの数字．60 進法の位取り記数法を発明した．

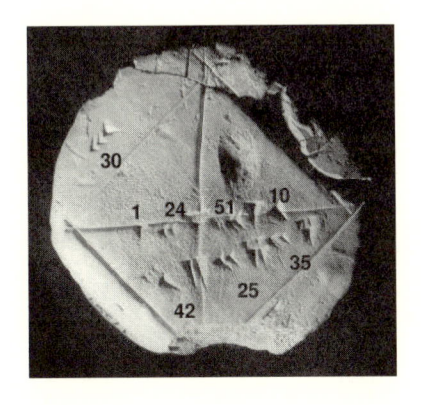

図 3.3 エール大学バビロニア・コレクション．正方形の辺上の数字は 30, 対角線上の数字は 1 24 51 10, その下の数字は 42 25 35 と読める．バビロニアの記数法には小数点がないので，前後から判断しなければならない (Bill Casselman, http://en.wikipedia.org/wiki/File:Ybc7289-bw.jpg, http://www.math.ubc.ca/~cass/Euclid/ybc/ybc.html, YBC).

$$42\ 25\ 35 = 42 + \frac{25}{60} + \frac{35}{60^2} = 42.4263888\cdots$$

はこの正方形の対角線の長さである．この粘土板からは，2 の平方根を小数第 5 位まで正確に求めて使用していたことが分かる．

問 1 整数 9999 を古代エジプトとバビロニアの数字を使って表せ.

古代エジプトの数学は，主に「リンド・パピルス」と「モスクワ・パピルス」とよばれる 2 つのパピルスから知ることができる (註 3.5 参照). どちらも紀元前 1800 年頃の数学の知識を記録したもので，内容は，穀物の量や賃金に関する計算問題，畑の面積や容器の体積を求める幾何学的な問題と解答である．それらの中から，3 つの例を紹介しよう．

例 3.2 (パピルスの数学) 図 3.4 は，リンド・パピルスの一部の写真である．矢印 "⇐⇒" の部分の問題では，辺 10 ケト, 底 4 ケトの三角形の畑の面積を求めている (ケトは長さの単位で，1 ケト = 約 52m).

 4 の 1/2 を求めよ. 2.
 2 を 10 倍せよ. 20. それが面積である ([3]).

現代の数式で書けば，$4 \times (1/2) \times 10 = 20$ である．問題の三角形が直角三角形ならばこれで正しいが，古代エジプト人はどんな三角形の面積もこの方法で求めた．もし図 3.4 の三角形が底 4 の二等辺三角形ならば，正確な面積は $(4\sqrt{10^2 - 2^2})/2 = 8\sqrt{6} \fallingdotseq 19.6$ である．この程度の違いは，畑の面積としては差し支えのない誤差だったのだろう．

例 3.3 (パピルスの数学) リンド・パピルスではまた，直径 9 ケトの円形の畑の面積を求めている．

 9 から 9 の 1/9 を取り去れ．残りは 8.
 8 を 8 倍せよ. 64. それが面積である ([3]).

現代の数式で書くと，$\{9 - (9 \times (1/9))\}^2 = 64$ と計算している．古代エジプト人は，直径 a の円の面積が 1 辺の長さ $8a/9$ の正方形の面積に等しいと考えていたと推測される．正確な面積は，$(4.5)^2 \pi \fallingdotseq 63.585$ である．正しくはないがよい近似値を求めていることは，パピルスの面積計算の特徴である．

例 3.4 (パピルスの数学) モスクワ・パピルスでは，図 3.5 に示す四角錐台の体積を，下のように求めている．下底は 1 辺の長さ 4 の正方形，上底は 1 辺の長さ 2 の正方形, 高さは 6 である．

図 3.4　リンド・パピルス．矢印 "⇐" の図の三角形の底 (左の辺) の左には 4 の数字，斜辺の上には 10 の数字が読める
(http://en.wikipedia.org/wiki/File:Egyptian_A%27h-mos
%C3%A8_or_Rhind_Papyrus_%281065x1330%29.png).

この 16 に併せ加うべし．この 8 とこの 4 を．汝，28 を得む．
算すべし，6 の 1/3 を．汝 2 を得む．
掛くべし，28 に 2 を．汝，56 を得む．
看よ，これ 56 なり．汝，正しく見出したり ([36]).

この訳は最初の部分が欠けているように思われるが，次のような計算をしている．説明のために $a=4, b=2, h=6$ とおく．$a^2=16, ab=8, b^2=4$ を加えると，$a^2+ab+b^2=28$．また，$h/3=2$．ゆえに，$(a^2+ab+b^2)h/3=56$．これが答えだと言っているが，この計算はまったく正しい．古代エジプト人たちは，四角錐台の体積が $(a^2+ab+b^2)h/3$ で求められることを知っていた．

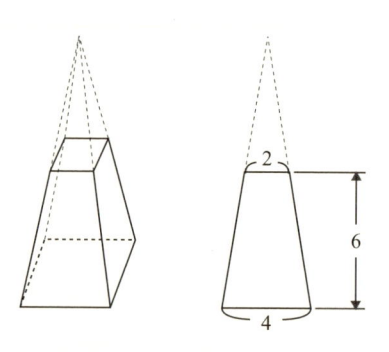

図 3.5 モスクワ・パピルスの問題．四角錐からその頂部の四角錐を取り除いた図形である．

問 2 下底が 1 辺の長さ a の正方形，上底が 1 辺の長さ b の正方形で，高さ h の四角錐台の体積は $(a^2+ab+b^2)h/3$ であることを確かめよ．

註 3.5 リンド・パピルスは，スコットランド人 A.H. リンドが 1858 年に古代都市テーベの遺跡で有名なルクソールで購入した．アフメスという書記の署名があり，紀元前 1650 年頃にアメンエムハト 3 世 (前 1842–前 1797) 時代の原本から写したと書かれている (大英博物館所蔵)．モスクワ・パピルスは，ロシア人 V.S. ゴレニシチェフが 1893 年にテーベ近郊で購入した．前者と同様にアメンエムハト 3 世時代の原本から写したもの (モスクワ国立美術館所蔵)．

一方，バビロニアの数学に関する粘土板文書は数百枚あるが，その多くは紀元前 2000 年から 1600 年頃に書かれたものである．内容はパピルスと同様に実用的な問題と解答であるが，60 進法の位取り記数法を使ったために，それに基づいた精密な計算を行うことができた．参考書 [8, 36] から 2 つの例を 10 進法に直して紹介する．

例 3.6 (**粘土板の数学**) 図 3.6 のように，垂直な壁に接して立てられた長さ 0.5 の棒をずらして斜めに立てかける．棒の上端が 0.1 下がったとき，棒の下端はどれだけ動くか．粘土板の上では，現代の数式で書くと

$$\sqrt{(0.5)^2-(0.5-0.1)^2}=0.3$$

と計算して答えを求めている (原典からの訳については参考書 [19] を見よ)．これは我々の求め方と同じである．この文書からは，バビロニアの書記がピタゴ

ラスの定理の主張を伝承して使っていたことが分かる．参考書 [19] によると，長さの単位は nindan であり，0.1 nindan = 約 60cm ということである．したがって，この棒の長さは約 3m である．

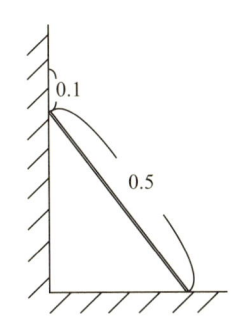

図 **3.6** 粘土板文書の問題．

例 3.7 (**粘土板の数学**) 前例より複雑な，そして幾何学的には少し奇妙な問題である．長さと幅 (= 縦と横) をかけて得られた面積に，長さが幅を超える分を加えると 183 である．長さと幅の和は 27 である．このとき，長さ，幅，面積を求めよ．次の解答は，参考書 [8] の訳を 10 進法に直して引用した．

> 長さと幅の和 27 を 183 に加えよ．210．2 と 27 を加えよ．29．
> 29 を 2 分せよ．14.5．14.5 の 14.5 倍は 210.25 である．
> 210.25 から 210 をひけ．0.25 がその差である．
> 0.25 の平方根は 0.5 である．
> 0.5 を最初の 14.5 に加えよ．15 は長さである．
> 第 2 の 14.5 から 0.5 を引け．14 は幅である．
> 汝が 27 に加えた 2 を幅 14 から引け．12 が最終の幅である．
> 長さ 15 と幅 12 をかけ合わせた．12 の 15 倍は面 (積)180 である．

これは次のような計算をしていると考えられる．長さを x, 幅を y とすると，
$$xy+(x-y)=183, \quad x+y=27. \tag{3.1}$$
辺々和をとると，$xy+2x=210$. ここで $y=y'-2$ とおくと，
$$xy'=210, \quad x+y'=29. \tag{3.2}$$

ここまでが上の解答の 1 行目である．2 行目以下では，連立方程式 (3.2) を次のように解いている．$14.5+w=x, 14.5-w=y'$ とおくと，(3.2) の前の式より
$$(14.5+w)(14.5-w) = 210.$$
したがって，$w^2 = (14.5)^2 - 210 = 210.25 - 210 = 0.25$. ゆえに，$w = 0.5$. 結果として，$x = 14.5 + 0.5 = 15, y' = 14.5 - 0.5 = 14$. すなわち，$y = y' - 2 = 12$. また，$xy = 180$.

例 3.7 の解答でバビロニア人が行っていることは，要約すれば，連立方程式 $xy = a, x+y = b$ の解は，
$$x = (b/2) + w, \quad y = (b/2) - w, \quad w = \sqrt{(b/2)^2 - a}$$
で与えられるということである．しかし，粘土板文書にはこのような解答の指針や公式のようなものは一切書かれていない．計算の根拠を示さず，次から次に具体的な問題を同じ方法で解いて見せるだけである．なお，例 3.7 のバビロニア人の答えは現代の高校生の解答としては半分しか点をもらえないだろう．$w = -0.5$ のときのもう 1 つの解 $x = 14, y = 13, xy = 182$ を忘れているからである．

問 3 例 3.7 の問題を読者自身の方法で解答せよ．

註 3.8 数学に関する粘土板文書を本格的に解読したのは，ゲッチンゲン大学で数学を研究していた O. ノイゲバウアー (1899–1990) である．古代数学史の多くの書物が彼の著作を引用している．日本でも 2000 年に室井和男氏によって粘土板数学文書に関する参考書 [19] が出版された．原典 (粘土板) から直接日本語に翻訳された，バビロニアの空気が伝わる好著である．

最後に，古代エジプトとバビロニアの数学に共通する特徴をまとめておこう．
(1) 正しい計算と正しくない計算が混在する．
(2) 1000 年以上の間，進歩がなく，時代が進むにしたがって退化した．
(3) 一般的な定理や公式のようなものはどこにも書かれていない．例題として同じ計算を繰り返すだけだった．

ひとことで言えば，古代エジプトとバビロニアの数学には「証明」がなかった．上の 3 つの特徴は，もし数学に「証明」がなかったら，数学がどのような姿になったかを示しているのではないだろうか．

* * * * * * * * * *

演習 3.1.1 100 個のパンを順に同じ差になるように 5 人に分ける．数の多い方の 3 人分の和の 1/3 が残りの 2 人分になるようにしたい．どのように分ければよいか (パピルスの問題).

演習 3.1.2 2 つの正方形の面積の和が 100 で，小さい方の正方形の 1 辺の長さが大きい方の正方形の 1 辺の長さの 3/4 倍に等しい．このとき，2 つの正方形の辺の長さを求めよ (パピルスの問題).

演習 3.1.3 上底の長さが 7，下底の長さが 17 の台形が，底に平行な線分によって二等分されている．この線分の長さを求めよ (粘土板の問題).

演習 3.1.4 底辺の長さが 30 の三角形が底辺と平行な直線によって，台形 A と三角形 B に分けられている．三角形 B の高さから台形 A の高さを引くと 20 で，台形 A の面積から三角形 B の面積を引くと 420 であるという．台形 A の高さと三角形 B の高さを求めよ (粘土板の問題).

3.2 タレスの数学

筆者が中学校で学んだ最初の定理は，対頂角の定理「2 直線が交わるとき対頂角は相等しい」である．そのときの疑問は，なぜこのような自明なことをわざわざ定理と言うのだろうということであった．その後，それはギリシャ 7 賢人の 1 人であるタレス (前 624 頃–前 547) の定理であることを知った．実際，タレスは次のような定理を歴史上最初に証明したと伝えられている．

定理 3.9 (タレスの定理) (1) 2 直線が交わるとき対頂角は相等しい．
(2) 1 辺とその両端の角が等しい 2 つの三角形は合同である．
(3) 二等辺三角形の両底角は等しい．
(4) 円は直径により二等分される．
(5) 直径に対する円周角は直角である．

命題 (1)–(5) はすべてエジプトやバビロニアでも，経験的には知られていたと思われる．それらがタレスの定理とよばれるのは，タレスが証明を与えたからである．残念ながら，タレス自身の証明は残されていないので，タレスが行ったと思われる証明を想像してみよう．

定理 3.9 の証明 (1) 図 3.7 左図のように，対頂角を α, β, 補角を γ とする．このとき，$\alpha+\gamma=2$ 直角 $=\beta+\gamma$ だから，$\alpha=\beta$.

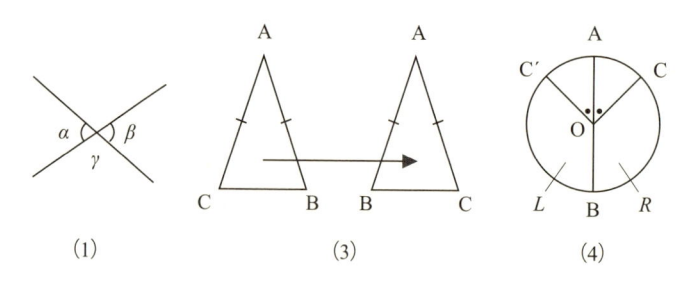

図 3.7 定理 3.9 (1), (3), (4) の証明.

(2) 2 つの三角形 ABC と A′B′C′ において，BC = B′C′, ∠B = ∠B′, ∠C = ∠C′ とする．BC = B′C′ だから，辺 BC を辺 B′C′ に重ねて，A と A′ が重ねた辺の同じ側に来るようにすることができる．このとき，∠B = ∠B′, ∠C = ∠C′ だから，辺 BA は辺 B′A′ 上に乗り，辺 CA は辺 C′A′ 上に乗る．ゆえに，辺 BA と CA の交点 A は，辺 B′A′ と C′A′ の交点 A′ に重なる．結果として，△ABC の 3 頂点 A, B, C はそれぞれ △A′B′C′ の 3 頂点 A′, B′, C′ に重なるから，△ABC と △A′B′C′ は重なる (= 合同である).

(3) AB = AC である二等辺三角形 ABC に対して，∠B = ∠C であることを示す．図 3.7 中図のように，△ABC を裏返した三角形 △ACB を考え，それを △ABC の上に平行移動する．このとき，AC = AB だから，AC は AB に重なる．また，∠A は共通だから，AB は AC 上に乗る．さらに AB = AC だから，AB は AC に重なる．結果として，△ACB は △ABC に重なるから，∠B = ∠C.

(4) 図 3.7 右図のように，円 O の直径 AB をとり，AB より右の部分を R, 左の部分を L とする．円 O を AB に沿って折り曲げて，L を R の上に重ねてみよう．このとき，R の任意の半径 OC に対し，∠AOC = ∠AOC′ を満たす L の半径 OC′ をとると，OC′ は OC の上に乗る．さらに OC = OC′ だから，OC′ は OC に重なる．半径 OC のとり方は任意だったから，これは L が R を覆い隠すことを示している．逆に，R を L の上に折り重ねると，まったく同じ理由で R は L を覆い隠す．以上により，R と L は AB を対称軸として過不足

なく同じ形である．ゆえに，円 O は直径 AB によって二等分される．

(5) の証明は節末の演習問題として読者に残す． □

タレスはまた，定理 3.9 の次のような応用例を与えた．

例 3.10 (岸から船までの距離を測る方法)　陸上の地点 A から沖合の船 B までの距離を測るために，タレスは次のような方法を示した．図 3.8 のように，A から見て B と垂直な方向へ適当な長さの線分 AC を陸上に引き，その中点を D とする．次に，D から見て B と反対方向へ直線をひき，C から引いた AC の垂線との交点を E とする．このとき，定理 3.9 (1) より ∠ADB = ∠CDE．また，点 C, D, E のとり方から，AD = CD かつ ∠BAD = ∠ECD．したがって，定理 3.9 (2) より，△ADB ≡ △CDE．ゆえに，AB 間の距離を測る代わりに，陸上で CE 間の距離を測ればよい．

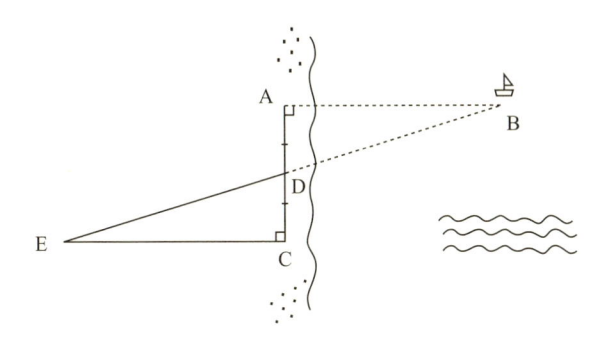

図 3.8　陸上の地点 A から船 B までの距離を測る．

例 3.10 では，定理 3.9 の (1), (2) が使われている．証明された命題を使って新しい命題を導いていく数学のスタイルの原型がここに誕生した．

タレスは数学者であったが，同時にエーゲ海東岸の都市ミレトスの商人であり，政治家であり，天文学者であり，哲学者であった．なお，ピタゴラスはミレトス沖のサモス島で生まれ，18 歳頃にタレスに学んだと伝えられている．タレスについては数々の逸話があるが，それらは多くの参考書に書かれている．ここでは，タレスの数学の特徴をまとめてみよう．

(1) 正しいと考えられている知識を証明によって確かめた．

(2) 数学の知識の中から共通な真理を抽出して定理として述べた．
(3) 三角形や円などの抽象的な図形を思考の対象とした．

　タレスの証明を読むことによって，何人も彼の定理が正しいことを知ることができる．これは数学が客観性を備えたことを意味する．前節では古代エジプトとバビロニアの数学を概観した．タレス以前の数学は単なる「伝承された知識」に過ぎなかったが，タレスによってそれは「科学」に進化した．それでは，なぜタレスは証明を始めたのであろうか．対頂角が等しいといったほとんど自明の命題をわざわざ証明したことは，きわめて意図的である．この点について，ヴァン・デル・ウァルデン [36] の一節を引用しよう．

> タレスの時代には，エジプトやバビロニアの数学はすでに遠い昔に死んだ知識であった．計算規則こそ判読され，タレスにも示されたことだろうが，その下に横たわる思考過程は，もはや知られていなかった．タレスは，バビロニア人からは円の面積が $3r^2$ であると聞き，またエジプト人からは $(8/9 \cdot 2r)^2$ であると聞いたかも知れない．精密で正しい計算指針と近似的で正しくない計算指針とを，タレスはいかにして区別できたか．言うまでもなく，それは証明によって，すなわちそれらを論理的に脈絡のある体系の中にはめこむことによってである．そしてエウデモスによれば，これこそタレスが行ったことであり，また，そのような論理体系の始まりだったからこそ，対頂角が等しいとか，二等辺三角形の底角が等しいとか，直径は円を二等分するなどという，まったく分かりきったことが出現することも期待できるのである．

　真偽が混在する古代の数学的知識の中から，真なるものを判別しようとして証明を始めたとするヴァン・デル・ウァルデンの見解には説得力がある．証明によって真偽を確かめていく際には，もっとも確実そうに見える命題から順に証明を始めるのではないだろうか．対頂角が等しいといった定理は，そのような証明の出発点となる定理として価値を持ったということである．

＊　＊　＊　＊　＊　＊　＊　＊　＊

演習 3.2.1　命題「三角形の内角の和は二直角である」と定理 3.9 (3) を前提として，定理 3.9 (5)「直径に対する円周角は直角である」を証明せよ．

演習 3.2.2　定理 3.9 と命題「2 辺とその間の角が相等しい 2 つの三角形は合同である」を使って，海上の二艘(そう)の船の間の距離を陸上から測る方法を考えよ．

演習 3.2.3　タレスは，三角形の相似比を応用してピラミッドの高さを測定したと伝えられている．どのような方法であったかを考えよ．

3.3　ユークリッド『原論』

紀元前 332 年，マケドニアのアレクサンドロス大王はエジプトを征服した．大王の死後，王位についたプトレマイオス一世 (前 367–前 282) は，文化芸術を重視して学者を保護し，首都アレクサンドリアにはムセイオン (国立学士院) が設立された．プトレマイオス王朝滅亡までの約 270 年間，アレクサンドリアは世界の学術の中心であった．

ユークリッド (前 300 頃) はプトレマイオス一世の時代に，アレクサンドリアのムセイオンに地位を得ていたとされるが，その人物像は謎に包まれている．しかし，彼はヨーロッパで聖書に次ぐベストセラーと言われる『原論』を著した．それは全 13 巻からなり，タレス以後，急速に発展したギリシャ数学の成果を体系化したものである．ユークリッドは，当時知られていたほとんどすべての定理を「証明の道筋」に沿って整理して，さらに，その道筋をさかのぼったときに到達する「証明の出発点」を明らかにした．

本節では，第 1 巻の最初の部分を，『原論』の日本語訳 [5] を現代的に書き直して意味を補いながら紹介する．第 1 巻では平面幾何に関する 48 個の命題が証明されるが，それに先だって，証明の前提となる 23 個の定義，5 個の公準，5 個の共通概念が与えられる．

定義
1. 点とは部分を持たないものである．
2. 線とは幅のない長さである．
3. 線分の端は点である．
4. 直線とはその上にある点について一様に横たわる線である．
5. 面とは長さと幅のみを持つものである．
6. 面の端は線である．

7. 平面とはその上にある直線について一様に横たわる面である．

(略)

15. 円とは1つの線で囲まれた平面図形で，その図形の内部にある1点からそれへ引かれたすべての線分が互いに等しいものである．
16. この点は円の**中心**とよばれる．

(略)

20. 三辺形のうち，**等辺三角形**(正三角形)とは3つの等しい辺を持つもの，**二等辺三角形**とは2つだけ等しい辺を持つもの，**不等辺三角形**とは3つの不等な辺を持つものである．

(略)

23. **平行線**とは，同一平面上にあって，両方向に限りなく延長しても，いずれの方向においても互いに交わらない直線である．

公準

1. 任意の2点に対して，それらを結ぶ線分がただ1つ存在する．
2. 任意の線分はどちら側にも限りなく延長することができる．
3. 任意の2点 A,B に対し，A を中心として，B を通る円をだだ1つ描くことができる．
4. 直角はすべて相等しい．
5. 1直線が2直線に交わるとき，同じ側の内角の和が二直角より小さいならば，この2直線を限りなく延長するとき，内角の和が二直角より小さい側で交わる．

共通概念

1. 同じものに等しいものはまた互いに等しい ($a=b$ かつ $a=c$ ならば $b=c$)．
2. 等しいものに等しいものを加えた和はまた等しい ($a=b$ かつ $c=d$ ならば $a+c=b+d$)．
3. 等しいものから等しいものを引いた差はまた等しい ($a=b$ かつ $c=d$ ならば $a-c=b-d$)．
4. 互いに重なり合うものは等しい．
5. 全体は部分より大きい．

以上，省略した箇所については，参考書 [5, 13] を参照のこと．定義は用語の意味を定めたもの．定義 1–7 には疑問を感じる人も多いと思うが，次節で説明を加える．公準は「証明の出発点」として証明抜きで認める命題のことで，現代の用語では公理にあたる．共通概念は幾何学だけでなく数学全般に対する公理である．それでは，『原論』第 1 巻の最初の 4 つの命題とそれらの証明を紹介しよう．下で与える証明中の「… より」の部分は『原論』には書かれていないが，定義，公準，共通概念の使い方を明らかにするために書き加えた．また，証明の道筋を分かりやすくするために，証明を箇条書きの形に整理した．

命題 1 与えられた線分 AB を 1 辺とする正三角形を描くことができる．

証明 図 3.9 参照．
公準 3 より，A を中心として B を通る円を描くことができる．
公準 3 より，B を中心として A を通る円を描くことができる．
2 つの円の交点の 1 つを C とする．
公準 1 より，C と A, C と B を線分で結ぶ．
定義 15, 16 より，AB = CA かつ AB = BC．
共通概念 1 より，AB = BC = CA．
定義 20 より，△ABC が求める正三角形である． □

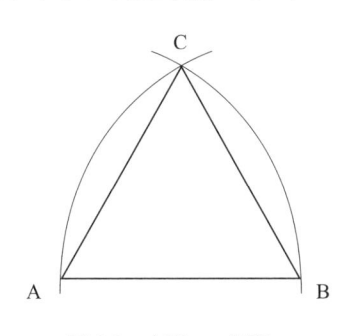

図 **3.9** 命題 1 の証明．

命題 2 点 A と線分 BC が与えられたとき，BC と同じ長さの線分を A から引くことができる．

証明 図 3.10 参照．A = B のときは BC が求める線分だから，A ≠ B の場

合を証明すればよい．

公準1より，2点 A, B を線分で結ぶことができる．
命題1より，線分 AB を1辺とする正三角形 ABD を描くことができる．
公準3より，B を中心として C を通る円を描くことができる．
公準2より，線分 DB を DF に延長して，DF と円との交点を G とする．
公準3より，D を中心として G を通る円を描くことができる．
公準2より，線分 DA を DH に延長して，DH と円との交点を I とする．
定義 15, 16 より，BG = BC かつ DI = DG．
△DAB は正三角形だから，（定義 20 より）DA = DB．
共通概念3より，DI − DA = DG − DB．
DI − DA = AI かつ DG − DB = BG だから，共通概念1より，AI = BG．
いま AI = BG かつ BG = BC だから，共通概念1より，AI = BC．
ゆえに，AI が求める線分である． □

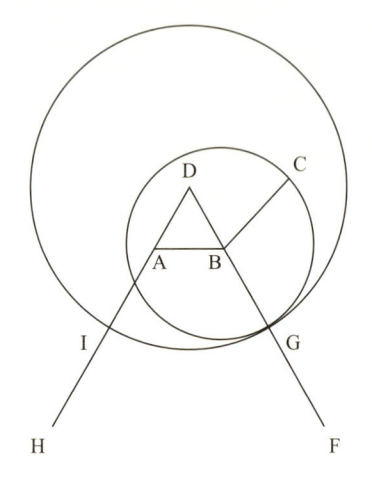

図 3.10 命題2の証明．

註 3.11 命題2について，コンパスを使って辺 BC の長さを点 A まで運べばよいと思う読者もいるかも知れない．確かに，公準3はコンパスの使用を認めているように読める．しかし，公準3はコンパスに，任意の点を中心として任意の半径の円を描くことしか許していない．命題2は，そのようなコンパスでも工夫をすれば，長さを運ぶことができることを示している．

3.3. ユークリッド『原論』

命題 3　点 A を端点とする半直線と線分 BC が与えられたとき，半直線上に AD = BC を満たす点 D をとることができる．

証明　図 3.11 参照．
命題 2 より，AE = BC である線分 AE を引くことができる．
公準 3 により，A を中心として E を通る円を描く．
この円と半直線との交点を D とする．
定義 15, 16 より，AD = AE．
共通概念 1 より，AD = BC．ゆえに，D が求める点である． □

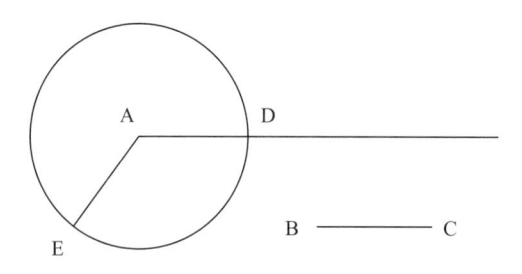

図 3.11　命題 3 の証明．

命題 4　2 辺とその間の角が相等しい 2 つの三角形は合同である．

証明　$\triangle ABC$ と $\triangle A'B'C'$ において，$AB = A'B', AC = A'C'$ かつ $\angle A = \angle A'$ とする．
公準 2 より，辺 A'B' を延長して，A' を端点とする半直線を作る．
命題 3 より，この半直線上に A'D = AB である点 D をとることができる．
共通概念 1 より，A'D = AB = A'B'．
これは $\triangle ABC$ を移動して，辺 AB を辺 A'B' に重ねられることを意味している (この部分は，参考書 [25] の見解による)．
このとき，もし C と C' が辺 A'B' (= AB) に関して同じ側にあれば，$\angle A = \angle A'$ かつ AC = A'C' だから，辺 AC も辺 A'C' に重なる．もし C と C' が辺 A'B' (= AB) に関して反対側にあれば，$\angle A = \angle A'$ かつ AC = A'C' だから，$\triangle ABC$ を A'B' に沿って折り返すと辺 AC は辺 A'C' に重なる．
公準 1 より，2 点 B', C' を結ぶ線分は 1 本だけだから，このとき BC も B'C'

に重なる．結果として，△ABC は △A′B′C′ に重なる．

共通概念 4 より，△ABC と △A′B′C′ は等しい (= 合同である)． □

以上の命題の証明では，定義，公準，共通概念の他には，それ以前に証明済みの命題しか使われていない．それが『原論』のルールである．第 1 巻の 48 個の命題はピタゴラスの定理とその逆で終わる．そこでは第 1 章で紹介したピタゴラスの定理のユークリッドによる証明が与えられる．以下，第 6 巻までは平面幾何，第 7–9 巻は整数論，第 10 巻は無理数論，第 11, 12 巻は立体幾何，第 13 巻は正多面体論である．

次節で述べるように『原論』の公準には現代の観点からは不完全な点もあるが，通常の平面上の幾何としては十分に厳密であり，『原論』で確立された数学のスタイルは現代の数学にも踏襲されている．数学以外の自然科学では，往々にして過去の定説が覆されることがあるが，数学ではそのようなことは決して起こらない．それは，ユークリッドによって確立された数学のスタイルによるものである．前節の終わりでは，タレスは真偽が入り混じった古代の数学の中から，真なるものを見つけようとして証明を始めたというヴァン・デル・ワルデンの見解を紹介した．現代でも，我々をとりまく世界はまだまだ未知である．数学は，その中から永遠に不変な「普遍の真理」を見つけようとしていると言えるのではないだろうか．

また，『原論』は 2000 年以上の間，広く読み継がれて，論理的な記述のお手本として数学以外の分野にも影響を与えた (図 3.12)．たとえば，ニュートン (1642–1727) の『プリンキピア』の第 1 巻には『原論』の形式がとり入れられている．また，スピノザ (1632–1677) の大作『エチカ —— 倫理学 ——』は忠実に『原論』の形式に則って書かれた哲学書である ([28] を見よ)．

* * * * * * * * *

演習 3.3.1 第 1 巻の命題 5 は「二等辺三角形の両底角は等しい」である．この命題を『原論』のルールにしたがって証明せよ．

演習 3.3.2 第 1 巻の命題 6 は「三角形 ABC において，∠B = ∠C ならば AB = AC」である．この命題を『原論』のルールにしたがって証明せよ．

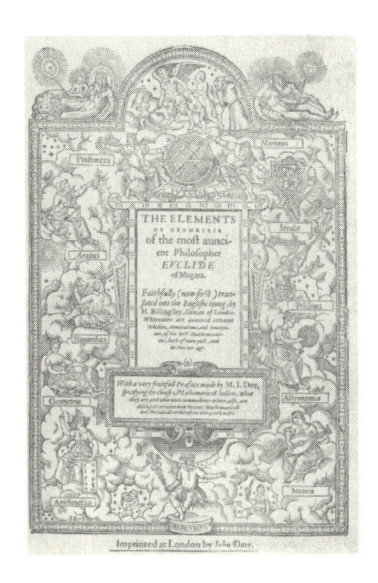

図 3.12　ギリシャ原文の『原論』の印刷本
(1570, http://en.wikipedia.org/wiki/File:Title_page_of_
Sir_Henry_Billingsley%27s_first_English_version_of_
Euclid%27s_Elements,_1570_%28560x900%29.jpg).

3.4　定義と公準に関する補足

本節では『原論』に関するいくつかの補足を，問いに答える形式で与える．また，参考書を紹介する．

Q1「点」や「線」や「面」の定義に意味はあるか．

定義 1–7 で与えられた点，線，面などの定義について注意しておこう．現代の観点から言えば，これらは定義する必要のない用語 (= **無定義用語**) である．幾何学を研究する際に，点や線などの実体を明確にしておくことは必要不可欠なことのように思われるが，実は，幾何学の研究対象は「点」や「線」や「面」ではなく，それらの間の「関係」である．このことは，点とは何かという深淵な疑問に答えられなくても，高等学校までの幾何学を学ぶ際にまったく不自由を感じなかったことを考えてみればすぐに分かると思う．その意味で，5 個の公準が定めているものは，証明の出発点として必要となる点や線などの間の「関係」である．つまり，点や線や面は，等式 $x+y=y+x$ における x や y のよう

なものだと考えてよい．この等式さえ満たせば x や y が何であってもよいように，公準(または公理)が要求する関係さえ満たせば，点や線や面は何であっても構わない．むしろ定義しないことによって逆に厳密さが保たれ，理論の適用範囲が広がると言えるのである．

Q2 公準のどこが不完全か．

たとえば，命題1の証明で，2つの円が交わることは，公準からは導かれない．ユークリッドの時代にはたぶん素朴な平面上で幾何学を考えていたから，図3.9が示す2つの円が交わることは自明であった．しかし，上のQ1で説明したように，点や線や面は無定義用語であって，図3.9が示すようなものである保証はない．したがって，これらの円が交わることを導く要請をあらかじめ公準に加えておく必要がある．このように『原論』の公準にはいくつかの不完全な点があるが，19世紀になってヒルベルト(1862–1943)は『原論』の現代版とも言うべき『幾何学の基礎』を著し，完成された公理系を与えた．『原論』の5個の公準を出発点とする幾何を**ユークリッド幾何**といい，ヒルベルトの公理系を出発点とする幾何を**ヒルベルト幾何**という．

Q3 「点」や「線」や「面」は，どこに存在するか．

点，線，面などが無定義用語なら，それらはどこかに存在すると言ってよいのだろうか．いま『原論』の5個の公準を**ユークリッド幾何の公準系**とよぶ．問いに答える前に，「ユークリッド幾何の公準系は矛盾を含まないか」という問題を考えてみよう．ユークリッド幾何の公準系は自然に見えるが人間が恣意的に定めたものだから，矛盾が含まれている可能性(すなわち，証明を進めて行ったときに，ある命題とその否定命題が共に証明されてしまう可能性)がある．矛盾を含まないことを確かめるためには，実際に5個の公準をみたす平面が存在することを示せばよい．矛盾を含むものは存在し得ないからである．そのような平面のことを，ユークリッド幾何の公準系の**モデル**という．我々は皆それぞれ頭の中に「平面」のイメージを持っていて，その上では5個の公準が成り立っていると思うが，イメージだけではモデルと呼ぶには心許ない．それに対し，中学校や高等学校で学んだ座標平面は，ユークリッド幾何の公準系の1つのモデルである．実際，座標平面上で5個の公準が成立することは簡単に証明できる．したがって，ユークリッド幾何の公準系は矛盾を含んでいないと考えてよい．ま

た，このモデルの上には確かに点，線，面などが存在する．つまり，公準系の「点」や「線」や「面」は無定義用語だが，モデルにはそれらが存在する．なお，座標平面はヒルベルト幾何の公理系のモデルでもある．

Q4 非ユークリッド幾何とはどんな幾何学か．

『原論』の 5 個の公準のうち最後の公準 5 は **平行線の公準** とよばれる．ユークリッド幾何が公準 1–5 を出発点とするのに対し，**非ユークリッド幾何** とは，公準 1–4 に「平行線の公準の否定」を加えた公準系を証明の出発点とする幾何のことである．

$$公準\ 1\text{--}4 + \begin{cases} \text{「平行線の公準」} & \Longrightarrow\ \text{ユークリッド幾何,} \\ \text{「平行線の公準の否定」} & \Longrightarrow\ \text{非ユークリッド幾何.} \end{cases}$$

問題は，公準 1–4 に「平行線の公準の否定」を加えた公準系が矛盾を含まないかどうかである．もしこれが矛盾を含めば，公準 1–4 から「平行線の公準」が背理法で証明されたことになり，「平行線の公準」を公準ではなく命題にすることができる．証明の前提である公準は少なければ少ないほどよいので，このことは『原論』が書かれた直後から問題となった．また，論理では p が偽のとき命題「$p \Longrightarrow q$」は真であると考えるので，矛盾を含む公準系からはすべての命題が証明できることになる．したがって，もし公準 1–4 に「平行線の公準の否定」を加えた公準系が矛盾を含めば，非ユークリッド幾何は無意味である．しかし，矛盾を証明しようとする試みは，長い研究の歴史にもかかわらず実を結ばなかった．逆に，19 世紀の前半に，ロバチェフスキーとボヤイによって，それが矛盾を含まないことが証明されて，非ユークリッド幾何の幕が開いた．彼等の証明は間接的であったが，19 世紀後半には，ベルトラミ，ポアンカレ，クライン等によって非ユークリッド幾何のモデル，すなわち，公準 1–4 と「平行線の公準の否定」を満たす平面 (ただし，「平面」やその上の「直線」は無定義用語だから，我々がイメージするような平面や直線である必要はない) が構成されて，非ユークリッド幾何は目に見える身近な研究対象になった．そこでは，三角形の内角の和が 2 直角とは異なるなどの，これまでの幾何の常識に反する定理が成立するが，ユークリッド幾何と同様の，あるいはそれ以上に豊かな世界が広がっていることが明らかになった．

註 3.12 『原論』についてもっと詳しく知りたいと思う読者のために，参考書を紹介しておこう．原書にもっとも近い『原論』の日本語訳は [5]，ヒルベルトの『幾何学の基礎』の日本語訳は [7] であるが，どちらも読むためには相当の忍耐が必要と思う．プトレマイオス王の問い「もっと簡単に幾何学を学ぶ方法はないのか」に対して，ユークリッドが「幾何学に王道なし」と答えたことは有名であるが，これらの書物を手に取ると王の気持ちが分からなくはない．幸い現代では，親しみやすい参考書が出版されている．幾何学の専門家によって書かれた [13] には，『原論』第 1 巻の分かりやすい解説が与えられている．本書の命題 1–4 の表現でもそれを参考にした．[11] には『原論』第 1 巻から第 13 巻までのコンパクトな解説がある．また，[25] は数学史の専門家による興味深い解説である．本書の命題 4 の証明には，この本の見解をとり入れた．ヒルベルト幾何については，ていねいな解説が [6] にある．非ユークリッド幾何について知りたい読者には [6, 13, 20, 30] を勧めたい．

第4章

円周率

　円周率は，単に円周の長さと直径の比であるだけでなく，不思議な魅力に満ちた数である．円周率を正しく求めようとする研究の歴史は，アルキメデスによって始められた多角形による近似，17世紀以後の微積分学の応用，第二次大戦後のコンピュータの時代に大別される．本章では，はじめの2つについて基本的なアイデアを説明して，実際に円周率 π の近似値を求めてみよう．あわせて，円周率が無理数であることを証明する．

4.1　アルキメデスの漸化式

　円周の長さは直径に比例する．すなわち，ある一定値 π が存在して，どんな半径 r の円に対しても円周の長さは $2\pi r$ である．この定数 π を **円周率** とよぶ．アルキメデス (前287–前212) は著書『円の計測』の中で，不等式

$$3.140845 < 3\frac{10}{71} < \pi < 3\frac{1}{7} = 3.\dot{1}4285\dot{7} \tag{4.1}$$

が成り立つことを証明して，π の小数第2位までが3.14であることをはじめて明らかにした．本節では，アルキメデスの考えた方法を紹介して，実際に不等式 (4.1) を導いてみよう．

　本節を通して，半径1の円 O について考える．このとき，$\pi = $ 円周/2 だから，π の値を求めることは，O の円周の長さを求めることに他ならない．そのために，円 O に内接する正 n 角形の周囲の長さを p_n とし，円 O に外接する

正 n 角形の周囲の長さを q_n とすると,次の不等式が成立する.
$$p_3 < p_4 < \cdots < p_n < p_{n+1} < \cdots\cdots < q_{n+1} < q_n < \cdots < q_4 < q_3. \qquad (4.2)$$
ここで n を大きくしていくと,内接正 n 角形と外接正 n 角形はそれぞれ円に近づくので,p_n は下から,q_n は上から円周の長さに近づく (註 4.1 を参照).このとき,$\pi =$ 円周/2 だから,すべての n に対して
$$p_n/2 < \pi < q_n/2 \qquad (4.3)$$
が成り立っている.したがって,大きな n に対する p_n, q_n の値を求めることにより,精密な π の範囲が得られる.アルキメデスはこのアイデアに基づいて,$n = 96$ に対する p_n, q_n の値を計算して,不等式 (4.1) を得た.

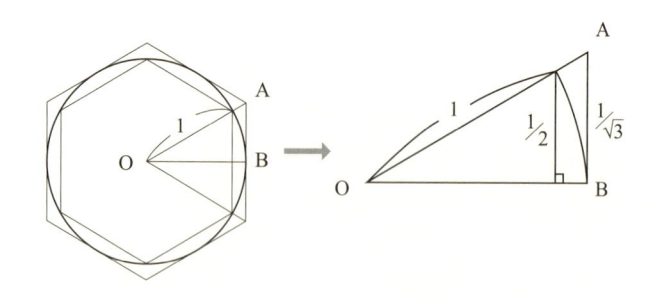

図 4.1 円 O の内接正 6 角形と外接正 6 角形.

註 4.1 上の説明の中で「p_n と q_n は円周の長さに近づく」という表現は正確ではない.正しくは,$n \longrightarrow \infty$ のとき,p_n と q_n が同じ値に収束することが証明できる (参考書 [31, 35] を見よ).その値を「円周の長さ」として定義するのである.アルキメデスは,円周率を求める過程において,曲線の長さの近代的な定義の原型を与えたと言える.

例 4.2 p_6, q_6 の値を求めてみよう.円 O に内接する正 6 角形の 1 辺の長さは 1 だから,$p_6 = 6$.図 4.1 において,$AB = 1/\sqrt{3}$ だから,外接正 6 角形の 1 辺の長さは $2/\sqrt{3}$.ゆえに,$q_6 = 4\sqrt{3}$.この事実と (4.3) より,π の範囲
$$3 < \pi < 2\sqrt{3} = 3.46410\cdots$$
が得られる.

問 1 p_4, q_4 の値を求めよ.

アルキメデスの方法で次に優れた点は，p_{96}, q_{96} の値を求める計算を，実際に正 96 角形を考えるのではなく，ある種の漸化式の計算に帰結させたことである．円 O の内接正 n 角形の 1 辺の長さを a_n，外接正 n 角形の 1 辺の長さを b_n とする．すなわち，$a_n = p_n/n, b_n = q_n/n$．さらに，$s_n = 2/a_n, t_n = 2/b_n$ とおく．このとき $p_n = 2n/s_n, q_n = 2n/t_n$ だから，(4.3) より，

$$n/s_n < \pi < n/t_n \tag{4.4}$$

が成立する．次の定理は，アルキメデスの方法を整理したものである．

定理 4.3 (アルキメデスの漸化式) 自然数 $n \geq 3$ に対して，次が成立する．

(1) $s_{2n}^2 - 1 = (s_n + \sqrt{s_n^2 - 1})^2$,
(2) $t_{2n} = t_n + \sqrt{t_n^2 + 1}$.

証明 (1) 図 4.2 において，$A_1 B_1$ は円 O の内接正 n 角形の 1 辺の半分，$A_2 B_2$ は内接正 $2n$ 角形の 1 辺の半分である．したがって，

$$A_1 B_1 = a_n/2 = 1/s_n, \tag{4.5}$$

$$A_2 B_2 = a_{2n}/2 = 1/s_{2n}. \tag{4.6}$$

図 4.2 のように線分 $A_1 B_1$ と OA_2 の交点を E とし，$u = OB_1$ とおく．このとき，$OA_1 = 1$ だから，ピタゴラスの定理と (4.5) より

$$u = \sqrt{1 - A_1 B_1^2} = \sqrt{1 - \frac{1}{s_n^2}} = \frac{\sqrt{s_n^2 - 1}}{s_n}. \tag{4.7}$$

また，$OE:EB_1 = OA_2:A_2B_2$ かつ $OA_2 = 1$ だから，(4.6) より

$$s_{2n}^2 = \frac{1}{A_2 B_2^2} = \frac{OE^2}{EB_1^2}. \tag{4.8}$$

さらに，ピタゴラスの定理より $OE^2 = u^2 + EB_1^2$ だから，(4.8) より

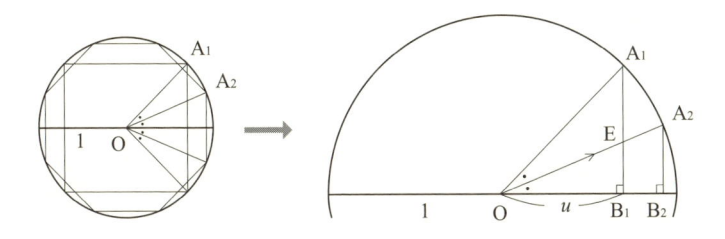

図 **4.2** 定理 4.3 (1) の証明．図は $n = 4$ の場合．

$$s_{2n}^2 = \frac{u^2 + \mathrm{EB}_1^2}{\mathrm{EB}_1^2} = \frac{u^2}{\mathrm{EB}_1^2} + 1. \tag{4.9}$$

線分 OE は $\angle \mathrm{A}_1\mathrm{OB}_1$ を二等分するから，定理 2.7 より，点 E は $\mathrm{A}_1\mathrm{B}_1$ を $1:u$ の比に内分する．したがって，(4.5) より

$$\mathrm{EB}_1 = \frac{u}{1+u}\mathrm{A}_1\mathrm{B}_1 = \frac{u}{s_n(1+u)}. \tag{4.10}$$

(4.9), (4.10) より $s_{2n}^2 = s_n^2(1+u)^2 + 1$ だから，(4.7) より

$$s_{2n}^2 = s_n^2\left(1 + \frac{\sqrt{s_n^2-1}}{s_n}\right)^2 + 1 = (s_n + \sqrt{s_n^2-1})^2 + 1.$$

ゆえに，(1) が成立する．

(2) 図 4.3 において，$\mathrm{C}_1\mathrm{D}$ は円 O の外接正 n 角形の 1 辺の半分，$\mathrm{C}_2\mathrm{D}$ は外接正 $2n$ 角形の 1 辺の半分である．したがって，

$$\mathrm{C}_1\mathrm{D} = b_n/2 = 1/t_n, \quad \mathrm{C}_2\mathrm{D} = b_{2n}/2 = 1/t_{2n}. \tag{4.11}$$

ピタゴラスの定理より，

$$\mathrm{OC}_1 = \sqrt{1 + \mathrm{C}_1\mathrm{D}^2} = \sqrt{1 + \frac{1}{t_n^2}} = \frac{\sqrt{t_n^2+1}}{t_n}. \tag{4.12}$$

定理 2.7 より，点 C_2 は線分 $\mathrm{C}_1\mathrm{D}$ を $\mathrm{OC}_1:1$ の比に内分するから，

$$\mathrm{C}_2\mathrm{D} = \frac{1}{\mathrm{OC}_1 + 1}\mathrm{C}_1\mathrm{D}. \tag{4.13}$$

(4.11), (4.12), (4.13) より，

$$t_{2n} = \frac{1}{\mathrm{C}_2\mathrm{D}} = \frac{\mathrm{OC}_1+1}{\mathrm{C}_1\mathrm{D}} = t_n\left(\frac{\sqrt{t_n^2+1}}{t_n} + 1\right)$$
$$= t_n + \sqrt{t_n^2+1}.$$

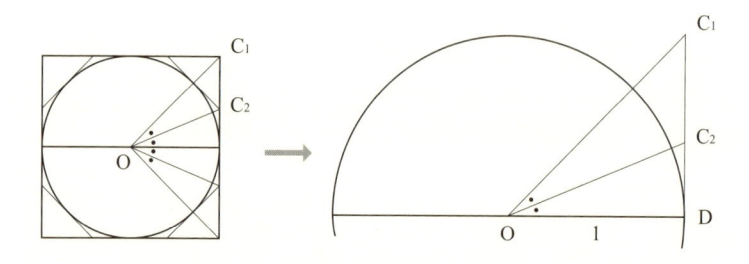

図 **4.3** 定理 4.3 (2) の証明．図は $n=4$ の場合．

ゆえに，(2) が成り立つ． □

例 4.4 (アルキメデスによる π の計算) 定理 4.3 と 10 桁の $\sqrt{}$ キー付電卓を使って（電卓の $\sqrt{}$ キーを使用した箇所を * で示す），アルキメデスの計算を追ってみよう．目標は，不等式 (4.1) を導くことである．$\sqrt{3}$ の分数近似

$$\frac{265}{153} < \sqrt{3} < \frac{1351}{780} \tag{4.14}$$

を用いる．最初に，$p_6 = 6$ だから，$s_6 = 12/p_6 = 2$. したがって，(4.14) より

$$s_6^2 - 1 = 3 = (\sqrt{3})^2 < \left(\frac{1351}{780}\right)^2.$$

定理 4.3 (1) より

$$s_{12}^2 - 1 = \left(s_6 + \sqrt{s_6^2 - 1}\right)^2 < \left(2 + \frac{1351}{780}\right)^2 = \left(\frac{2911}{780}\right)^2.$$

$$\therefore \quad s_{12} < \frac{\sqrt{780^2 + 2911^2}}{780} = \frac{\sqrt{9082321}}{780} \stackrel{*}{<} \frac{3013.689}{780} < \frac{3013\frac{3}{4}}{780}.$$

定理 4.3 (1) より

$$s_{24}^2 - 1 = \left(s_{12} + \sqrt{s_{12}^2 - 1}\right)^2 < \left(\frac{3013\frac{3}{4}}{780} + \frac{2911}{780}\right)^2 = \left(\frac{5924\frac{3}{4}}{780}\right)^2 = \left(\frac{1823}{240}\right)^2.$$

$$\therefore \quad s_{24} < \frac{\sqrt{240^2 + 1823^2}}{240} = \frac{\sqrt{3380929}}{240} \stackrel{*}{<} \frac{1838.731}{240} < \frac{1838\frac{9}{11}}{240}.$$

定理 4.3 (1) より

$$s_{48}^2 - 1 = \left(s_{24} + \sqrt{s_{24}^2 - 1}\right)^2 < \left(\frac{1838\frac{9}{11}}{240} + \frac{1823}{240}\right)^2 = \left(\frac{3661\frac{9}{11}}{240}\right)^2 = \left(\frac{1007}{66}\right)^2.$$

$$\therefore \quad s_{48} < \frac{\sqrt{66^2 + 1007^2}}{66} = \frac{\sqrt{1018405}}{66} \stackrel{*}{<} \frac{1009.161}{66} < \frac{1009\frac{1}{6}}{66}.$$

定理 4.3 (1) より

$$s_{96}^2 - 1 = \left(s_{48} + \sqrt{s_{48}^2 - 1}\right)^2 < \left(\frac{1009\frac{1}{6}}{66} + \frac{1007}{66}\right)^2 = \left(\frac{2016\frac{1}{6}}{66}\right)^2.$$

$$\therefore \quad s_{96} < \frac{\sqrt{66^2 + (2016\frac{1}{6})^2}}{66} < \frac{\sqrt{4069285}}{66} \stackrel{*}{<} \frac{2017.247}{66} < \frac{2017\frac{1}{4}}{66}.$$

(4.4) より $\pi > 96/s_{96}$ だから，

$$\pi > \frac{96 \times 66}{2017\frac{1}{4}} = 3\frac{284\frac{1}{4}}{2017\frac{1}{4}} > 3\frac{284\frac{1}{4}}{2018\frac{7}{40}} = 3\frac{10}{71} = 3.14084507\cdots.$$

次に，$q_6 = 4\sqrt{3}$ だから，(4.14) より
$$t_6 = 12/q_6 = \sqrt{3} > \frac{265}{153}.$$

定理 4.3 (2) より
$$t_{12} = t_6 + \sqrt{t_6^2 + 1} = t_6 + 2 > \frac{265}{153} + 2 = \frac{571}{153}.$$

定理 4.3 (2) より
$$t_{24} = t_{12} + \sqrt{t_{12}^2 + 1} > \frac{571}{153} + \frac{\sqrt{571^2 + 153^2}}{153} = \frac{571 + \sqrt{349450}}{153}$$
$$\underset{*}{>} \frac{571 + 591.142}{153} > \frac{571 + 591\frac{1}{8}}{153} = \frac{1162\frac{1}{8}}{153}.$$

定理 4.3 (2) より
$$t_{48} = t_{24} + \sqrt{t_{24}^2 + 1} > \frac{1162\frac{1}{8}}{153} + \frac{\sqrt{(1162\frac{1}{8})^2 + 153^2}}{153} > \frac{1162\frac{1}{8} + \sqrt{1373943}}{153}$$
$$\underset{*}{>} \frac{1162\frac{1}{8} + 1172.153}{153} > \frac{1162\frac{1}{8} + 1172\frac{1}{8}}{153} = \frac{2334\frac{1}{4}}{153}.$$

定理 4.3 (2) より
$$t_{96} = t_{48} + \sqrt{t_{48}^2 + 1} > \frac{2334\frac{1}{4}}{153} + \frac{\sqrt{(2334\frac{1}{4})^2 + 153^2}}{153} > \frac{2334\frac{1}{4} + \sqrt{5472132}}{153}$$
$$\underset{*}{>} \frac{2334\frac{1}{4} + 2339.258}{153} > \frac{2334\frac{1}{4} + 2339\frac{1}{4}}{153} = \frac{4673\frac{1}{2}}{153}.$$

(4.4) より $\pi < 96/t_{96}$ だから，
$$\pi < \frac{96 \times 153}{4673\frac{1}{2}} = 3\frac{667\frac{1}{2}}{4673\frac{1}{2}} < 3\frac{667\frac{1}{2}}{4672\frac{1}{2}} = 3\frac{1}{7} = 3.\dot{1}4285\dot{7}.$$

以上で (4.1) が示された．

次の定理の数式 (4.15) もまたアルキメデスの漸化式とよばれる．その証明は節末の演習問題として読者に残そう．

定理 4.5 (アルキメデスの漸化式)　自然数 $n \geq 3$ に対して，次が成り立つ．
$$p_{2n} = \sqrt{p_n q_{2n}}, \quad q_{2n} = \frac{2p_n q_n}{p_n + q_n}. \tag{4.15}$$

問 2　アルキメデスの漸化式 (4.15) を使って，p_8, q_8 の値を求めよ．

アルキメデス以後，17世紀までは，多角形による近似が π の値を求める主な方法であった．3世紀の中国の数学者，劉徽は正1536角形による近似を使って，$\pi \fallingdotseq 3.1416$ であることを示した．フランスの F. ヴィエート (1540–1603) は正 6×2^{16} 角形による近似を使って，π を小数第9位まで求めた．ドイツのルドルフ・ファン・ケーレン (1539–1610) は一生を π の計算に費やしたと伝えられているが，π を小数第35位まで求めた．これが多角形の近似によるもっとも精密な結果である．日本でも，関孝和 (1642–1708) が正 2^{17} 角形による近似を使って π の小数第10位まで，鎌田俊清 (1678–1747) が正 2^{44} 角形による近似を使って π の小数第25位までを求めた．

註 4.6 アルキメデスの著書『円の計測』の日本語訳は，[18] で読むことができる．アルキメデスの数学に関する参考書 [33] に解説が与えられている．

＊ ＊ ＊ ＊ ＊ ＊ ＊ ＊ ＊

演習 4.1.1 5mm 方眼紙に半径 5cm の円 O を描き，次の作業を行うことにより，文章中の x, y, a, b に当てはまる数を求めよ．

> **作業** 方眼目の1辺 5mm の正方形のうち，周を含めた円 O に完全に含まれる正方形を数えると全部で x 個あり，それに O の内部と交わる正方形を加えるとその個数は全部で y 個になる．このとき，円 O の面積は $(0.5)^2 x \mathrm{cm}^2$ と $(0.5)^2 y \mathrm{cm}^2$ の間にあるから，逆算して不等式 $a < \pi < b$ が得られる．

演習 4.1.2 エラトステネス (前 275–前 194) は，地球が球であると予想して，同じ経線上にあるアレクサンドリアとシエネにおいて次のような観測を行った．

> **観測** シエネでは夏至の日の正午に，太陽は真上にある．そのとき，シエネより約 900km 北にあるアレクサンドリアでは，太陽は真上から 7.2° 南の方向にある．

以上の観測に基づいて，地球の周囲の長さを計算せよ．また，その結果を現在知られている地球の周囲の正確な長さと比較せよ．

演習 4.1.3 半径 1 の円 O に内接する正 n 角形の 1 辺の長さを a_n, 外接する正 n 角形の 1 辺の長さを b_n とする. 任意の自然数 $n \geq 3$ に対して, 次が成り立つことを証明せよ (ヒント：図 4.2 と 4.3 を重ね合わせてみよう).

(1) $b_{2n} = a_n b_n / (a_n + b_n)$,
(2) $a_{2n} = \sqrt{a_n b_{2n}/2}$.

演習 4.1.4 演習 4.1.3 の結果を使って, 定理 4.5 を証明せよ.

演習 4.1.5 球 S に外接する円柱 C について, S の体積と C の体積の比を求めよ. また, S の表面積と C の表面積の比を求めよ.

4.2 無限級数による近似

本節と次節では, 大学初年度級の微積分を用いるが, 内容の理解のためには高校数学 III の微積分の知識があれば十分である. 17 世紀には, ニュートン (1642–1727) とライプニッツ (1646–1716) によって微積分学の基礎が築かれ, その応用として, 円周率を解析的な方法によって求めることが可能になった. 本節では, その基本的なアイデアを説明する.

関数 $y = \tan x$ の定義域を区間 $I = (-\pi/2, \pi/2)$ に制限して考える. すなわち, 変数 x の動く範囲を $-\pi/2 < x < \pi/2$ に制限する. このとき, 値域は実数全体の集合 (= 実数直線) $\mathbb{R}$ である. 関数 $y = \tan x$ の逆関数を
$$y = \tan^{-1} x$$
で表し, **アークタンジェント x** とよぶ.

註 4.7 関数 $y = \tan x$ の定義域を区間 I に制限した理由を述べておこう. 逆関数を定義するためには, y に対して $y = \tan x$ を満たす x が一意的に定まる必要がある. しかし, 方程式 $y = \tan x$ を x について解くとき, もし x_0 が 1 つの解ならば, $x_0 + 2n\pi$ (n は整数) もまた解である. この解を一意的に定めるために, x の範囲を $-\pi/2 < x < \pi/2$ に制限した.

問 3 $\tan^{-1} \sqrt{3}$ と $\tan^{-1}(-1)$ の値を求めよ.

いま，関数 $y=\tan x$ は区間 I から $\mathbb{R}$ への関数だから，逆関数 $y=\tan^{-1}x$ は $\mathbb{R}$ から I への関数である．特に，$\tan(\pi/4)=1$ だから，
$$\tan^{-1}1=\frac{\pi}{4} \tag{4.16}$$
である (図 4.4 を見よ)．したがって，$\tan^{-1}1$ の近似値を求めることができれば，π の近似値が求められる．そのために，以下で説明する関数の無限級数展開とよばれる方法を用いる．

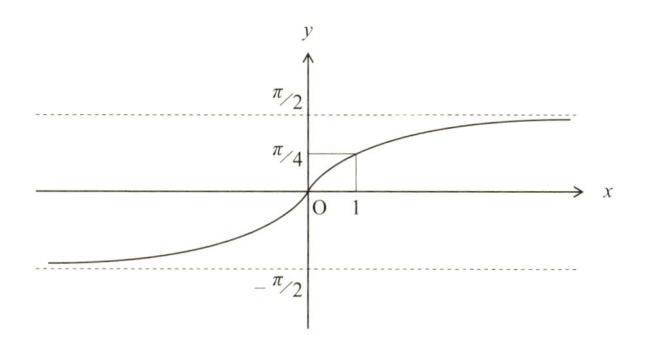

図 4.4 関数 $y=\tan^{-1}x$ のグラフ．$\tan^{-1}1=\pi/4$ である．

補題 4.8 関数 $y=\tan^{-1}x$ の導関数は，
$$(\tan^{-1}x)'=\frac{1}{1+x^2} \tag{4.17}$$
で与えられる．

証明 関数 $y=f(u)=\tan u$ と $u=g(x)=\tan^{-1}x$ の合成関数を考えると，
$$f(g(x))=\tan(\tan^{-1}x)=x. \tag{4.18}$$
ここで，合成関数の微分公式
$$\{f(g(x))\}'=f'(g(x))\cdot g'(x) \tag{4.19}$$
を思い出そう．いま $f'(u)=(\tan u)'=1/\cos^2 u=1+\tan^2 u$ だから，
$$f'(g(x))=1+\tan^2 g(x)=1+\{\tan(\tan^{-1}x)\}^2=1+x^2. \tag{4.20}$$
また，(4.18) より $\{f(g(x))\}'=1$．ゆえに，(4.19), (4.20) より
$$g'(x)=\frac{\{f(g(x))\}'}{f'(g(x))}=\frac{1}{1+x^2}$$
が成り立つ．すなわち，(4.17) が成立する． □

定理 4.9 ($\tan^{-1} x$ の無限級数展開) 任意の x ($|x| \leq 1$) に対して，
$$\tan^{-1} x = x - \frac{x^3}{3} + \frac{x^5}{5} - \frac{x^7}{7} + \cdots + (-1)^{n-1} \frac{x^{2n-1}}{2n-1} + \cdots \quad (4.21)$$
が成立する．

註 4.10 定理 4.9 を証明する前に，数式 (4.21) の意味を述べておこう．(4.21) の右辺のような無限和の形の数式を**無限級数**という．また，その第 n 項までの和を**部分和**とよび，$S_n(x)$ で表す．定理 4.9 の意味は，部分和の列

$$S_1(x) = x,$$

$$S_2(x) = x - \frac{x^3}{3},$$

$$S_3(x) = x - \frac{x^3}{3} + \frac{x^5}{5},$$

$$S_4(x) = x - \frac{x^3}{3} + \frac{x^5}{5} - \frac{x^7}{7},$$

$$\cdots,$$

$$S_n(x) = x - \frac{x^3}{3} + \frac{x^5}{5} - \frac{x^7}{7} + \cdots + (-1)^{n-1} \frac{x^{2n-1}}{2n-1},$$

$$\cdots$$

をとったとき，任意の x ($|x| \leq 1$) に対して，数列 $\{S_n(x)\}$ が $\tan^{-1} x$ に収束するということである．関数 $S_3(x)$ と $S_4(x)$ のグラフを図 4.5 に示す．

定理 4.9 の証明 任意の自然数 n と任意の実数 t に対して，
$$1 = (1+t^2) - (t^2+t^4) + (t^4+t^6) - \cdots$$
$$\cdots + (-1)^{n-1}(t^{2n-2}+t^{2n}) + (-1)^n t^{2n}$$
が成り立つことに注意しよう．両辺に $1/(1+t^2)$ をかけると，
$$\frac{1}{1+t^2} = 1 - t^2 + t^4 - \cdots + (-1)^{n-1} t^{2n-2} + (-1)^n \frac{t^{2n}}{1+t^2}. \quad (4.22)$$
補題 4.8 より，関数 $F(t) = \tan^{-1} t$ は関数 $f(t) = 1/(1+t^2)$ の原始関数の 1 つだから，(4.22) とあわせて，次が得られる．

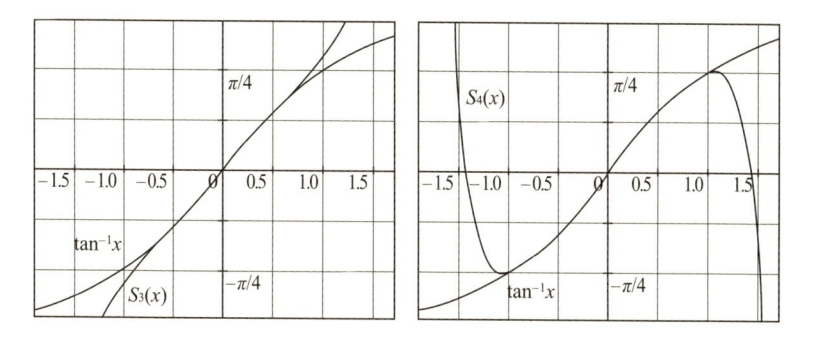

図 4.5 関数 $y=\tan^{-1}x$ と $y=S_3(x)$ のグラフ（左）と，関数 $y=\tan^{-1}x$ と $y=S_4(x)$ のグラフ（右）．

$$\tan^{-1}x = \left[\tan^{-1}t\right]_0^x = \int_0^x \frac{1}{1+t^2}dt$$

$$= \int_0^x \left(1-t^2+t^4-\cdots+(-1)^{n-1}t^{2n-2}+(-1)^n\frac{t^{2n}}{1+t^2}\right)dt$$

$$= \int_0^x (1-t^2+t^4-\cdots+(-1)^{n-1}t^{2n-2})dt + \int_0^x (-1)^n\frac{t^{2n}}{1+t^2}dt$$

$$= x - \frac{x^3}{3} + \frac{x^5}{5} - \cdots + (-1)^{n-1}\frac{x^{2n-1}}{2n-1} + (-1)^n\int_0^x \frac{t^{2n}}{1+t^2}dt.$$

したがって，註 4.10 のように部分和 $S_n(x)$ を定義すると，

$$\tan^{-1}x = S_n(x) + (-1)^n\int_0^x \frac{t^{2n}}{1+t^2}dt$$

が成り立つ．任意の x ($|x|\leq 1$) に対し，$n\longrightarrow\infty$ のとき，

$$|\tan^{-1}x - S_n(x)| = \left|\int_0^x \frac{t^{2n}}{1+t^2}dt\right| \leq \left|\int_0^x t^{2n}dt\right|$$

$$= \left|\frac{x^{2n+1}}{2n+1}\right| = \frac{|x|^{2n+1}}{2n+1} \leq \frac{1}{2n+1} \longrightarrow 0.$$

これは，$|x|\leq 1$ のとき，数列 $\{S_n(x)\}$ が $\tan^{-1}x$ に収束することを意味する．ゆえに，(4.21) が成立する． □

いま，$\tan^{-1}1 = \pi/4$ だから，定理 4.9 の無限級数 (4.21) に $x=1$ を代入すると，次の系が得られる．

系 4.11 (グレゴリーの公式) 次の等式が成立する.
$$\frac{\pi}{4} = 1 - \frac{1}{3} + \frac{1}{5} - \frac{1}{7} + \frac{1}{9} - \frac{1}{11} + \cdots + \frac{(-1)^{n-1}}{2n-1} + \cdots. \tag{4.23}$$

例 4.12 グレゴリーの公式は, (4.23) の右辺の第 n 項までの部分和を S_n とするとき, 数列 $\{S_n\}$ が $\pi/4$ に収束することを意味している (図 4.6 を見よ). したがって, 数列 $\{4S_n\}$ は π に収束する. 第 5 項までを計算してみよう.

$$4S_1 = 4,$$
$$4S_2 = 4\left(1 - \frac{1}{3}\right) = \frac{8}{3} = 2.666\cdots,$$
$$4S_3 = 4\left(1 - \frac{1}{3} + \frac{1}{5}\right) = \frac{52}{15} = 3.466\cdots,$$
$$4S_4 = 4\left(1 - \frac{1}{3} + \frac{1}{5} - \frac{1}{7}\right) = \frac{304}{105} = 2.895\cdots,$$
$$4S_5 = 4\left(1 - \frac{1}{3} + \frac{1}{5} - \frac{1}{7} + \frac{1}{9}\right) = \frac{1052}{315} = 3.339\cdots,$$
$$\cdots$$

以下, $4S_n$ は, 奇数項は上から偶数項は下から, それぞれ単調に π に近づく. さらに,

$$4S_{626} = 3.1399952105\cdots,$$
$$4S_{627} = 3.1431875489\cdots,$$
$$4S_{628} = 3.1400002979\cdots$$

まで計算すると, 初めて π の小数第 2 位までが 3.14 であることが確定する.

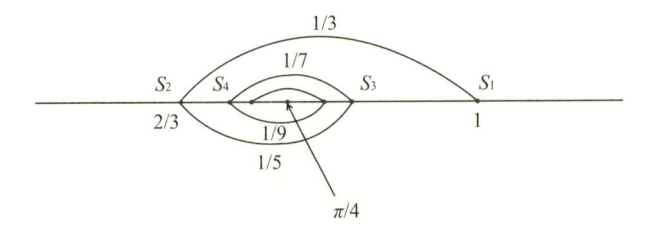

図 4.6 グレゴリーの公式 (4.23) の部分和の数列 $\{S_n\}$. S_n は奇数項では上から偶数項では下から $\pi/4$ に近づく.

4.2. 無限級数による近似

グレゴリーの公式 (4.23) は美しいが，収束速度が非常に遅い．実際，π の小数第 3 位までを確定するためには，第 2455 項まで計算しなければならない．以後，研究の目標はもっと速く π に近づく無限級数の発見に移った．そのための簡単なアイデアがある．関数 $y = \tan^{-1} x$ の無限級数展開における部分和の数列 $\{S_n(x)\}$ は，x が 0 に近ければ近いほど速く $\tan^{-1} x$ に収束する．したがって，$x = 1$ よりも 0 に近い x における $\tan^{-1} x$ の値を使うと収束速度を上げることができる．たとえば，$\tan(\pi/6) = 1/\sqrt{3}$ だから，

$$\tan^{-1} \frac{1}{\sqrt{3}} = \frac{\pi}{6} \tag{4.24}$$

である．したがって，定理 4.9 の無限級数 (4.21) に $x = 1/\sqrt{3}$ を代入すると，次の系が得られる．

系 4.13 次の等式が成立する．
$$\frac{\pi}{6} = \frac{1}{\sqrt{3}} \left(1 - \frac{1}{3 \cdot 3} + \frac{1}{5 \cdot 3^2} - \frac{1}{7 \cdot 3^3} + \cdots + \frac{(-1)^{n-1}}{(2n-1) \cdot 3^{n-1}} + \cdots \right). \tag{4.25}$$

例 4.14 系 4.13 は，(4.25) の括弧内の無限級数の第 n 項までの部分和を S_n とするとき，数列 $\{S_n/\sqrt{3}\}$ が $\pi/6$ に収束することを意味している．したがって，数列 $\{2\sqrt{3} S_n\}$ は π に収束する．特に，奇数項は上から，偶数項は下から，単調に π に近づく．いま，S_n ($n = 5, 6, 7$) を計算すると，

$$S_5 = 1 - \frac{1}{3 \cdot 3} + \frac{1}{5 \cdot 3^2} - \frac{1}{7 \cdot 3^3} + \frac{1}{9 \cdot 3^4} = \frac{23147}{25515},$$

$$S_6 = 1 - \frac{1}{3 \cdot 3} + \frac{1}{5 \cdot 3^2} - \frac{1}{7 \cdot 3^3} + \frac{1}{9 \cdot 3^4} - \frac{1}{11 \cdot 3^5} = \frac{254512}{280665},$$

$$S_7 = 1 - \frac{1}{3 \cdot 3} + \frac{1}{5 \cdot 3^2} - \frac{1}{7 \cdot 3^3} + \frac{1}{9 \cdot 3^4} - \frac{1}{11 \cdot 3^5} + \frac{1}{13 \cdot 3^6} = \frac{3309041}{3648645}.$$

次に，$1.7320 < \sqrt{3} < 1.7321$ を使うと，

$$3.14130 < 2\sqrt{3} S_6 < \pi < 2\sqrt{3} S_5 < 3.14261,$$
$$3.14130 < 2\sqrt{3} S_6 < \pi < 2\sqrt{3} S_7 < 3.14177.$$

ゆえに，S_6 までの計算で $\pi = 3.14$，S_7 までの計算で $\pi = 3.141$ が確定する．

無限級数展開において $x = 1/\sqrt{3}$ よりもっと 0 に近い x の値を使う 2 つのアイデアを節末の演習問題で与える．参考書 [10] によると，電子計算機が使われ

$\pi = 3.$1415926535 8979323846 2643383279 5028841971 6939937510
5820974944 5923078164 0628620899 8628034825 3421170679
8214808651 3282306647 0938446095 5058223172 5359408128
4811174502 8410270193 8521105559 6446229489 5493038196
4428810975 6659334461 2847564823 3786783165 2712019091

4564856692 3460348610 4543266482 1339360726 0249141273
7245870066 0631558817 4881520920 9628292540 9171536436
7892590360 0113305305 4882046652 1384146951 9415116094
3305727036 5759591953 0921861173 8193261179 3105118548
0744623799 6274956735 1885752724 8912279381 8301194912

9833673362 4406566430 8602139494 6395224737 1907021798
6094370277 0539217176 2931767523 8467481846 7669405132
0005681271 4526356082 7785771342 7577896091 7363717872
1468440901 2249534301 4654958537 1050792279 6892589235
4201995611 2129021960 8640344181 5981362977 4771309960

5187072113 4999999837 2978049951 0597317328 1609631859
5024459455 3469083026 4252230825 3344685035 2619311881
7101000313 7838752886 5875332083 8142061717 7669147303
5982534904 2875546873 1159562863 8823537875 9375195778
1857780532 1712268066 1300192787 6611195909 2164201989

表 4.1 円周率 π の小数 1000 桁まで．左上から，横に 50 桁まで読み，下の行に続く．語呂合わせによる覚え方が，参考書 [4, 10] にある．

る以前に得られた最良の π の値は小数 819 桁である．1949 年にはアメリカで世界最初の電子計算機エニアックを使って，π の小数 2037 桁までが求められた．2009 年 8 月現在，知られているもっとも精密な π の値は，筑波大学計算科学研究センターの高橋大介准教授の計算による小数 2 兆 5769 億 8037 万桁である．無限級数による π の計算と関連する話題については [14] を，コンピュータを使った π の計算については [4, 10] を見よ．

$$* \quad * \quad * \quad * \quad * \quad * \quad * \quad * \quad *$$

演習 4.2.1 任意の実数 x に対して，$\tan^{-1}(-x) = -\tan^{-1} x$ が成立することを示せ．

演習 4.2.2 任意の実数 x, y ($|x| < 1, |y| < 1$) に対して，公式
$$\tan^{-1} x \pm \tan^{-1} y = \tan^{-1} \frac{x \pm y}{1 \mp xy} \tag{4.26}$$
が成立することを示せ．

演習 4.2.3 等式 $\tan^{-1}(1/2) + \tan^{-1}(1/3) = \pi/4$ が成り立つことを示せ．そ

れを使って，次の公式を導け．

$$\frac{\pi}{4} = \left\{\frac{1}{2} - \frac{1}{3\cdot 2^3} + \frac{1}{5\cdot 2^5} - \frac{1}{7\cdot 2^7} + \cdots\right\}$$
$$+ \left\{\frac{1}{3} - \frac{1}{3\cdot 3^3} + \frac{1}{5\cdot 3^5} - \frac{1}{7\cdot 3^7} + \cdots\right\}. \tag{4.27}$$

演習 4.2.4 演習 4.2.3 で導いた公式 (4.27) において，2 つの $\{\cdots\}$ 内の無限級数の第 3 項までの部分和を計算せよ．次に，第 4 項までの部分和を計算して，π の範囲を求めよ．

演習 4.2.5 等式 $4\tan^{-1}(1/5) - \tan^{-1}(1/239) = \pi/4$ が成り立つことを示せ．それを使って，次の公式を導け．

$$\frac{\pi}{4} = 4\left\{\frac{1}{5} - \frac{1}{3\cdot 5^3} + \frac{1}{5\cdot 5^5} - \frac{1}{7\cdot 5^7} + \cdots\right\}$$
$$- \left\{\frac{1}{239} - \frac{1}{3\cdot 239^3} + \frac{1}{5\cdot 239^5} - \frac{1}{7\cdot 239^7} + \cdots\right\}. \tag{4.28}$$

註 4.15 演習 4.2.5 の公式 (4.28) は**マチン級数**とよばれる．J. マチン (1680–1752) は，この級数を使ってはじめて π の値を小数 100 桁まで求めた．後半の $\{\cdots\}$ 内の無限級数の各項は非常に早く 0 に収束するので，大きな n に対してはそれらを無視できるという利点を持つ．マチン級数を使った具体的な計算例については，参考書 [14] を見よ．

4.3　π の無理数性

前節までは，円周率 π の値をできるだけ正確に求める工夫を紹介した．それらの方法により π の小数点以下をどこまで精密に計算しても，いつか割り切れたり循環したりすることはない．なぜなら，有限小数や循環小数は有理数であるが，π は無理数だからである．本節では，π が無理数であることの証明を与えよう．

整数全体の集合を $\mathbb{Z}$ で表す．この約束により，「a は整数である」と書く代わりに，$a \in \mathbb{Z}$ と書くことができる．**有理数**とは，分数として

$$a/b \quad (a, b \in \mathbb{Z}, b \neq 0)$$

と表される数のことである．任意の整数 n は $n = n/1$ と表されるので有理数で

ある．有理数でない実数は**無理数**とよばれる．$\sqrt{2}$ が無理数であることは，ギリシャ時代にピタゴラス学派によって証明されたが，π の無理数性の証明は 18 世紀の微積分学の発達まで待たなければならなかった．以下では，高校数学 III の微積分を用いる証明を紹介しよう．

補題 4.16 任意の実数 $c>0$ に対して，次が成立する．
$$\lim_{n\to\infty}\frac{c^n}{n!}=0. \tag{4.29}$$

証明 $n!=1\times 2\times 3\times\cdots\times n$ であることに注意しよう．分母 $n!$ が次々に大きな数をかけていくのに対し，分子 c^n は同じ数 c を繰り返しかける．したがって，分母の方が急速に大きくなるので，数列 $\{c^n/n!\}$ は 0 に収束する．このことをきちんと書いてみよう．$a_n=c^n/n!\ (n=1,2,\cdots)$ とおき，$c<m$ である自然数 m を 1 つ選んで固定する．このとき，$c/m<1$ だから，無限等比数列 $\{(c/m)^k\}$ は 0 に収束する．したがって，
$$a_{m+k}=\frac{c^{m+k}}{(m+k)!}=\frac{c^m}{m!}\times\frac{c}{m+1}\times\frac{c}{m+2}\times\cdots\times\frac{c}{m+k}$$
$$<a_m\times\left(\frac{c}{m}\right)^k\longrightarrow 0\quad(k\longrightarrow\infty).$$
ゆえに (4.29) が成立する． □

次の定理の証明は少し長いので，3 つの主張に分けて証明する．各ステップの証明は難しくはないと思う．

定理 4.17 π は無理数である．

証明 背理法で証明する．もし π が有理数であると仮定すると，
$$\pi=a/b\quad(a,b\in\mathbb{Z},b\neq 0)$$
と表される．$b>0$ であると仮定してよい．補題 4.16 で $c=b\pi^2$ と考えると，
$$\lim_{n\to\infty}\frac{(b\pi^2)^n}{n!}=0.$$
したがって，十分に大きな n をとると
$$\frac{(b\pi^2)^n}{n!}\leq\frac{1}{3} \tag{4.30}$$
が成立する．そのような n を 1 つ固定して，関数 $f(x)$ を

4.3. π の無理数性

$$f(x) = \frac{b^n}{n!} x^n (\pi - x)^n$$

によって定義する．このとき，$f(x)$ は $2n$ 次関数だから，高次導関数について，

$$f^{(j)}(x) = 0 \quad (j \geq 2n+1) \tag{4.31}$$

が成立する．さらに，次の主張が成り立つ．

主張 1 任意の自然数 $j = 1, 2, \cdots$ に対して，$f^{(j)}(0) \in \mathbb{Z}$ かつ $f^{(j)}(\pi) \in \mathbb{Z}$．

証明 いま $\pi = a/b$ だから，二項定理より，

$$f(x) = \frac{b^n}{n!} x^n \left(\frac{a}{b} - x\right)^n = \frac{1}{n!} x^n (a + (-b)x)^n$$

$$= \frac{1}{n!} x^n \sum_{i=0}^{n} {}_n C_i a^{n-i} (-b)^i x^i$$

$$= \frac{1}{n!} \sum_{i=0}^{n} {}_n C_i a^{n-i} (-b)^i x^{n+i}.$$

$h_i(x) = x^{n+i}$ とおくと，任意の自然数 $j = 1, 2, \cdots$ に対して，

$$f^{(j)}(x) = \frac{1}{n!} \sum_{i=0}^{n} {}_n C_i a^{n-i} (-b)^i h_i^{(j)}(x) \tag{4.32}$$

が成り立つ．ここで，組み合わせの数 ${}_n C_i$ は整数である．さらに，

$$h_i^{(j)}(x) = \begin{cases} (n+i)(n+i-1) \cdots (n+i-(j-1)) x^{n+i-j} & (j < n+i), \\ (n+i)! & (j = n+i), \\ 0 & (j > n+i) \end{cases}$$

だから，$h_i^{(j)}(0) = (n+i)!$ または $h_i^{(j)}(0) = 0$．このとき，$(n+i)!$ は $n!$ で割り切れるから，(4.32) より

$$f^{(j)}(0) \in \mathbb{Z} \quad (j = 1, 2, \cdots) \tag{4.33}$$

が成立する．一方，関数 $f(x)$ の定義より，

$$f(x) = \frac{b^n}{n!} (\pi - x)^n x^n = f(\pi - x).$$

$f(x) = f(\pi - x)$ の両辺を x で j 回微分すると，合成関数の微分公式より，

$$f^{(j)}(x) = (-1)^j f^{(j)}(\pi - x) \quad (j = 1, 2, \cdots).$$

したがって，(4.33) より，

$$f^{(j)}(\pi) = (-1)^j f^{(j)}(0) \in \mathbb{Z} \quad (j = 1, 2, \cdots).$$

ゆえに，主張1は成立する． □

次に，定積分 $I = \int_0^\pi f(x)\sin x\,dx$ の値について考えよう．

主張2 $I \in \mathbb{Z}$.

証明 $f^{(0)}(x) = f(x)$ とおく．任意の整数 $j = 0, 1, 2, \cdots$ に対し，部分積分法を使うと，

$$\int_0^\pi f^{(j)}(x)\sin x\,dx = \int_0^\pi f^{(j)}(x)(-\cos x)'\,dx$$

$$= \left[-f^{(j)}(x)\cos x\right]_0^\pi - \int_0^\pi f^{(j+1)}(x)(-\cos x)\,dx$$

$$= (f^{(j)}(0) + f^{(j)}(\pi)) + \int_0^\pi f^{(j+1)}(x)\cos x\,dx.$$

最後の項に対して再び部分積分法を使うと，

$$\int_0^\pi f^{(j+1)}(x)\cos x\,dx = \int_0^\pi f^{(j+1)}(x)(\sin x)'\,dx$$

$$= \left[f^{(j+1)}(x)\sin x\right]_0^\pi - \int_0^\pi f^{(j+2)}(x)\sin x\,dx$$

$$= -\int_0^\pi f^{(j+2)}(x)\sin x\,dx$$

だから，次の等式が得られる．

$$\int_0^\pi f^{(j)}(x)\sin x\,dx = (f^{(j)}(0) + f^{(j)}(\pi)) - \int_0^\pi f^{(j+2)}(x)\sin x\,dx.$$

この等式を繰り返し使うと，

$$I = \int_0^\pi f(x)\sin x\,dx = (f(0) + f(\pi)) - \int_0^\pi f^{(2)}(x)\sin x\,dx$$

$$= (f(0) + f(\pi)) - (f^{(2)}(0) + f^{(2)}(\pi)) + \int_0^\pi f^{(4)}(x)\sin x\,dx$$

$$\cdots$$

$$= (f(0) + f(\pi)) - (f^{(2)}(0) + f^{(2)}(\pi)) + (f^{(4)}(0) + f^{(4)}(\pi)) - \cdots$$

$$\cdots + (-1)^n(f^{(2n)}(0) + f^{(2n)}(\pi)) + (-1)^{n+1}\int_0^\pi f^{(2n+2)}(x)\sin x\,dx.$$

したがって，主張 1 と (4.31) より
$$I=\sum_{j=0}^{n}(-1)^{j}(f^{(2j)}(0)+f^{(2j)}(\pi))\in\mathbb{Z}.$$
ゆえに，主張 2 は成立する． □

最後に，主張 2 に反する次の主張を証明して矛盾を導く．

主張 3 $0<I<1$.

証明 $0\leq x\leq\pi$ のとき，$x(\pi-x)\leq\pi^2$ だから，$x^n(\pi-x)^n\leq\pi^{2n}$. ゆえに (4.30) より
$$f(x)=\frac{b^n}{n!}x^n(\pi-x)^n\leq\frac{b^n}{n!}\pi^{2n}=\frac{(b\pi^2)^n}{n!}\leq\frac{1}{3}\quad(0\leq x\leq\pi).$$
したがって，
$$I=\int_0^{\pi}f(x)\sin x\,dx\leq\frac{1}{3}\int_0^{\pi}\sin x\,dx=\frac{2}{3}<1. \tag{4.34}$$
一方，$0<x<\pi$ のとき，$f(x)\sin x>0$ だから，$I>0$（下の問 4 を参照）．ゆえに，主張 3 は成立する． □

以上により，もし π が有理数であると仮定すると，互いに矛盾する主張 2 と主張 3 が導かれる．ゆえに，π は無理数である． □

問 4 上の主張 3 の証明で，なぜ「$0<x<\pi$ のとき $f(x)\sin x>0$ であることから $I>0$ である」と言えるのか，説明せよ．

註 4.18 整数係数の n 次方程式
$$a_0x^n+a_1x^{n-1}+\cdots+a_{n-1}x+a_n=0\quad(a_0,a_1,\cdots,a_n\in\mathbb{Z},a_0\neq 0)$$
の解である複素数を**代数的数**といい，代数的数でない複素数を**超越数**という．任意の有理数 $x=a/b\,(a,b\in\mathbb{Z},b\neq 0)$ は，1 次方程式 $bx-a=0$ の解だから代数的数である．したがって，実数の範囲に限れば次の関係が成立する．
$$\mathbb{Z}\subseteq\text{有理数の集合}\subseteq\text{代数的数の集合}\cap\mathbb{R}\subseteq\mathbb{R}.$$
$\sqrt{2}$ は無理数であるが，2 次方程式 $x^2-2=0$ の解だから代数的数である．それに対して，自然対数の底 e は超越数であることがエルミート (1822–1902) によって，π は超越数であることがリンデマン (1852–1939) によって証明された．それらの証明と関連する話題については，参考書 [14, 31] を見よ．なお，$\pi+e$

や πe が有理数であるか無理数であるかという問題は，現在も未解決である．

＊ ＊ ＊ ＊ ＊ ＊ ＊ ＊ ＊

演習 4.3.1 355/113 は円周率に近い有理数として知られている．355/113 を小数で表したとき，有限小数であるか循環小数であるかを調べよ．

演習 4.3.2 任意の有理数 $p \neq 0$ に対して，π^p は無理数であることを示せ．ただし，π が超越数であることを使ってよい．

演習 4.3.3 次の (1), (2) は正しいかどうか，答えよ．
 (1) 半径が有理数である円の面積は無理数である．
 (2) 半径が無理数である円の面積は無理数である．

演習 4.3.4 $\sqrt{2}$ は無理数であることを証明せよ．

演習 4.3.5 平面上に長さ 1 の線分が与えられたとき，定規とコンパスを使って，長さ $\sqrt{n}$ の線分を作図せよ．

註 4.19 定規とコンパスを使って作図可能な数は代数的数であることが知られている (参考書 [14] を見よ)．註 4.18 で述べたことから，長さ 1 の線分から定規とコンパスを使って，長さ π の線分を作図することはできない．

第 5 章

三角形の五心

平面幾何で扱われる基本的な図形は，それぞれに興味深い話題を持っている．本節では三角形の五心，すなわち，重心，内心，外心，垂心，傍心について，関連する話題とともに紹介しよう．

5.1 重心と内心

三角形の重心と内心はつねにその三角形の内部にある点である．重心は，次の定理に基づいて定義される．いろいろな証明があるが，平行四辺形の性質を使う証明を紹介しよう．

定理 5.1 (重心定理) 三角形 ABC において，3 本の中線は 1 点で交わる．また，その交点は各中線を $2:1$ の比に内分する．

証明 辺 CA の中点を E, 辺 AB の中点を F とし，線分 BE と CF の交点を G とする．線分 AG の延長を ℓ として，直線 ℓ と辺 BC との交点を D とする．最初の主張を示すためには，D が辺 BC の中点であることを示せばよい．図 5.1 のように，ℓ 上に AG = GH である点 H をとる．このとき，AF = FB かつ AG = GH だから FG // BH. ゆえに GC // BH. また，AE = EC かつ AG = GH だから，EG // CH. ゆえに GB // CH. 結果として，四辺形 GBHC は平行四辺形だから，その対角線は互いに中点で交わる．ゆえに，点 D は辺 BC の中

点である．次に，AG＝GH かつ GD＝DH だから，G は線分 AD を 2:1 の比に内分する．他の中線についても同様である． □

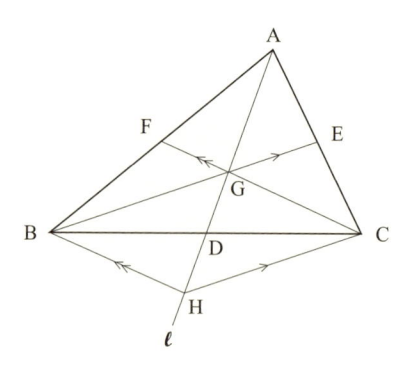

図 5.1 重心定理の証明．

三角形の 3 本の中線の交点を**重心**という．

問 1 重心定理の証明では，次の命題 (1), (2) を使った．それらを証明せよ．
(1) 三角形の 2 辺の中点を結ぶ線分は他の 1 辺と平行である (**中点連結定理**)．
(2) 平行四辺形の 2 本の対角線は互いに中点で交わる．

註 5.2 重心は，物体を支えるときに釣り合う点を意味する物理学の用語でもある．実際，均質な板でできた三角形を考え，定理 5.1 で求めた重心を針で支えると水平に釣り合う．このことを図 5.2 を使って説明してみよう．△ABC を辺 BC に平行な細い棒の集まりだと考えると，それぞれの棒の物理的な重心は棒の中点である．それらの中点をつなぐと △ABC の中線 AD になる．このとき，△ABC の物理的な重心はこの中線上になければならない．他の中線についても同じことが言えるので，3 本の中線の交点が物理的な重心になる．大学数学の 2 変数関数の微積分では，座標平面上の任意の領域 D の重心 $G=(x_0, y_0)$ の座標が，次の重積分によって求められることを学ぶ．

$$x_0 = \frac{1}{S}\iint_D x\,dxdy, \quad y_0 = \frac{1}{S}\iint_D y\,dxdy, \quad S = \iint_D dxdy. \tag{5.1}$$

座標平面上の三角形の重心を (5.1) を使って計算すると，それは本節で定義した重心と一致することが分かる (下の問 2 参照)．

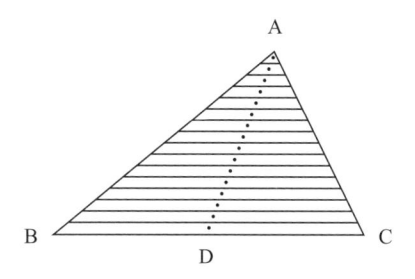

図 5.2　三角形の重心は物理的な重心と一致する．

問 2　重積分を既習の読者へ．註 5.2 の最後の主張を確かめよ．

定理 5.3 (内心定理)　三角形の 3 つの内角の二等分線は 1 点で交わる．

証明　∠B の二等分線と ∠C の二等分線の交点を I とする．このとき，線分 AI が ∠A を二等分することを示せばよい．図 5.3 のように，点 I から辺 BC, CA, AB へ下ろした垂線の足をそれぞれ D, E, F とする．△IBD と △IBF において，∠IBD = ∠IBF だから，

$$\angle \mathrm{BID} = 90° - \angle \mathrm{IBD} = 90° - \angle \mathrm{IBF} = \angle \mathrm{BIF}.$$

また，辺 IB は共通だから，△IBD ≡ △IBF．同様に，△ICD ≡ △ICE．以上により，△IAE と △IAF において，IE = ID = IF．ピタゴラスの定理より，

$$\mathrm{AE} = \sqrt{\mathrm{IA}^2 - \mathrm{IE}^2} = \sqrt{\mathrm{IA}^2 - \mathrm{IF}^2} = \mathrm{AF}.$$

さらに，辺 IA は共通だから，△IAE ≡ △IAF．ゆえに，∠IAE = ∠IAF．すなわち，AI は ∠A を二等分する．　□

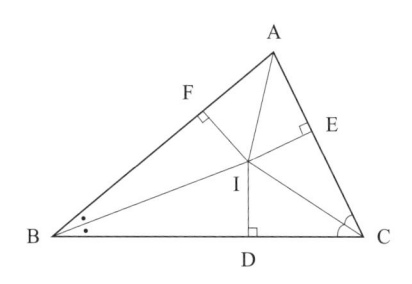

図 5.3　内心定理の証明．

三角形の3つ内角の二等分線の交点を**内心**という．内心定理の証明において，ID＝IE＝IF だから，I を中心として △ABC の3辺に接する円を描くことができる．この円を △ABC の**内接円**という．内心は内接円の中心である．

問 3　△ABC の面積を S, 内接円の半径を r, 3辺の長さを a, b, c として，$s=(a+b+c)/2$ とおく．このとき，$S=rs$ が成立することを示せ．

* * * * * * * * * *

演習 5.1.1　△ABC の重心を G とするとき，△GAB, △GBC, △GCA の面積は等しいことを証明せよ．

演習 5.1.2　△ABC の辺 AB, BC, CA 上にそれぞれ内分点 A′, B′, C′ を，AA′：A′B＝BB′：B′C＝CC′：C′A であるようにとる．このとき，△ABC の重心と △A′B′C′ の重心は一致することを証明せよ．

演習 5.1.3　△ABC の重心を G とするとき，任意の点 P に対し，等式
$$AP^2 + BP^2 + CP^2 = AG^2 + BG^2 + CG^2 + 3GP^2$$
が成立することを証明せよ．

演習 5.1.4　△ABC に対し，$s=(AB+BC+CA)/2$ とおいて，3本の中線を AD, BE, CF とする．このとき，不等式 $3s/2 < AD+BE+CF < 2s$ が成立することを証明せよ．

演習 5.1.5　△ABC の内心を I とし，∠A＝2α とする．このとき，∠BIC＝$90°+\alpha$ であることを示せ．

演習 5.1.6　重心と内心が一致する三角形は正三角形であることを証明せよ．

5.2　外心，垂心，傍心

三角形の外心と垂心は，三角形の内部にあるとは限らない．一方，傍心はつねに三角形の外部にある点である．

定理 5.4（**外心定理**）　三角形の3つの辺の垂直二等分線は1点で交わる．

5.2. 外心, 垂心, 傍心

証明 図 5.4 のように, △ABC において, 辺 AB の垂直二等分線と辺 CA の垂直二等分線の交点を O とし, 点 O から辺 BC へ下ろした垂線の足を D とする. このとき, D が BC の中点であることを示せばよい. いま △OAB は二等辺三角形だから, OA = OB. また △OCA も二等辺三角形だから, OC = OA. 結果として OB = OC だから, △OBC も二等辺三角形である. ゆえに, 頂点 O から底辺 BC へ下ろした垂線の足 D は BC の中点である. □

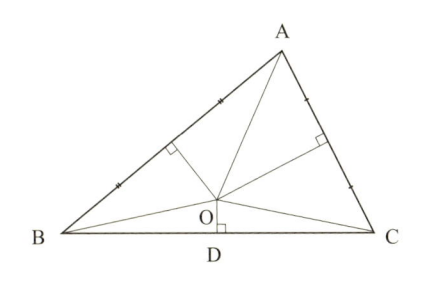

図 **5.4** 外心定理の証明.

　三角形の 3 辺の垂直二等分線の交点を**外心**という. 外心定理の証明において, OA = OB = OC だから, O を中心として 3 頂点 A, B, C を通る円を描くことができる. この円を △ABC の**外接円**という. 外心は外接円の中心である. 鋭角三角形の外心は三角形の内部にあり, 鈍角三角形の外心は三角形の外部にある.

問 4　直角三角形の外心の位置を求めよ.

定理 5.5 (**垂心定理**)　三角形の各頂点から対辺またはその延長へ下ろした垂線は 1 点で交わる.

証明　図 5.5 のように, 三角形 ABC に外接する三角形 $A'B'C'$ を,
$$AB \mathbin{/\mkern-5mu/} A'B', \quad BC \mathbin{/\mkern-5mu/} B'C', \quad CA \mathbin{/\mkern-5mu/} C'A'$$
となるように描く. このとき, 4 つの三角形 $A'BC, B'CA, C'AB, ABC$ は互いに合同である. したがって, △ABC の各頂点から対辺またはその延長へ下ろした垂線は, $\triangle A'B'C'$ の 3 辺の垂直二等分線に等しい. ゆえに, 外心定理よりそれらは 1 点で交わる. □

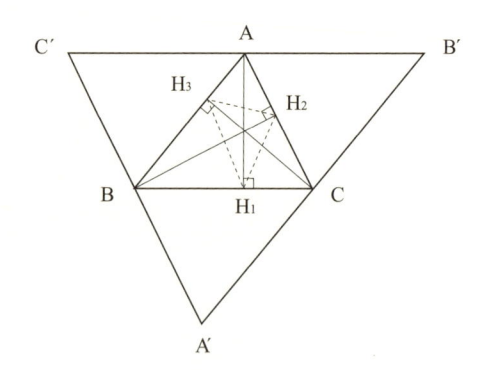

図 5.5 垂心定理の証明. △ABC の垂心 = △A'B'C' の外心. △ABC が鋭角三角形のとき,「△ABC の垂心 = △$H_1H_2H_3$ の内心」も成立する (演習 5.2.2).

三角形の 3 頂点から対辺またはその延長へ下ろした垂線の交点を**垂心**という. 鋭角三角形の垂心は三角形の内部にあり, 鈍角三角形の垂心は三角形の外部にある (演習 5.2.2). 直角三角形の垂心は直角の頂点である.

註 5.6 △ABC の頂点 A, B, C から対辺またはその延長へ下ろした垂線の足をそれぞれ H_1, H_2, H_3 とするとき, △$H_1H_2H_3$ を △ABC の**垂足三角形**という. シュワルツの極小定理「鋭角三角形に内接する三角形のうち, 周囲の長さが最小のものは垂足三角形である」が知られている (参考書 [21, 23] を見よ).

定理 5.7 (傍心定理) 三角形の 1 つの頂点の内角の二等分線と他の 2 つの頂点の外角の二等分線は 1 点で交わる.

証明 図 5.6 のように, △ABC において, 頂点 B の外角の二等分線と頂点 C の外角の二等分線の交点を I_a とする. このとき, 線分 I_aA が ∠A を二等分することを示せばよい. 点 I_a から辺 BC へ下ろした垂線の足を D とし, I_a から辺 CA, AB の延長へ下ろした垂線の足をそれぞれ E, F とする. △I_aBD と △I_aBF において, ∠I_aBD = ∠I_aBF. また,

$$\angle BI_aD = 90° - \angle I_aBD = 90° - \angle I_aBF = \angle BI_aF.$$

さらに, 辺 I_aB は共通だから, △I_aBD ≡ △I_aBF. ゆえに, $I_aD = I_aF$. 同様に, △I_aCD ≡ △I_aCE だから $I_aD = I_aE$. 結果として, △I_aAE と △I_aAF に

おいて，$I_aE = I_aF$．辺 I_aA は共通．さらに，ピタゴラスの定理より
$$AE = \sqrt{I_aA^2 - I_aE^2} = \sqrt{I_aA^2 - I_aF^2} = AF$$
だから，$\triangle I_aAE \equiv \triangle I_aAF$．ゆえに，線分 I_aA は $\angle A$ を二等分する． □

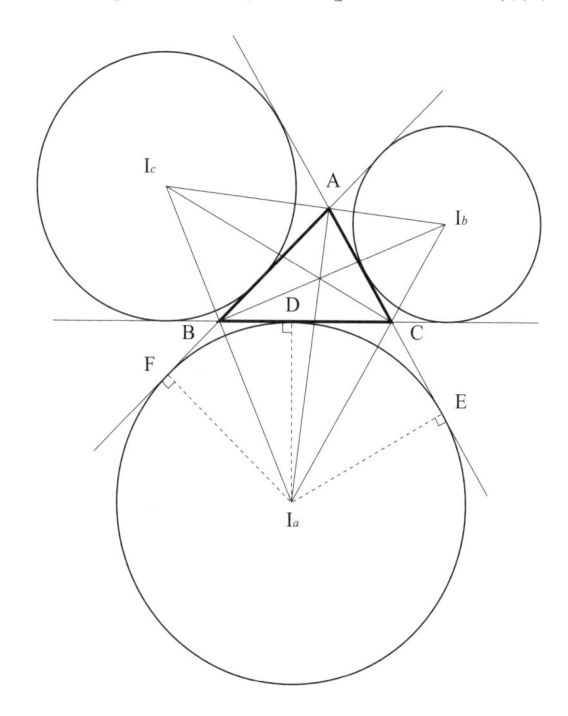

図 5.6 傍心定理の証明．$\triangle ABC$ の 3 つの傍心と傍接円．「$\triangle ABC$ の内心 $= \triangle I_aI_bI_c$ の垂心」が成立する (問 5)．

　三角形の 1 つの頂点の内角の二等分線と他の 2 つの頂点の外角の二等分線の交点を**傍心**という．傍心定理の証明において，$I_aD = I_aE = I_aF$ だから，I_a を中心として辺 BC と辺 AB, CA の延長に接する円を描くことができる．この円を $\triangle ABC$ の**傍接円**という．傍心は傍接円の中心である．図 5.6 が示すように，傍心と傍接円はそれぞれ 3 つずつ存在して，傍心はつねに三角形の外部にある．$\triangle ABC$ の 3 つの傍心を I_a, I_b, I_c とするとき，$\triangle I_aI_bI_c$ を $\triangle ABC$ の**傍心三角形**という．

問 5 $\triangle ABC$ の内心は傍心三角形 $I_aI_bI_c$ の垂心と一致することを示せ．

* * * * * * * * *

演習 5.2.1 △ABC の面積を S, 3 辺の長さを a, b, c, 外接円の半径を R とするとき, $R = abc/(4S)$ であることを証明せよ.

演習 5.2.2 △ABC の垂心を H とし, 頂点 A, B, C から対辺またはその延長を下ろした垂線の足をそれぞれ H_1, H_2, H_3 とする. このとき, 次の (1), (2) を証明せよ.

(1) △ABC が鋭角三角形ならば, H は △$H_1H_2H_3$ の内心である.
(2) △ABC が鈍角三角形ならば, H は △$H_1H_2H_3$ の傍心である.

演習 5.2.3 △ABC の面積を S, $BC = a, CA = b, AB = c, s = (a+b+c)/2$ とおく. また, ∠A, ∠B, ∠C 内の傍接円の半径をそれぞれ r_a, r_b, r_c とする. このとき, 等式 $S = r_a(s-a) = r_b(s-b) = r_c(s-c)$ が成り立つことを証明せよ.

演習 5.2.4 △ABC の内接円の半径を r, ∠A, ∠B, ∠C 内の傍接円の半径をそれぞれ r_a, r_b, r_c とするとき, 等式 $1/r = (1/r_a) + (1/r_b) + (1/r_c)$ が成立することを証明せよ.

演習 5.2.5 △ABC の内心を I とし, ∠A 内の傍心を I_a とする. このとき, △ABC の外接円は線分 I_aI を二等分することを証明せよ.

5.3 オイラーの定理と九点円の定理

三角形の五心に関する 2 つの有名な定理を紹介しよう. 三角形 ABC の外心を O, 重心を G, 垂心を H とする. もし ∠A が直角ならば, A = H で, O は辺 BC の中点だから, 3 点 O, G, H は一直線上にあり, G は線分 HO を 2:1 の比に内分する. 次の定理は, ∠A が直角とは限らないどんな三角形に対しても, この事実が成立することを示している.

定理 5.8 (オイラーの定理) 三角形 ABC の外心を O, 重心を G, 垂心を H とする. このとき, 3 点 O, G, H は一直線上にあり, $GH = 2OG$ が成立する.

5.3. オイラーの定理と九点円の定理

証明 図 5.7 のように，頂点 A, C から辺 BC, AB またはその延長へ下ろした垂線の足をそれぞれ H_1, H_3，辺 BC の中点を M，BD を △ABC の外接円の直径とする．直径に対する円周角が直角であることを用いると，DC⊥BC だから，AH∥DC．同様に，AD⊥AB だから，AD∥HC．以上により，四辺形 AHCD は平行四辺形である．ゆえに，AH = DC．次に，△BCD に中点連結定理を適用すると，

$$\text{OM} \parallel \text{DC} \quad \text{かつ} \quad 2\text{OM} = \text{DC} \, (= \text{AH}). \tag{5.2}$$

線分 OH と AM の交点を G' とする．このとき，(5.2) より，△G'AH∽G'MO かつ AG' : G'M = HG' : G'O = AH : OM = 2 : 1．結果として，G = G' だから，定理の主張が成立する． □

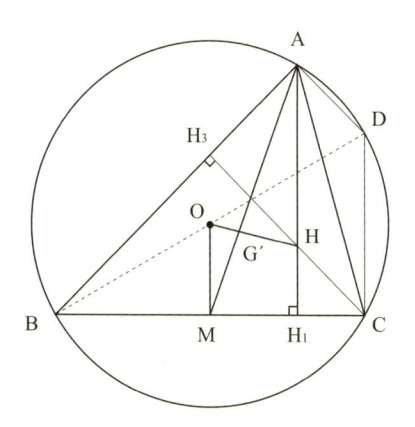

図 5.7 オイラーの定理の証明．鋭角三角形の場合．

定理 5.8 は，オイラー (1707–1783) によって証明されたと伝えられている．三角形の外心，重心，垂心を結ぶ線分 OH は**オイラー線**とよばれる．

問 6 上で与えた定理 5.8 の証明が ∠A が鈍角の場合にも正しいことを，図を描いて確かめよ．

定理 5.9 (**九点円の定理**) 三角形 ABC の垂心を H，辺 BC, CA, AB の中点をそれぞれ M_1, M_2, M_3，頂点 A, B, C から対辺またはその延長へ下ろした垂線の足をそれぞれ H_1, H_2, H_3，線分 AH, BH, CH の中点をそれぞれ N_1, N_2, N_3 とする．このとき，9 点 $M_1, M_2, M_3, H_1, H_2, H_3, N_1, N_2, N_3$ は同一円周上にある．

証明 図 5.8 参照. 次の (1)–(3) が成立することを証明しよう.

(1) 5 点 M_1, M_2, M_3, H_1, N_1 は同一円周上にある.

(2) 5 点 M_1, M_2, M_3, H_2, N_2 は同一円周上にある.

(3) 5 点 M_1, M_2, M_3, H_3, N_3 は同一円周上にある.

(1) を示すために, $\triangle AHC$ に中点連結定理を適用すると,

$$N_1 M_2 \parallel HC \parallel CH_3. \tag{5.3}$$

また $\triangle ABC$ に中点連結定理を適用すると,

$$M_1 M_2 \parallel AB. \tag{5.4}$$

いま $CH_3 \perp AB$ だから, (5.3), (5.4) より $N_1 M_2 \perp M_1 M_2$. ゆえに, 点 M_2 は線分 $N_1 M_1$ を直径とする円 O_1 上にある. 同様に, $\triangle AHB, \triangle ABC$ に中点連結定理を適用することにより, 点 M_3 も円 O_1 上にあることが分かる. さらに, $N_1 H_1 \perp M_1 H_1$ だから, 点 H_1 も O_1 上にある. ゆえに, (1) は成立する. (2), (3) も同様に証明できる. (1), (2), (3) の 3 つの円は 3 点 M_1, M_2, M_3 を共有するから一致する. ゆえに, 9 点 $M_1, M_2, M_3, H_1, H_2, H_3, N_1, N_2, N_3$ は同一円周上にある. □

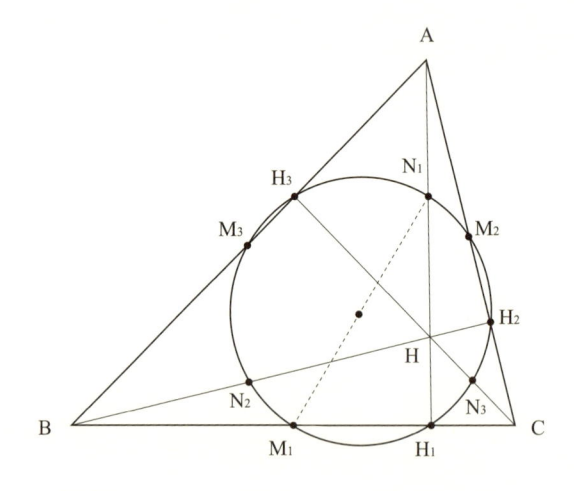

図 5.8 九点円の定理の証明. 鋭角三角形の場合.

問 7 上で与えた定理 5.9 の証明が $\angle A$ が鈍角の場合にも正しいことを, 図を描いて確かめよ.

5.3. オイラーの定理と九点円の定理

定理 5.9 の 9 点を含む円を，△ABC の**九点円**という．次の定理はオイラー線と九点円との関係を示している．

定理 5.10 三角形 ABC の九点円の中心はオイラー線の中点である．また，三角形 ABC の外接円の半径を R, 九点円の半径を R_0 とするとき，等式 $R = 2R_0$ が成り立つ．

証明 定理 5.9 と同じ記号を用いる．図 5.9 のように，△ABC の外心を O とし，AA′ を外接円の直径とする．定理 5.9 の証明より，線分 $N_1 M_1$ は九点円の直径である．したがって，$N_1 M_1$ とオイラー線 OH が互いに中点で交わることを示せばよい．$OM_1 \perp BC$ かつ $AH_1 \perp BC$ だから，$OM_1 \parallel AH_1$. ゆえに，$OM_1 \parallel N_1 H$. また，定理 5.8 の証明より，$2OM_1 = AH$ だから，
$$OM_1 = AH/2 = N_1 H.$$
ゆえに，四辺形 $OM_1 H N_1$ は平行四辺形だから，その対角線 $N_1 M_1$ と OH は互いの中点 S で交わる．さらに，△HOA に中点連結定理を適用すると，$R = OA = 2SN_1 = 2R_0$. □

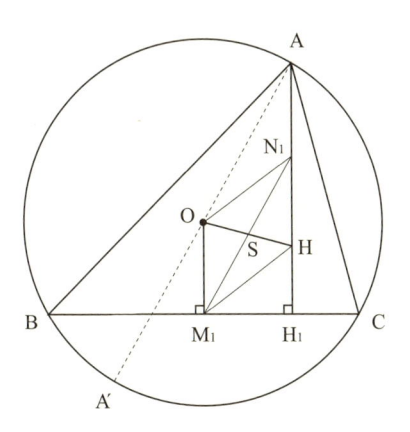

図 5.9 定理 5.10 の証明．

＊　＊　＊　＊　＊　＊　＊　＊　＊　＊

演習 5.3.1 △ABC の外心を O, 垂心を H とするとき，$\overrightarrow{OH} = \overrightarrow{OA} + \overrightarrow{OB} + \overrightarrow{OC}$ が成り立つことを証明せよ．

演習 **5.3.2** △ABC の垂心を H とし，AH の延長 ℓ は頂点 B, C 以外の点 D で辺 BC と交わるとする．また，ℓ と △ABC の外接円との交点を K とする．このとき，D は線分 HK の中点であることを証明せよ．

演習 **5.3.3** △ABC の垂心を H とし，AH の延長は頂点 B, C 以外の点で辺 BC と交わるとする．また，線分 AA′ を △ABC の外接円の直径とする．このとき，線分 A′H と辺 BC は互いに中点で交わることを証明せよ．

演習 **5.3.4** △ABC の外心を O, 垂心を H とする．オイラー線 OH が辺 BC と平行のとき，$\tan B \tan C = 3$ であることを証明せよ．

第6章

方べきの定理，メネラウスの定理とチェバの定理

円と直線に関する定理である「方べきの定理」と，三角形と直線に関する定理である「メネラウスの定理」および「チェバの定理」について説明しよう．

6.1 方べきの定理

円 O と点 P が与えられたとする．点 P を通り円 O と 2 点 A, B で交わる直線を引いたとき，積 PA·PB の値を円 O に関する点 P の**方べき**という．ここで，P は円 O の内部にあっても外部にあってもよい．また，P が円周上にあるときは，P = A または P = B だから，PA·PB = 0 であると考える．方べきの定理は，方べきが直線の引き方に無関係に一定であることを主張する定理である．

定理 6.1 (方べきの定理) 円 O と点 P が与えられたとする．点 P を通る 2 本の直線が円 O とそれぞれ 2 点 A と B，A′ と B′ で交わるとき，等式
$$\mathrm{PA}\cdot\mathrm{PB} = \mathrm{PA'}\cdot\mathrm{PB'} \tag{6.1}$$
が成り立つ．

証明 点 P が円周上にあるときは，PA·PB = 0 かつ PA′·PB′ = 0 だから，等式 (6.1) は成立する．点 P が円 O の内部にあるとき，円周角の定理より
$$\angle\mathrm{PAB'} = \angle\mathrm{PA'B} \quad \text{かつ} \quad \angle\mathrm{PB'A} = \angle\mathrm{PBA'}$$

だから，△PAB′∽△PA′B．したがって，PA:PB′ = PA′:PB．ゆえに，等式 (6.1) が成立する．この証明は，点 P が円 O の外部にあるときもまったく同じである (図 6.1 参照)． □

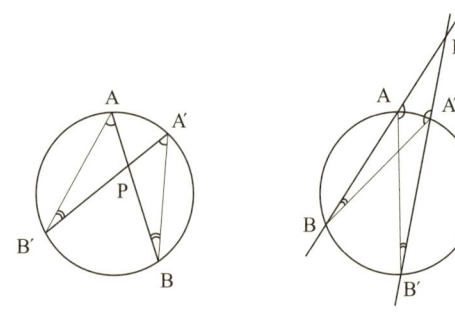

図 6.1 方べきの定理 6.1 の証明．

次の 2 つの定理もまた方べきの定理とよばれる．いずれも，円 O に関する点 P の方べきが，直線の引き方に無関係に一定であることを示している．

定理 6.2 (**方べきの定理**)　半径 r の円 O と点 P が与えられたとする．点 P を通る直線が円 O と 2 点 A と B で交わるとき，等式
$$\mathrm{PA} \cdot \mathrm{PB} = |r^2 - \mathrm{OP}^2| \tag{6.2}$$
が成り立つ．ただし，点 O は円 O の中心である．

証明　図 6.2 左，中図のように，点 P と中心 O を通る直線が円 O と交わる点を A′, B′ とすると，定理 6.1 より，PA·PB = PA′·PB′ が成立する．したがって，点 P が円 O の内部にあるとき，$r > \mathrm{OP}$ だから，
$$\mathrm{PA} \cdot \mathrm{PB} = \mathrm{PA}' \cdot \mathrm{PB}' = (r - \mathrm{OP})(r + \mathrm{OP})$$
$$= r^2 - \mathrm{OP}^2 = |r^2 - \mathrm{OP}^2|.$$
点 P が円 O の外部にあるとき，$r < \mathrm{OP}$ だから，
$$\mathrm{PA} \cdot \mathrm{PB} = \mathrm{PA}' \cdot \mathrm{PB}' = (\mathrm{OP} - r)(\mathrm{OP} + r)$$
$$= \mathrm{OP}^2 - r^2 = |r^2 - \mathrm{OP}^2|.$$
また，点 P が円周上にあるときは，$r = \mathrm{OP}$ だから，PA·PB $= 0 = |r^2 - \mathrm{OP}^2|$．ゆえに，(6.2) は成立する． □

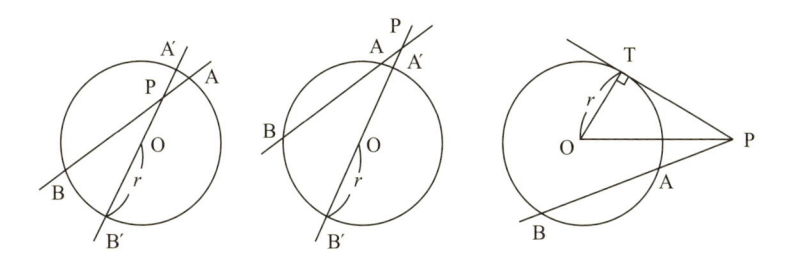

図 6.2 定理 6.2 の証明 (左, 中図), 定理 6.3 の証明 (右図).

定理 6.3 (**方べきの定理**) 円 O の外部の点 P を通る直線が円 O と 2 点 A, B で交わるとする. 点 P から円 O に引いた接線の接点を T とするとき, 等式
$$PA \cdot PB = PT^2 \qquad (6.3)$$
が成り立つ.

証明 図 6.2 右図のように, 円 O の半径を r とすると OT$=r$. $\triangle$POT は直角三角形だから, ピタゴラスの定理より, $PT^2 + OT^2 = OP^2$. したがって,
$$PT^2 = OP^2 - r^2 = |r^2 - OP^2|.$$
ゆえに, 定理 6.2 より, $PA \cdot PB = PT^2$. □

問 1 図 6.2 右図で PA$=1$, AB$=3$ のとき, PT の長さを求めよ.

異なる 2 点 A, B を通る直線を**直線 AB** とよぶ. 点 P が, P$=$A または P$=$B である場合も含めて線分 (または辺) AB の点であるとき, P は線分 (または辺) AB **の上にある**という.

定理 6.4 (**方べきの定理の逆**) 相異なる 4 点 A, B, C, D がある. 2 直線 AB と CD が 1 点 P で交わり, 次の (1), (2) の一方が成り立つとする.

(1) P は線分 AB と線分 CD の上にある.

(2) P は線分 AB の上になく, 線分 CD の上にもない.

このとき, もし等式
$$PA \cdot PB = PC \cdot PD \qquad (6.4)$$
が成り立つならば, 4 点 A, B, C, D は同一円周上にある.

証明 (6.4) が成立したとする．このとき，点 P が 4 点 A, B, C, D のどれかと一致することはなく，さらに 3 点 A, B, C は同一直線上にない (下の問 2 を参照)．そこで △ABC の外接円 O を描くと，図 6.3 の 3 つの場合 (i), (ii), (iii) が考えられる．いま，(iii) は起こらない．なぜなら (iii) が起こるのは，仮定 (2) の場合である．したがって，2 点 C, D は，直線 PC 上で点 P から見て同じ側に位置しなければならない．ところが，定理 6.3 と (6.4) より，

$$PC^2 = PA \cdot PB = PC \cdot PD$$

だから PC = PD．ゆえに，C = D．これは C ≠ D であることに矛盾する．したがって，起こる可能性があるのは (i) と (ii) の場合である．このとき，直線 PC と円 O との C と異なる交点を D′ とすると，定理 6.1 と (6.4) より，

$$PC \cdot PD' = PA \cdot PB = PC \cdot PD.$$

ゆえに，PD′ = PD．いま (i) が起こるのは，仮定 (1) の場合である．このとき，点 D は P から見て C の反対側に位置するので，D と D′ は P から見て同じ側にある．ゆえに，D = D′．一方 (ii) が起こるのは，仮定 (2) の場合である．このとき，点 D は P から見て C と同じ側に位置するので，D と D′ も P から見て同じ側にある．ゆえに，D = D′．以上により，4 点 A, B, C, D は円 O 上にある． □

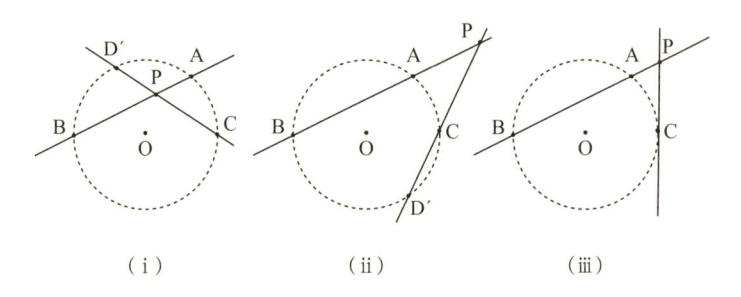

図 6.3 方べきの定理の逆の証明．(i), (ii) は直線 PC が円 O と異なる 2 点で交わる場合，(iii) は直線 PC が円 O に接する場合である．

問 2 定理 6.4 の証明で，なぜ点 P が 4 点 A, B, C, D のどれかと一致することはなく，3 点 A, B, C は同一直線上にないか，説明せよ．

問 3 定理 6.4 で，仮定 (1) と (2) が共に満たされない場合は，定理の主張が成立しないことを示す例を 1 つ与えよ．

　　　　＊　＊　＊　＊　＊　＊　＊　＊　＊

演習 6.1.1　△ABC の垂心を H とし，3 頂点 A, B, C から対辺またはその延長へ下ろした垂線の足をそれぞれ H_1, H_2, H_3 とする．このとき，等式
$$\mathrm{HA}\cdot\mathrm{HH}_1 = \mathrm{HB}\cdot\mathrm{HH}_2 = \mathrm{HC}\cdot\mathrm{HH}_3 \tag{6.5}$$
が成立することを証明せよ．

演習 6.1.2　2 点 A, B で交わる 2 つの円 O_1, O_2 がある．円 O_1, O_2 が 1 本の直線とそれぞれ C_1, C_2 で接するとする．このとき，直線 AB は線分 C_1C_2 を二等分することを証明せよ．

演習 6.1.3　2 点 A, B で交わる 2 つの円 O_1, O_2 がある．線分 AB 上の点 P (ただし，P≠A, P≠B) を通る異なる 2 本の直線 ℓ, m を引き，ℓ と O_1 との交点を C, D とし，m と O_2 との交点を E, F とする．このとき，4 点 C, D, E, F は同一円周上にあることを証明せよ．

演習 6.1.4　円 O の外部の点 P から O へ引いた 2 本の接線の接点を A, B とし，弦 AB の中点を M とする．点 M を通り，中心 O を通らない任意の弦 CD をとる．このとき，4 点 O, P, C, D は同一円周上にあることを証明せよ．

6.2　メネラウスの定理とチェバの定理

　メネラウスの定理とチェバの定理は同工異曲の定理だが，その間には約 1500 年の歳月が横たわっている．メネラウスは 1 世紀の末頃にアレクサンドリアで活躍した数学者，チェバは 17 世紀のイタリアの数学者である．

定理 6.5 (メネラウスの定理)　三角形 ABC の頂点を通らない直線 ℓ が，直線 BC, CA, AB とそれぞれ点 P, Q, R で交わるとき，等式
$$\frac{\mathrm{BP}}{\mathrm{PC}}\cdot\frac{\mathrm{CQ}}{\mathrm{QA}}\cdot\frac{\mathrm{AR}}{\mathrm{RB}} = 1 \tag{6.6}$$
が成立する．

証明 図 6.4 のように，3 頂点 A, B, C から直線 ℓ へ下ろした垂線の足をそれぞれ L, M, N とする．このとき，AL // BM // CN だから，(6.6) の左辺の 3 つの比をそれぞれ垂線の長さの比に置きかえることができる．すなわち，

$$\frac{BP}{PC} = \frac{BM}{CN}, \quad \frac{CQ}{QA} = \frac{CN}{AL}, \quad \frac{AR}{RB} = \frac{AL}{BM}$$

が成り立つ．これらを辺々かけると，

$$\frac{BP}{PC} \cdot \frac{CQ}{QA} \cdot \frac{AR}{RB} = \frac{BM}{CN} \cdot \frac{CN}{AL} \cdot \frac{AL}{BM} = 1.$$

ゆえに，(6.6) が成立する． □

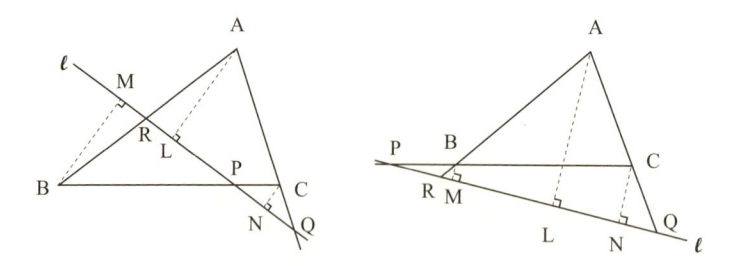

図 6.4 メネラウスの定理の証明．

例題 6.6 三角形 ABC において，辺 BC を $3:1$ の比に外分する点を P，辺 CA の中点を Q とし，直線 PQ と辺 AB の交点を R とする．このとき，比 AR:RB と PQ:QR を求めよ．

解 図 6.5 参照．△ABC と直線 PR にメネラウスの定理を適用すると，

$$\frac{BP}{PC} \cdot \frac{CQ}{QA} \cdot \frac{AR}{RB} = 1.$$

仮定より BP:PC $= 3:1$, CQ:QA $= 1:1$ だから，AR:RB $= 1:3$. 次に，△BPR と直線 AC にメネラウスの定理を適用すると，

$$\frac{BC}{CP} \cdot \frac{PQ}{QR} \cdot \frac{RA}{AB} = 1.$$

いま BC:CP $= 2:1$. また，AR:RB $= 1:3$ だから RA:AB $= 1:4$. ゆえに，PQ:QR $= 2:1$.

3 点が同一直線上にあるとき，それらは**共線的**であるという．点 P が線分 (または辺) AB の上にあり，P$\neq$A かつ P$\neq$B のとき，P は線分 (または辺) AB

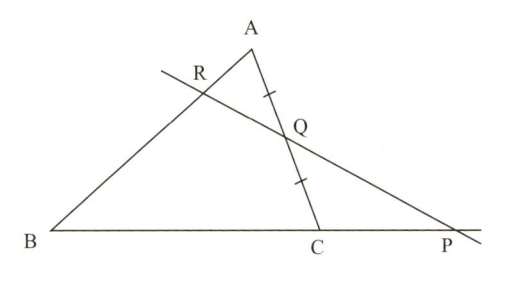

図 **6.5** 例題 6.6.

の内部にあるという.

定理 6.7 (メネラウスの定理の逆)　三角形 ABC に対して, 3 点 P, Q, R がそれぞれ直線 BC, CA, AB 上にあり, 次の (1) または (2) が成り立つとする.

(1) 3 点 P, Q, R のうち 2 点は辺の内部にあり, 他の 1 点は辺上にない.

(2) 3 点 P, Q, R はすべて辺上にはない.

このとき, もし等式

$$\frac{\text{BP}}{\text{PC}} \cdot \frac{\text{CQ}}{\text{QA}} \cdot \frac{\text{AR}}{\text{RB}} = 1 \tag{6.7}$$

が成り立つならば, 3 点 P, Q, R は共線的である.

証明　(1) と (2) のいずれの場合も, 3 点 P, Q, R の中の少なくとも 1 点は辺上にないから, 点 P が辺 BC 上にないと仮定してよい. このとき, 2 直線 QR と BC は平行でない. なぜなら, もし QR // BC ならば, CQ : QA = RB : AR だから, (6.7) より BP : PC = 1 : 1. これは点 P が辺 BC 上にないことに矛盾するからである. ゆえに, 2 直線 QR と BC は交わるから, その交点を P′ とおく. いま, P = P′ であることを示せばよい. 図 6.6 から分かるように, 点 P′ も辺 BC 上にはないことに注意しよう. 3 点 P′, Q, R は同一直線上にあるから, メネラウスの定理より

$$\frac{\text{BP}'}{\text{P}'\text{C}} \cdot \frac{\text{CQ}}{\text{QA}} \cdot \frac{\text{AR}}{\text{RB}} = 1 \tag{6.8}$$

が成立する. したがって, (6.7) と (6.8) より

$$\frac{\text{BP}}{\text{PC}} = \frac{\text{BP}'}{\text{P}'\text{C}}.$$

ゆえに，点 P と P′ は辺 BC を同じ比に外分するから，P = P′. すなわち，3 点 P, Q, R は共線的である． □

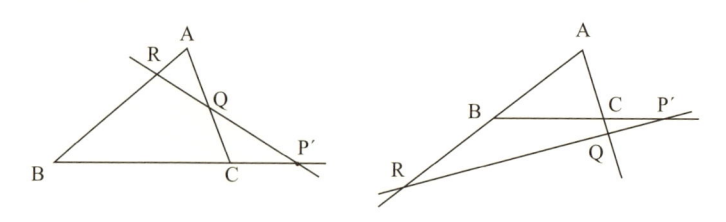

図 6.6 メネラウスの定理の逆の証明．

問 4 定理 6.7 で，仮定 (1) と (2) が共に満たされない場合は，定理の主張が成立しないことを示す例を 1 つ与えよ．

定理 6.8 (チェバの定理) 三角形 ABC と 3 直線 BC, CA, AB 上にない点 O が与えられたとする．2 直線 OA と BC の交点を P，OB と CA の交点を Q，OC と AB の交点を R とするとき，等式

$$\frac{BP}{PC} \cdot \frac{CQ}{QA} \cdot \frac{AR}{RB} = 1 \tag{6.9}$$

が成立する．

証明 図 6.7 に示すような場合が考えられるが，どの場合も証明は同じである．△ABP と直線 CR にメネラウスの定理を適用すると，

$$\frac{BC}{CP} \cdot \frac{PO}{OA} \cdot \frac{AR}{RB} = 1. \tag{6.10}$$

△APC と直線 BQ にメネラウスの定理を適用すると，

$$\frac{PB}{BC} \cdot \frac{CQ}{QA} \cdot \frac{AO}{OP} = 1. \tag{6.11}$$

(6.10) と (6.11) を辺々かけて整理すると，(6.9) が得られる． □

3 直線が 1 点を共有するとき，それらは**共点的**であるという．

問 5 △ABC において，辺 BC を 12:5 の比に内分する点を P，辺 CA を 7:16 の比に内分する点を Q，辺 AB を 19:21 の比に内分する点を R とする．このとき，3 直線 AP, BQ, CR は共点的であるかどうかを判定せよ．もしそうでなければ，共点的になるように辺 AB の内分点 R をとり直せ．

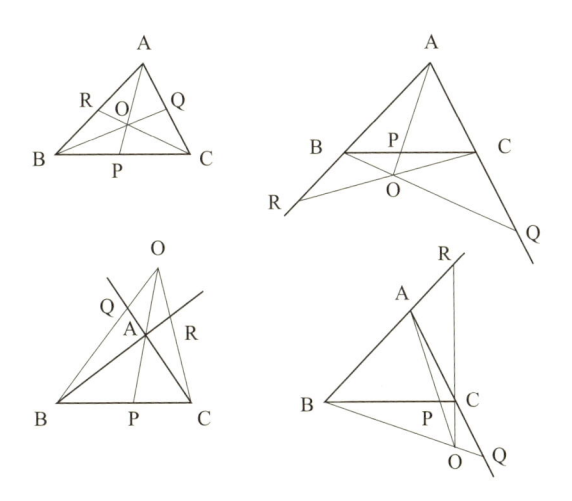

図 6.7 チェバの定理とその証明.

定理 6.9 (チェバの定理の逆)　三角形 ABC に対して，直線 BC, CA, AB 上にそれぞれ点 P, Q, R があり，次の (1) または (2) が成り立つとする．

(1) 3 点 P, Q, R はすべて辺の内部にある．

(2) 3 点 P, Q, R のうち 1 点は辺の内部にあり，他の 2 点は辺上にない．

このとき，もし等式

$$\frac{BP}{PC} \cdot \frac{CQ}{QA} \cdot \frac{AR}{RB} = 1 \tag{6.12}$$

が成り立つならば，3 直線 AP, BQ, CR は共点的であるか，または，互いに平行である．

証明　(1) と (2) のいずれの場合も，3 点 P, Q, R の中の少なくとも 1 点は辺の内部にあるから，点 P が辺 BC の内部にあると仮定してよい．次の 2 つの場合 (i), (ii) に分けて証明を進めよう．

(i) 2 直線 BQ と CR が平行でないとき．このとき，直線 BQ と CR の交点を O として，直線 OA と BC の交点を P′ とする．いま，P = P′ であることを示せばよい．点 P′ は辺 BC の内部にあることに注意しよう (下の問 6 を参照)．直線 OB と CA の交点が Q, 直線 OC と AB の交点が R だから，△ABC と点 O にチェバの定理を適用すると，

$$\frac{\mathrm{BP'}}{\mathrm{P'C}}\cdot\frac{\mathrm{CQ}}{\mathrm{QA}}\cdot\frac{\mathrm{AR}}{\mathrm{RB}}=1 \tag{6.13}$$

(6.12) と (6.13) より,

$$\frac{\mathrm{BP}}{\mathrm{PC}}=\frac{\mathrm{BP'}}{\mathrm{P'C}}$$

が成り立つ．ゆえに，点 P と P′ は辺 BC を同じ比に内分するから，P = P′．したがって，3 直線 AP, BQ, CR は共点的である．

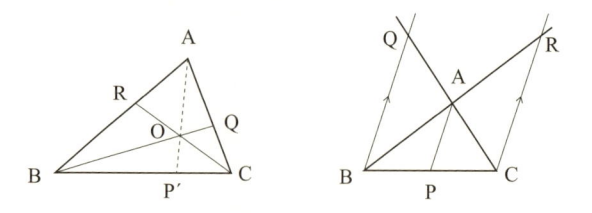

図 6.8 チェバの定理の逆の証明．2 直線 BQ と CR が平行でない場合 (左) と平行である場合 (右).

(ii) 2 直線 BQ と CR が平行のとき．このとき，図 6.8 から分かるように，△ACR∽△AQB だから，

$$\frac{\mathrm{AR}}{\mathrm{RB}}=\frac{\mathrm{AC}}{\mathrm{CQ}}$$

が成り立つ．したがって (6.12) より,

$$1=\frac{\mathrm{BP}}{\mathrm{PC}}\cdot\frac{\mathrm{CQ}}{\mathrm{QA}}\cdot\frac{\mathrm{AR}}{\mathrm{RB}}=\frac{\mathrm{BP}}{\mathrm{PC}}\cdot\frac{\mathrm{CQ}}{\mathrm{QA}}\cdot\frac{\mathrm{AC}}{\mathrm{CQ}}=\frac{\mathrm{BP}}{\mathrm{PC}}\cdot\frac{\mathrm{AC}}{\mathrm{QA}}.$$

ゆえに，BP : PC = QA : AC だから，BQ ∥ AP．いま，直線 BQ と CR は平行だから，AP ∥ BQ ∥ CR． □

問 6 定理 6.9 の証明 (i) で，点 P′ が辺 BC の内部にある理由を説明せよ．

問 7 定理 6.9 で，仮定 (1) と (2) が共に満たされない場合は，定理の主張が成立しないことを示す例を 1 つ与えよ．

前章で証明した三角形の五心に関する定理のいくつかを，チェバの定理の逆を使って証明することができる．

例題 6.10 重心定理「三角形 ABC の 3 本の中線 AD, BE, CF は共点的である」を，チェバの定理の逆を使って証明せよ．

証明 中点 D, E, F はそれぞれ辺 BC, CA, AB の内部にある．いま，BD = DC, CE = EA, AF = FB だから，
$$\frac{BD}{DC} \cdot \frac{CE}{EA} \cdot \frac{AF}{FB} = 1.$$
ゆえに，チェバの定理の逆より，3 直線 AD, BE, CF は共点的である． □

* * * * * * * * *

演習 6.2.1 △ABC の辺 AC を $1:t$ $(0 < t < 1)$ の比に外分する点を Q, 辺 AB を $3:1$ の比に外分する点を R, 直線 BQ と CR の交点を O とすると，直線 AO は辺 BC の中点 M を通るという．このとき，t の値と比 AM : MO を求めよ．

演習 6.2.2 内心定理をチェバの定理の逆を使って証明せよ．

演習 6.2.3 垂心定理をチェバの定理の逆を使って証明せよ．

演習 6.2.4 メネラウスの定理は四角形に対しても成立する．すなわち，四角形 ABCD に対して，直線 BC, CD, DA, AB がこの四角形の頂点を通らない直線 ℓ とそれぞれ点 P, Q, R, S で交わるとき，等式
$$\frac{BP}{PC} \cdot \frac{CQ}{QD} \cdot \frac{DR}{RA} \cdot \frac{AS}{SB} = 1 \tag{6.14}$$
が成立することを証明せよ．

演習 6.2.5 四角形 ABCD の対辺 BA と CD, AD と BC の延長がそれぞれ点 E, F で交わっている．このとき，線分 AC, BD, EF の中点は共線的であることを証明せよ．

第7章

座標平面と直線の方程式

座標平面では，点は実数の組であり，直線や曲線などの図形は方程式で表現される．座標平面における幾何学はフェルマー (1601–1665) とデカルト (1596–1650) によって始められ，解析幾何学とよばれる．この幾何学は，3.4 節で説明した意味で，ユークリッド幾何のモデルにおける幾何学であると考えることができる．点を実数の組で表現するアイデアは3次元以上の空間にも適用できるが，本書では平面に限定して話を進めよう．なお，本章以降では高校数学で学ぶ「図形と方程式」と「ベクトル」の知識を使う．

7.1 座標平面とベクトル

実数直線を $\mathbb{R}$ で表す．座標平面は 2 つの実数の組全体の集合
$$\mathbb{R}^2 = \{(x,y) : x, y \in \mathbb{R}\}$$
である．以下，座標平面を単に**平面**とよび，その要素を**点**とよぶ．点 $(0,0)$ を**原点**といい O で表す．高校数学で学んだように，2 点 $A(x_1, y_1), B(x_2, y_2)$ 間の距離は，ピタゴラスの定理を使って
$$AB = \sqrt{(x_1 - x_2)^2 + (y_1 - y_2)^2} \tag{7.1}$$
で定められる．また，2 点 $A(x_1, y_1), B(x_2, y_2)$ を結ぶ線分 AB を $m:n$ の比に内分する点の座標は
$$\left(\frac{nx_1 + mx_2}{m+n}, \frac{ny_1 + my_2}{m+n} \right) \tag{7.2}$$

であり，$m \neq n$ のとき AB を $m:n$ の比に外分する点の座標は
$$\left(\frac{-nx_1 + mx_2}{m-n}, \frac{-ny_1 + my_2}{m-n} \right) \tag{7.3}$$
である．

問 1 2点 $A(-9,8), B(6,-2)$ を結ぶ線分 AB を $2:3$ の比に内分する点の座標と，$2:3$ の比に外分する点の座標を求めよ．

問 2 $A(-7,4), B(-17,-20), C(3,-5), D(13,19)$ とするとき，四辺形 ABCD は平行四辺形であることを示せ．

例題 7.1 ハップスの中線定理「三角形 ABC の辺 BC の中点を M とするとき，等式 $AB^2 + AC^2 = 2(AM^2 + BM^2)$ が成立する」を平面 $\mathbb{R}^2$ 上で証明せよ．

証明 平面 $\mathbb{R}^2$ において，M が原点になるように辺 BC を x 軸上にとる．すなわち，図 7.1 のように，$A(a,b), B(-c,0), C(c,0), M(0,0)$ とおく．このとき，$AB^2 = (a+c)^2 + b^2, AC^2 = (a-c)^2 + b^2, AM^2 = a^2 + b^2, BM^2 = c^2$ だから，
$$\begin{aligned} AB^2 + AC^2 &= ((a+c)^2 + b^2) + ((a-c)^2 + b^2) \\ &= 2(a^2 + b^2 + c^2) \\ &= 2(AM^2 + BM^2). \end{aligned}$$
ゆえに，求める等式が導かれる． □

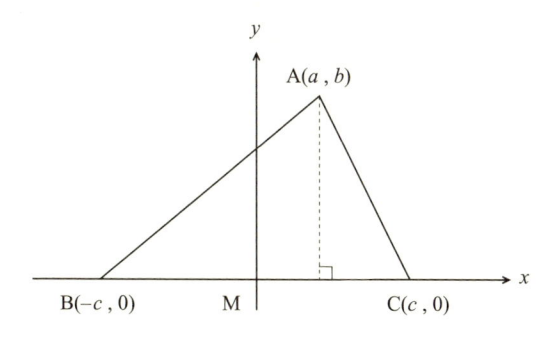

図 7.1 ハップスの中線定理の証明．定理 1.5 の証明と比較しよう．

座標平面における幾何ではベクトルを使うと便利な場合が多い．平面 $\mathbb{R}^2$ の任意の点 A に対して，原点 O を基準とする位置ベクトル $\boldsymbol{a} = \overrightarrow{OA}$ が一意的に

定まる．逆に，$\mathbb{R}^2$ 上の任意のベクトル $\boldsymbol{a}$ に対して，$\boldsymbol{a}=\overrightarrow{\mathrm{OA}}$ である点 A が一意的に定まる．このように，平面 $\mathbb{R}^2$ において，点とベクトルは 1 対 1 に対応するから，必要に応じてそれらを同一視して考える．そのとき，点 A の座標と A に対応するベクトル $\boldsymbol{a}=\overrightarrow{\mathrm{OA}}$ の成分は一致する．ベクトル $\boldsymbol{a}=\overrightarrow{\mathrm{OA}}$ の成分が (x,y) であることを，

$$\boldsymbol{a}=\overrightarrow{\mathrm{OA}}=(x,y) \quad \text{または} \quad \boldsymbol{a}=\overrightarrow{\mathrm{OA}}=\begin{pmatrix} x \\ y \end{pmatrix}$$

で表す．前者の表現を**行ベクトル表示**，後者の表現を**列ベクトル表示**という．零ベクトルを $\boldsymbol{0}$ で表す．また，$\boldsymbol{a}=\overrightarrow{\mathrm{OA}},\boldsymbol{b}=\overrightarrow{\mathrm{OB}}$ のとき，2 点 A, B 間の距離はベクトル $\boldsymbol{b}-\boldsymbol{a}=\overrightarrow{\mathrm{AB}}$ の大きさに等しいから，内積を使って，

$$\mathrm{AB}=|\boldsymbol{b}-\boldsymbol{a}|=\sqrt{(\boldsymbol{b}-\boldsymbol{a})\cdot(\boldsymbol{b}-\boldsymbol{a})}$$

と表される．これは数式 (7.1) の別の表現である．また，$\boldsymbol{a}=\overrightarrow{\mathrm{OA}},\boldsymbol{b}=\overrightarrow{\mathrm{OB}}$ に対し，線分 AB を $m:n$ の比に内分する点 P の位置ベクトル $\boldsymbol{p}$ と，線分 AB を $m:n$ $(m\neq n)$ の比に外分する点 Q の位置ベクトル $\boldsymbol{q}$ は，それぞれ，

$$\boldsymbol{p}=\frac{n\boldsymbol{a}+m\boldsymbol{b}}{m+n}, \quad \boldsymbol{q}=\frac{-n\boldsymbol{a}+m\boldsymbol{b}}{m-n}$$

である．これは (7.2), (7.3) の別の表現である．

問 3 $\triangle \mathrm{ABC}$ に対して，$\boldsymbol{a}=\overrightarrow{\mathrm{OA}},\boldsymbol{b}=\overrightarrow{\mathrm{OB}},\boldsymbol{c}=\overrightarrow{\mathrm{OC}}$ とする．$\triangle \mathrm{ABC}$ の重心 G の位置ベクトルは $\overrightarrow{\mathrm{OG}}=(\boldsymbol{a}+\boldsymbol{b}+\boldsymbol{c})/3$ であることを示せ．

大学数学の線形代数では，平面 $\mathbb{R}^2$ だけでなく n 次元空間 $\mathbb{R}^n$ や，さらに一般的な線形空間におけるベクトルについて学ぶ．そのとき重要になる 2 つの性質を，平面 $\mathbb{R}^2$ の場合において述べよう．ベクトル $\boldsymbol{u},\boldsymbol{v}$ と実数 s,t によって $s\boldsymbol{u}+t\boldsymbol{v}$ の形で表されるベクトルを $\boldsymbol{u},\boldsymbol{v}$ の **1 次結合**という．

定理 7.2 平面 $\mathbb{R}^2$ 上の 2 つのベクトル $\boldsymbol{u}\neq\boldsymbol{0},\boldsymbol{v}\neq\boldsymbol{0}$ に対して，次の 3 条件は同値である．

(1) $\boldsymbol{u}$ と $\boldsymbol{v}$ は平行でない．

(2) $\mathbb{R}^2$ 上の任意のベクトル $\boldsymbol{p}$ は $\boldsymbol{u},\boldsymbol{v}$ の 1 次結合として一意的に表される，すなわち，$\boldsymbol{p}=s\boldsymbol{u}+t\boldsymbol{v}$ を満たす実数の組 s,t が一意的に定まる．

(3) 任意の実数 s,t に対して，もし $s\boldsymbol{u}+t\boldsymbol{v}=\boldsymbol{0}$ ならば $s=t=0$．

証明 $(1) \Longrightarrow (2) \Longrightarrow (3) \Longrightarrow (1)$ の順に証明する.

$(1) \Longrightarrow (2)$：ベクトル $\boldsymbol{u}$ と $\boldsymbol{v}$ は平行でないとする．図 7.2 のように，$\boldsymbol{u} = \overrightarrow{OA}, \boldsymbol{v} = \overrightarrow{OB}$ である 2 点 A, B をとり，線分 OA を延長した直線を ℓ，線分 OB を延長した直線を m とする．このとき，2 直線 ℓ, m は平行でない．(2) が成立することを示すために，平面上の任意のベクトル $\boldsymbol{p}$ と，$\boldsymbol{p} = \overrightarrow{OP}$ である点 P をとる．点 P を通り m に平行な直線と ℓ は平行でないから，それらの交点 A′ が存在する．同様に，P を通り ℓ に平行な直線と m との交点 B′ が存在する．このとき，ベクトルの和の定義から，

$$\boldsymbol{p} = \overrightarrow{OA'} + \overrightarrow{OB'}.$$

いま $\boldsymbol{u}$ と $\overrightarrow{OA'}$ は平行だから，$s\boldsymbol{u} = \overrightarrow{OA'}$ を満たす実数 s が存在する．また，$\boldsymbol{v}$ と $\overrightarrow{OB'}$ は平行だから，$t\boldsymbol{v} = \overrightarrow{OB'}$ を満たす実数 t が存在する．したがって，

$$\boldsymbol{p} = s\boldsymbol{u} + t\boldsymbol{v} \tag{7.4}$$

と表される．次に，この s, t が一意的に定まることを背理法で示そう．もし

$$\boldsymbol{p} = s'\boldsymbol{u} + t'\boldsymbol{v} \tag{7.5}$$

かつ $(s,t) \neq (s',t')$ を満たす実数の組 s', t' が存在したと仮定する．このとき，(7.4) と (7.5) から

$$(s-s')\boldsymbol{u} + (t-t')\boldsymbol{v} = \boldsymbol{0}.$$

$(s,t) \neq (s',t')$ より $s-s', t-t'$ の少なくとも一方は 0 でないから，$s-s' \neq 0$ であるとする．このとき，$k = -(t-t')/(s-s')$ とおくと，$\boldsymbol{u} = k\boldsymbol{v}$．これは，$\boldsymbol{u}, \boldsymbol{v}$ が平行でないことに矛盾する．

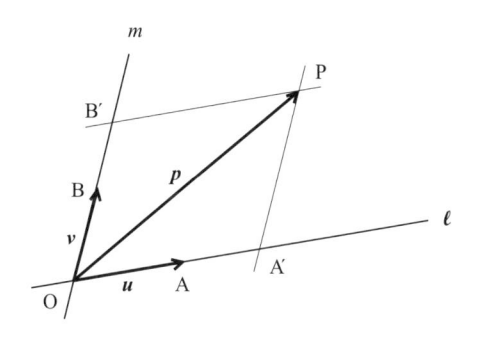

図 7.2 定理 7.2 の証明．

(2) $\Longrightarrow$ (3)：実数 s,t に対して $s\boldsymbol{u}+t\boldsymbol{v}=\boldsymbol{0}$ が成立したとする．他方，明らかに $0\boldsymbol{u}+0\boldsymbol{v}=\boldsymbol{0}$ が成立する．(2) より零ベクトル $\boldsymbol{0}$ の $\boldsymbol{u},\boldsymbol{v}$ の 1 次結合による表現は一意的に定まるから，$s=t=0$ でなければならない．

(3) $\Longrightarrow$ (1)：背理法で示す．もし $\boldsymbol{u},\boldsymbol{v}$ が平行であると仮定すると，$s\boldsymbol{u}=\boldsymbol{v}$ を満たす実数 s が存在する．このとき，$t=-1$ とおくと，$s\boldsymbol{u}+t\boldsymbol{v}=\boldsymbol{0}$ であるが $s=t=0$ でない．これは (3) に矛盾する． □

註 7.3 定理 7.2 の条件 (2) が成立するとき，集合 $\{\boldsymbol{u},\boldsymbol{v}\}$ は $\mathbb{R}^2$ の**基底**であるという．任意のベクトル $\boldsymbol{p}$ に対して，$\boldsymbol{p}=s\boldsymbol{u}+t\boldsymbol{v}$ である実数の組 (s,t) が一意的に定まることは，基底 $\{\boldsymbol{u},\boldsymbol{v}\}$ によって新しい座標系が与えられたことを意味する．また，条件 (3) が成立するとき，$\boldsymbol{u},\boldsymbol{v}$ は **1 次独立**であるという．

問 4 ベクトル $\boldsymbol{p}=(-2,18)$ を，ベクトル $\boldsymbol{u}=(3,1),\boldsymbol{v}=(1,-2)$ の 1 次結合として表せ．

2 つのベクトル $\boldsymbol{u}\neq\boldsymbol{0},\boldsymbol{v}\neq\boldsymbol{0}$ が平行であることは，成分を使って次のように特徴付けられる．

命題 7.4 2 つのベクトル $\boldsymbol{u}=(a,b)\neq\boldsymbol{0},\boldsymbol{v}=(c,d)\neq\boldsymbol{0}$ が平行であるための必要十分条件は，$ad-bc=0$ が成り立つことである．

証明 もし $\boldsymbol{u},\boldsymbol{v}$ が平行ならば，$\boldsymbol{u}=k\boldsymbol{v}$ を満たす実数 k が存在する．このとき，$a=kc, b=kd$ だから $ad-bc=0$．

逆に，$ad-bc=0$ であるとする．いま $\boldsymbol{u}\neq\boldsymbol{0}$ だから，$a\neq 0$ または $b\neq 0$．$a\neq 0$ のとき，$k'=c/a$ とおくと $c=k'a$．仮定より $ad=bc$ だから，$d=bc/a=k'b$．ゆえに，$\boldsymbol{v}=k'\boldsymbol{u}$ だから，$\boldsymbol{u},\boldsymbol{v}$ は平行である．$b\neq 0$ のときも同様に証明できる． □

* * * * * * * * *

演習 7.1.1 3 点 A(2,11), B(8,-7), C(-6,-5) から等距離にある点 P の座標を求めよ．

演習 7.1.2 4 点 A(-7,2), B(4,6), C(10,-2), D(x,y) が平行四辺形 ABCD を作るとき，x,y の値を求めよ．

演習 7.1.3 △ABC の重心を G とするとき，$\vec{GA}+\vec{GB}+\vec{GC}=\mathbf{0}$ が成立することを証明せよ．

演習 7.1.4 △ABC の重心を G とするとき，等式
$$GA^2+GB^2+GC^2=\frac{1}{3}(BC^2+CA^2+AB^2)$$
が成立することを証明せよ．

演習 7.1.5 任意の四辺形に対して，その各辺の中点を順に結んでできる四辺形は平行四辺形であることを証明せよ．

7.2 直線の方程式

平面 $\mathbb{R}^2$ 上の直線 ℓ は，$a=b=0$ でない (すなわち，$a\neq 0$ または $b\neq 0$ である) 実数 a,b を係数に持つ x,y の 1 次方程式
$$ax+by+c=0 \tag{7.6}$$
を満たす点の集合 $\ell=\{(x,y):ax+by+c=0\}$ として表される．このとき，ℓ を**方程式** (7.6) **の表す直線**，または簡単に，直線 $ax+by+c=0$ という．また，(7.6) を**直線 ℓ の方程式**という．直線 ℓ に平行なベクトルを ℓ の**方向ベクトル**といい，ℓ に垂直なベクトルを ℓ の**法線ベクトル**という．1 つの直線に対して，その方向ベクトルと法線ベクトルは無限に多く存在することに注意しよう．直線 $ax+by+c=0$ と係数 a,b,c の関係を調べよう．

命題 7.5 直線 $\ell:ax+by+c=0$ について，次が成立する．

(1) ベクトル $\boldsymbol{d}=(b,-a)$ は ℓ の方向ベクトルである．
(2) ベクトル $\boldsymbol{n}=(a,b)$ は ℓ の法線ベクトルである．
(3) 原点 O から ℓ までの距離は $|c|/\sqrt{a^2+b^2}$ である．

証明 (1) 2 つの場合に分けて示す．$b=0$ のときは，$a\neq 0$ だから，ℓ の方程式は $x=-c/a$ と変形できる．ゆえに，ℓ は y 軸に平行だから，$\boldsymbol{d}=(0,-a)$ は ℓ の方向ベクトルである．$b\neq 0$ のときは，ℓ の方程式は
$$y=-\frac{a}{b}x-\frac{c}{b}$$
と変形できる．このとき，ℓ の傾きは $-a/b$ だから，$\boldsymbol{d}=(b,-a)$ は ℓ の方向ベ

クトルである．

(2) 2つのベクトル $\boldsymbol{n}=(a,b)$ と $\boldsymbol{d}=(b,-a)$ は垂直だから，(1) より $\boldsymbol{n}$ は ℓ の法線ベクトルである．

(3) 直線 ℓ が原点 O を通るとき，$c=0$ だから (3) は成立する．直線 ℓ が原点 O を通らないとき，O から ℓ へ下ろした垂線の足を H とする．このとき，$\overrightarrow{\mathrm{OH}}$ は ℓ の法線ベクトル $\boldsymbol{n}=(a,b)$ と平行だから，$\overrightarrow{\mathrm{OH}}=(ka,kb)$ を満たす実数 k が存在する．したがって，
$$\mathrm{OH}=|\overrightarrow{\mathrm{OH}}|=\sqrt{k^2a^2+k^2b^2}=|k|\sqrt{a^2+b^2}. \tag{7.7}$$
一方，H は ℓ 上の点だから，$ka^2+kb^2+c=0$．したがって，$k=-c/(a^2+b^2)$ だから，(7.7) より $\mathrm{OH}=|c|/\sqrt{a^2+b^2}$． □

系 7.6 直線 $\ell:ax+by+c=0$ について，次が成立する．

(1) $a=0 \iff \ell$ は x 軸に平行である．
(2) $b=0 \iff \ell$ は y 軸に平行である．
(3) $c=0 \iff \ell$ は原点を通る．

証明 命題 7.5 から直ちに導かれる． □

註 7.7 通常，y 軸に平行でない直線は $y=ax+b$ の形の方程式で表す．方程式 (7.6) を用いる理由は，直線の方程式を y 軸に平行な場合も含めて統一された形で表現するためである．

系 7.8 平面上の点 $\mathrm{P}_0(x_0,y_0)$ から直線 $\ell:ax+by+c=0$ までの距離 d は，
$$d=\frac{|ax_0+by_0+c|}{\sqrt{a^2+b^2}} \tag{7.8}$$
で与えられる．

証明 図 7.3 が示すように，原点 O を点 P_0 へ移す座標軸の平行移動を行うと，同じ点 P の移動前の座標 (x,y) と移動後の座標 (x',y') の間の関係は
$$x=x'+x_0, \quad y=y'+y_0 \tag{7.9}$$
である．このとき，移動後の座標に関する ℓ の方程式は，移動前の座標に関する方程式 $ax+by+c=0$ に (7.9) を代入することによって得られるから，
$$\ell:ax'+by'+(ax_0+by_0+c)=0. \tag{7.10}$$

求める距離 d は，移動後の座標の原点 P_0 から ℓ までの距離だから，命題 7.5 (3) より (7.8) で与えられる． □

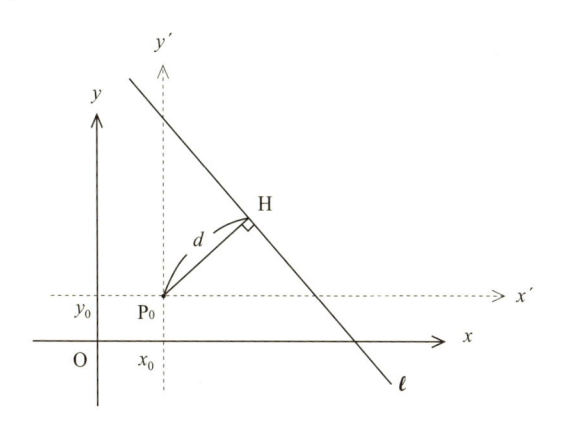

図 7.3 系 7.8 の証明．点 P_0 から ℓ へ下ろした垂線 P_0H の長さ d を求めたい．

問 5 点 $A(7,5)$ を通り，方向ベクトル $\boldsymbol{d}=(4,3)$ の直線 ℓ の方程式を求めよ．また，点 $P(-2,7)$ から ℓ までの距離を求めよ．

系 7.9 2 直線 $\ell_1 : a_1 x + b_1 y + c_1 = 0, \ell_2 : a_2 x + b_2 y + c_2 = 0$ に対して，次が成立する．

(1) $\ell_1 \perp \ell_2 \iff a_1 a_2 + b_1 b_2 = 0$.

(2) $\ell_1 /\!/ \ell_2 \iff a_1 b_2 - b_1 a_2 = 0$.

証明 命題 7.5 より，$\boldsymbol{n}_1 = (a_1, b_1)$ は ℓ_1 の法線ベクトル，$\boldsymbol{n}_2 = (a_2, b_2)$ は ℓ_2 の法線ベクトルである．

(1) $\ell_1 \perp \ell_2$ であるためには，$\boldsymbol{n}_1$ と $\boldsymbol{n}_2$ が垂直であることが必要十分．内積を考えると，$\boldsymbol{n}_1 \cdot \boldsymbol{n}_2 = a_1 a_2 + b_1 b_2 = 0$ であることが必要十分である．

(2) $\ell_1 /\!/ \ell_2$ であるためには，$\boldsymbol{n}_1$ と $\boldsymbol{n}_2$ が平行であることが必要十分．そのためには，命題 7.4 より，$a_1 b_2 - a_2 b_1 = 0$ であることが必要十分である． □

2 直線 ℓ_1, ℓ_2 が平行であることは，$\ell_1 = \ell_2$ である場合を含むことに注意しよう．すなわち，$\ell_1 = \ell_2$ は $\ell_1 /\!/ \ell_2$ の特別な場合である．

註 7.10 中学校で学んだように，x, y に関する連立 1 次方程式

$$\begin{cases} ax+by=s \\ cx+dy=t \end{cases} \tag{7.11}$$

は，平面 $\mathbb{R}^2$ 上の 2 本の直線 ℓ_1, ℓ_2 の方程式の組であると考えられる．連立方程式 (7.11) の解は ℓ_1, ℓ_2 の交点として求められる．したがって，(7.11) がただ 1 組の解を持つためには，ℓ_1, ℓ_2 が平行でないこと，すなわち，系 7.9 より，$ad-bc \neq 0$ であることが必要十分である．一方，$\ell_1 /\!/ \ell_2$ かつ $\ell_1 \neq \ell_2$ ならば，2 直線 ℓ_1, ℓ_2 は共通点を持たないから，(7.11) は解を持たない．また，$\ell_1 = \ell_2$ ならば，この直線上の点はすべて解となるから，(7.11) は無限に多くの解を持つ．特に，$s=t=0$ のとき，x, y の連立方程式

$$\begin{cases} ax+by=0 \\ cx+dy=0 \end{cases} \tag{7.12}$$

は，原点を通る 2 本の直線 m_1, m_2 の方程式であると考えられる．このとき，$x=y=0$ はつねに解である．この解を**自明解**という．もし $ad-bc \neq 0$ ならば，(7.12) の解は自明解だけである．一方，$ad-bc=0$ ならば，$m_1 = m_2$ だから，(7.12) は無限に多くの自明でない解を持つ．

直線 $\ell: ax+by+c=0$ が与えられたとき，任意の実数 $k \neq 0$ に対して，

$$kax+kby+kc=0 \tag{7.13}$$

もまた直線 ℓ の方程式である．なぜなら，方程式 $ax+by+c=0$ の解 (x,y) は (7.13) の解であり，その逆も成り立つからである．したがって，1 つの直線に対して，その方程式は無限に多く存在する．2 つの方程式が同じ直線を表すための必要十分条件を与えよう．

命題 7.11 2 直線 $\ell_1: a_1x+b_1y+c_1=0, \ell_2: a_2x+b_2y+c_2=0$ に対して，次の 3 条件は同値である．

(1) $\ell_1 = \ell_2$.
(2) $a_1b_2-b_1a_2=0, b_1c_2-c_1b_2=0, c_1a_2-a_1c_2=0$ が成り立つ．
(3) $a_2=ka_1, b_2=kb_1, c_2=kc_1$ を満たす実数 k が存在する．

7.2. 直線の方程式

証明 $(1)\Longrightarrow(2)\Longrightarrow(3)\Longrightarrow(1)$ の順に証明する．

$(1)\Longrightarrow(2)$：$\ell_1=\ell_2$ とする．このとき，$\ell_1/\!/\ell_2$ だから，系 7.9 より $a_1b_2-b_1a_2=0$．ゆえに，(2) の第 1 式は成立する．いま，a_1,b_1 の少なくとも一方は 0 でないから，3 つの場合に分けて証明しよう．

Case (1) $a_1\neq 0$ かつ $b_1\neq 0$ のとき．ℓ_1 は 2 点 $(-c_1/a_1,0),(0,-c_1/b_1)$ を通るから，ℓ_2 もこれらの点を通る．ゆえに，
$$-\frac{a_2c_1}{a_1}+c_2=0 \quad \text{かつ} \quad -\frac{b_2c_1}{b_1}+c_2=0.$$
これらから，(2) の第 2 式と第 3 式が導かれる．

Case (2) $a_1\neq 0$ かつ $b_1=0$ のとき．ℓ_1 は点 $(-c_1/a_1,0)$ を通るから，上の場合と同様にして第 3 式が導かれる．他方，第 1 式は成立しているから，$a_1b_2=b_1a_2=0$．$a_1\neq 0$ だから $b_2=0$ である．ゆえに，第 2 式も成立する．

Case (3) $a_1=0$ かつ $b_1\neq 0$ のとき．Case (2) と同様に証明できる．

$(2)\Longrightarrow(3)$：a_1,b_1 の少なくとも一方は 0 でない．$a_1\neq 0$ のとき，k が実数全体を動けば ka_1 も実数全体を動くから，$a_2=ka_1$ を満たす実数 k が存在する．このとき，(2) の第 1 式より $a_1b_2=b_1(ka_1)$ だから，$b_2=kb_1$．第 3 式より $c_1(ka_1)=a_1c_2$ だから，$c_2=kc_1$．$b_1\neq 0$ のときも同様に証明できる．

$(3)\Longrightarrow(1)$：$a_2=ka_1,b_2=kb_1,c_2=kc_1$ を満たす実数 k が存在したとする．a_2,b_2 の少なくとも一方は 0 でないから，$k\neq 0$ であることに注意しよう．このとき，$a_2x+b_2y+c_2=k(a_1x+b_1y+c_1)$ だから，任意の点 (x,y) に対して，
$$(x,y)\in\ell_1 \Longleftrightarrow a_1x+b_1y+c_1=0$$
$$\Longleftrightarrow k(a_1x+b_1y+c_1)=0$$
$$\Longleftrightarrow a_2x+b_2y+c_2=0 \Longleftrightarrow (x,y)\in\ell_2$$
が成り立つ．ゆえに，$\ell_1=\ell_2$． □

例題 7.12 2 直線 $\ell:ax+y+a-5=0, m:(a+2)x+ay-6=0$ について，
(i) $\ell\perp m$，(ii) $\ell/\!/m$，(iii) $\ell=m$
であるための a の値を，それぞれ決定せよ．

解 (i) 系 7.9 (1) より，$\ell\perp m$ であるためには，$a(a+2)+a=0$ であることが必要十分．ゆえに，$a=0$ または $a=-3$．

(ii) 系 7.9 (2) より，$\ell/\!/m$ であるためには，$a^2-(a+2)=0$ であることが必

要十分. ゆえに, $a=-1$ または $a=2$.

(iii) $\ell=m$ ならば, $\ell/\!/m$ である. したがって, (ii) より, $\ell=m$ であるためには $a=-1$ または $a=2$ であることが必要. $a=-1$ のとき,
$$\ell : x-y+6=0, \quad m : x-y-6=0$$
だから $\ell \neq m$. 一方, $a=2$ のとき,
$$\ell : 2x+y-3=0, \quad m : 4x+2y-6=0$$
だから, 命題 7.11 より $\ell=m$. ゆえに, $a=2$.

直線もまたベクトルを使って表現しておくと便利である. 直線は, その上の 1 点と方向ベクトルによって決定される. いま, 定点 A を通り, 方向ベクトル $\boldsymbol{d} \neq \boldsymbol{0}$ の直線を ℓ として, ℓ 上の任意の点 P をとる. このとき, $\boldsymbol{a}=\overrightarrow{\mathrm{OA}}, \boldsymbol{p}=\overrightarrow{\mathrm{OP}}$ とおくと, 図 7.4 が示すように,
$$\boldsymbol{p}=\boldsymbol{a}+t\boldsymbol{d} \tag{7.14}$$
を満たす実数 t が存在する. 逆に, (7.14) において, t が実数全体を動くと, 点 $\boldsymbol{p}=\overrightarrow{\mathrm{OP}}$ は ℓ 全体を動く. 方程式 (7.14) を直線 ℓ の**ベクトル方程式**という.

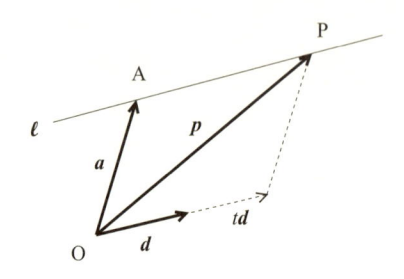

図 **7.4** 直線のベクトル方程式 $\boldsymbol{p}=\boldsymbol{a}+t\boldsymbol{d}$.

また, (7.14) において, $\boldsymbol{a}=\overrightarrow{\mathrm{OA}}=(x_1,y_1), \boldsymbol{d}=(a,b), \boldsymbol{p}=(x,y)$ とおくと,
$$\begin{cases} x=x_1+ta \\ y=y_1+tb \end{cases} \tag{7.15}$$
を得る. (7.15) を直線 ℓ の**媒介変数表示**, t を**媒介変数**という. (7.15) から t を消去すると, 直線 ℓ の x,y に関する方程式
$$b(x-x_1)-a(y-y_1)=0 \tag{7.16}$$
が得られる.

7.2. 直線の方程式

註 7.13 方程式 (7.16) は，方程式 $bx-ay=0$ の x を $x-x_1$ に置きかえ，y を $y-y_1$ に置き換えたものである．このことは，直線 ℓ が，直線 $bx-ay=0$ を x 軸方向へ x_1, y 軸方向へ y_1 だけ平行移動した直線であることを示している．

また，直線はそれが通る異なる 2 点によって決定される．$\boldsymbol{a}=\overrightarrow{\mathrm{OA}}, \boldsymbol{b}=\overrightarrow{\mathrm{OB}}$ ($\boldsymbol{a} \neq \boldsymbol{b}$) のとき，2 点 A, B を通る直線を ℓ とする．このとき，ℓ は定点 A を通り，方向ベクトル $\boldsymbol{b}-\boldsymbol{a}$ の直線だから，ベクトル方程式

$$\boldsymbol{p} = \boldsymbol{a} + t(\boldsymbol{b}-\boldsymbol{a}) = (1-t)\boldsymbol{a} + t\boldsymbol{b} \tag{7.17}$$

によって表される．ここで t は実数全体を動く．さらに，直線はその上の 1 点と法線ベクトルによっても決定される．定点 A を通り，法線ベクトル $\boldsymbol{n} \neq \boldsymbol{0}$ の直線 m 上の任意の点 P をとる．$\boldsymbol{a}=\overrightarrow{\mathrm{OA}}, \boldsymbol{p}=\overrightarrow{\mathrm{OP}}$ とすると，$\boldsymbol{n} \perp (\boldsymbol{p}-\boldsymbol{a})$ または $\boldsymbol{p}-\boldsymbol{a}=\boldsymbol{0}$ だから，

$$\boldsymbol{n} \cdot (\boldsymbol{p}-\boldsymbol{a}) = 0 \tag{7.18}$$

が成り立つ．逆に，(7.18) を満たすベクトル $\boldsymbol{p}=\overrightarrow{\mathrm{OP}}$ は m 上の点を表す．したがって，(7.18) もまた直線 m のベクトル方程式とよばれる．

問 6 $\boldsymbol{a}=\overrightarrow{\mathrm{OA}}=(x_1,y_1), \boldsymbol{b}=\overrightarrow{\mathrm{OB}}=(x_2,y_2)$ ($\boldsymbol{a} \neq \boldsymbol{b}$) のとき，ベクトル方程式 (7.17) の表す直線を，x,y に関する 1 次方程式で表せ．

問 7 $\boldsymbol{a}=\overrightarrow{\mathrm{OA}}=(x_1,y_1), \boldsymbol{n}=(a,b) \neq \boldsymbol{0}$ のとき，ベクトル方程式 (7.18) の表す直線を，x,y に関する 1 次方程式で表せ．

例題 7.14 三角形 OAB の垂心を H(x,y) とする．$\boldsymbol{a}=\overrightarrow{\mathrm{OA}}=(a,b), \boldsymbol{b}=\overrightarrow{\mathrm{OB}}=(c,d)$ のとき，$D=ad-bc$ とおくと，H の座標は

$$x = -\frac{\boldsymbol{a} \cdot \boldsymbol{b}}{D}(b-d), \quad y = \frac{\boldsymbol{a} \cdot \boldsymbol{b}}{D}(a-c) \tag{7.19}$$

で与えられることを示せ．

証明 図 7.5 に示すように，△OAB の垂心 H は，A から辺 OB またはその延長へ下ろした垂線 ℓ と，B から辺 OA またはその延長へ下ろした垂線 m の交点である．直線 ℓ は A を通り，$\boldsymbol{b}$ を法線ベクトルとする直線，また m は B を通り，$\boldsymbol{a}$ を法線ベクトルとする直線だから，それぞれ，ベクトル方程式

$$\ell : \boldsymbol{b} \cdot (\boldsymbol{p}-\boldsymbol{a}) = 0, \quad m : \boldsymbol{a} \cdot (\boldsymbol{p}-\boldsymbol{b}) = 0 \tag{7.20}$$

によって表される．すなわち，$\ell:\boldsymbol{b}\cdot\boldsymbol{p}=\boldsymbol{a}\cdot\boldsymbol{b}, m:\boldsymbol{a}\cdot\boldsymbol{p}=\boldsymbol{a}\cdot\boldsymbol{b}$．いま $\boldsymbol{b}=(c,d), \boldsymbol{a}=(a,b)$ だから，$\boldsymbol{p}=(x,y)$ とおくと，
$$\ell:cx+dy=\boldsymbol{a}\cdot\boldsymbol{b}, \quad m:ax+by=\boldsymbol{a}\cdot\boldsymbol{b}. \tag{7.21}$$
ベクトル $\boldsymbol{a},\boldsymbol{b}$ は平行でないから，命題 7.4 より $D=ad-bc\neq 0$．このことに注意をして連立方程式 (7.21) を解くと，(7.19) が得られる． □

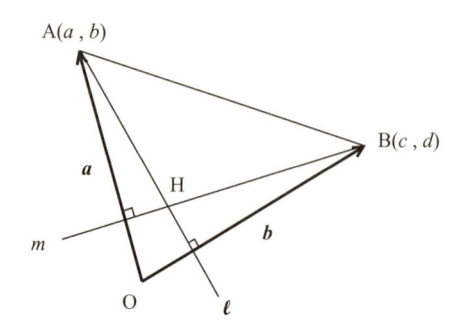

図 7.5　例題 7.14．△OAB の垂心の座標を求める．

例題 7.14 により，三角形 OAB の垂心の位置を求めることができる．このような定量的な考察ができるところが解析幾何の特徴である．

＊　＊　＊　＊　＊　＊　＊　＊　＊　＊

演習 7.2.1　直線 $\ell:3x+y+9=0$ について，次の問いに答えよ．
(1) 点 $(3,2)$ を通って ℓ に平行な直線 m の方程式を求めよ．
(2) 点 $(8,-2)$ を通って ℓ に垂直な直線 m の方程式を求めよ．

演習 7.2.2　x,y に関する 2 つの 1 次方程式
$$(p-3)x+4y-1=0, \quad 5x+(q+5)y-(p+1)=0$$
が同じ直線を表すように p,q の値を定めよ．

演習 7.2.3　直線 ℓ が原点 O を通らないとき，O から ℓ へ下ろした垂線 OH と x 軸正方向とのなす角を θ，$\mathrm{OH}=c$ とする．このとき，直線 ℓ の方程式は，$x\cos\theta+y\sin\theta=c$ で与えられることを示せ (この形の方程式をヘッセの標準形という)．

演習 **7.2.4**　△OAB の外心を Q(x,y) とする．$\boldsymbol{a} = \overrightarrow{\mathrm{OA}} = (a,b), \boldsymbol{b} = \overrightarrow{\mathrm{OB}} = (c,d)$ のとき，$D = ad - bc$ とおくと，
$$x = -\frac{b|\boldsymbol{b}|^2 - d|\boldsymbol{a}|^2}{2D}, \quad y = \frac{a|\boldsymbol{b}|^2 - c|\boldsymbol{a}|^2}{2D} \tag{7.22}$$
であることを示せ．

演習 **7.2.5**　A(6,8), B(12,0) のとき，△OAB の五心の座標を求めよ．

第8章

行列と1次変換

高校数学では，2次関数，三角関数，指数・対数関数など，さまざまな関数について学んだ．それらは，実数直線 $\mathbb{R}$ またはその部分集合から $\mathbb{R}$ への関数である．本章では，平面 $\mathbb{R}^2$ から $\mathbb{R}^2$ への写像 (= 関数) について考える．それらの中で特に，1次関数 $y = ax$ に相当するものが1次変換であり，方程式 $y = ax$ の係数部分 a の働きをするものが行列である．

8.1 行列とその演算

一般に，$m \times n$ 個の数 a_{ij} $(i=1,2,\cdots,m, j=1,2,\cdots,n)$ を

$$A = \begin{pmatrix} a_{11} & a_{12} & \cdots & a_{1n} \\ a_{21} & a_{22} & \cdots & a_{2n} \\ \vdots & \vdots & & \vdots \\ a_{m1} & a_{m2} & \cdots & a_{mn} \end{pmatrix}$$

の形に並べたものを，m 行 n 列の行列または $m \times n$ 行列といい，各 a_{ij} を行列 A の (i,j) 成分という．行列は大文字 $A, B, C, \cdots$ などで表される．

前章で説明した平面 $\mathbb{R}^2$ 上のベクトルの行ベクトル表示は 1×2 行列であり，列ベクトル表示は 2×1 行列であると見なされる．本書では，これらのベクトルと 2×2 行列だけを対象にして議論を進める．以下，特に断らない限り，行列は実数を成分とする 2×2 行列を意味するものとする．

2つの行列 A, B が等しいとは，A と B の対応する成分がそれぞれ等しいことである．すなわち，

$$\begin{pmatrix} a & b \\ c & d \end{pmatrix} = \begin{pmatrix} p & q \\ r & s \end{pmatrix} \iff \begin{cases} a=p, & b=q, \\ c=r, & d=s. \end{cases} \tag{8.1}$$

行列には，ベクトルと同様に，2つの行列 A, B の和 $A+B$，差 $A-B$ と A の実数倍 kA が，次のように定義される．

定義 8.1 2つの行列の和と，実数 k に対して行列の k 倍を

$$\begin{pmatrix} a & b \\ c & d \end{pmatrix} + \begin{pmatrix} p & q \\ r & s \end{pmatrix} = \begin{pmatrix} a+p & b+q \\ c+r & d+s \end{pmatrix}, \quad k \begin{pmatrix} a & b \\ c & d \end{pmatrix} = \begin{pmatrix} ka & kb \\ kc & kd \end{pmatrix} \tag{8.2}$$

によって定める．さらに，$-A = (-1)A, A-B = A+(-B)$ と定める．成分がすべて 0 である行列を**零行列**といい O で表す．

問 1 次の行列 A, B に対して，行列 $A+B, 3A, -B, A-B$ を求めよ．

$$A = \begin{pmatrix} 2 & 0 \\ -4 & 1 \end{pmatrix}, \quad B = \begin{pmatrix} -1 & 6 \\ 3 & 1/2 \end{pmatrix}.$$

次の命題の証明は読者に任せよう．

命題 8.2 任意の行列 A, B, C と $k, l \in \mathbb{R}$ に対して，次が成り立つ．

(1) $A+B = B+A$,
(2) $(A+B)+C = A+(B+C)$,
(3) $A+O = A$,
(4) $A+(-A) = O$,
(5) $(kl)A = k(lA)$,
(6) $(k+l)A = kA+lA$,
(7) $k(A+B) = kA+kB$.

命題 8.2 (1) を加法の**交換法則**といい，(2) を加法の**結合法則**という．零行列 O は実数の加法における 0 と同じ働きをする．また，行列 A に対する $-A$ は，実数 a に対する $-a$ と同じ働きをする．代数系の用語で言うと，零行列 O は加法に関する単位元，$-A$ は加法に関する A の逆元である．命題 8.2 は，行列の加法では，実数の加法と同様の計算ができることを示している．

例題 8.3 問 1 の行列 A, B に対して，$2(X+B)=3A-2X$ を満たす行列 X を求めよ．

解 命題 8.2 を使って，与えられた等式を移項して整理すると，
$$X = \frac{1}{4}(3A-2B) = \frac{1}{4}\left(3\begin{pmatrix} 2 & 0 \\ -4 & 1 \end{pmatrix} - 2\begin{pmatrix} -1 & 6 \\ 3 & 1/2 \end{pmatrix}\right)$$
$$= \frac{1}{4}\begin{pmatrix} 8 & -12 \\ -18 & 2 \end{pmatrix} = \begin{pmatrix} 2 & -3 \\ -9/2 & 1/2 \end{pmatrix}.$$

次に，行列の積を定義しよう．

定義 8.4 行列とベクトル ($=2\times 1$ 行列) の積および行列と行列の積を
$$\begin{pmatrix} a & b \\ c & d \end{pmatrix}\begin{pmatrix} p \\ r \end{pmatrix} = \begin{pmatrix} ap+br \\ cp+dr \end{pmatrix}, \tag{8.3}$$
$$\begin{pmatrix} a & b \\ c & d \end{pmatrix}\begin{pmatrix} p & q \\ r & s \end{pmatrix} = \begin{pmatrix} ap+br & aq+bs \\ cp+dr & cq+ds \end{pmatrix} \tag{8.4}$$
によって定める．また，行列 A の n 個の積 A^n を，$A^2=AA, A^3=A^2A, \cdots,$ $A^n=A^{n-1}A$ と定める．

問 2 次の行列 A, B とベクトル $\boldsymbol{x}, \boldsymbol{y}$ に対して，行列 $A\boldsymbol{x}, A\boldsymbol{y}, AB, BA, A^2,$ B^2 を求めよ．
$$A = \begin{pmatrix} 3 & -1 \\ 2 & 0 \end{pmatrix}, \quad B = \begin{pmatrix} -3 & 4 \\ 2 & -1 \end{pmatrix}, \quad \boldsymbol{x} = \begin{pmatrix} -3 \\ 2 \end{pmatrix}, \quad \boldsymbol{y} = \begin{pmatrix} 4 \\ -1 \end{pmatrix}.$$

行列 $E = \begin{pmatrix} 1 & 0 \\ 0 & 1 \end{pmatrix}$ を**単位行列**といい，本書ではつねに E で表す．

命題 8.5 任意の行列 A, B, C，ベクトル $\boldsymbol{x}, \boldsymbol{y}$ と $k \in \mathbb{R}$ に対して，次が成り立つ．

(1) $(AB)C = A(BC), (AB)\boldsymbol{x} = A(B\boldsymbol{x}),$
(2) $AE = EA = A, E\boldsymbol{x} = \boldsymbol{x},$
(3) $AO = OA = O, A\boldsymbol{0} = \boldsymbol{0}, O\boldsymbol{x} = \boldsymbol{0},$
(4) $A(B+C) = AB+AC, A(\boldsymbol{x}+\boldsymbol{y}) = A\boldsymbol{x}+A\boldsymbol{y},$
(5) $(A+B)C = AC+BC, (A+B)\boldsymbol{x} = A\boldsymbol{x}+B\boldsymbol{x},$
(6) $A(kB) = (kA)B = k(AB), A(k\boldsymbol{x}) = (kA)\boldsymbol{x} = k(A\boldsymbol{x}).$

証明 (1) の第 1 式だけを示して，残りは読者に任せよう．
$$A = \begin{pmatrix} a & b \\ c & d \end{pmatrix}, \quad B = \begin{pmatrix} e & f \\ g & h \end{pmatrix}, \quad C = \begin{pmatrix} i & j \\ k & l \end{pmatrix}$$
とおく．このとき，
$$(AB)C = \begin{pmatrix} ae+bg & af+bh \\ ce+dg & cf+dh \end{pmatrix} \begin{pmatrix} i & j \\ k & l \end{pmatrix}$$
$$= \begin{pmatrix} (ae+bg)i+(af+bh)k & (ae+bg)j+(af+bh)l \\ (ce+dg)i+(cf+dh)k & (ce+dg)j+(cf+dh)l \end{pmatrix}.$$
$$A(BC) = \begin{pmatrix} a & b \\ c & d \end{pmatrix} \begin{pmatrix} ei+fk & ej+fl \\ gi+hk & gj+hl \end{pmatrix}$$
$$= \begin{pmatrix} a(ei+fk)+b(gi+hk) & a(ej+fl)+b(gj+hl) \\ c(ei+fk)+d(gi+hk) & c(ej+fl)+d(gj+hl) \end{pmatrix}.$$
上の 2 式を比較すると，行列 $(AB)C$ と $A(BC)$ の対応する成分はそれぞれ等しい．ゆえに，$(AB)C = A(BC)$.　□

命題 8.5 (1) を乗法の**結合法則**といい，(4), (5) を**分配法則**という．単位行列 E は実数の乗法における 1 と同じ働きをする．すなわち，E は乗法に関する単位元である．しかし，次の例が示すように，行列の乗法には実数の乗法と異なる点がある．

例 8.6 行列 $A = \begin{pmatrix} 2 & 1 \\ 6 & 3 \end{pmatrix}, B = \begin{pmatrix} 2 & -1 \\ -4 & 2 \end{pmatrix}$ について，
$$AB = \begin{pmatrix} 2 & 1 \\ 6 & 3 \end{pmatrix} \begin{pmatrix} 2 & -1 \\ -4 & 2 \end{pmatrix} = \begin{pmatrix} 0 & 0 \\ 0 & 0 \end{pmatrix} = O,$$
$$BA = \begin{pmatrix} 2 & -1 \\ -4 & 2 \end{pmatrix} \begin{pmatrix} 2 & 1 \\ 6 & 3 \end{pmatrix} = \begin{pmatrix} -2 & -1 \\ 4 & 2 \end{pmatrix}.$$
この例は，次の 2 つの法則が一般には成立しないことを示している．

(1) $AB = BA$ (乗法の交換法則),
(2) $AB = O$ ならば，$A = O$ または $B = O$.

等式 $AB = BA$ が成立するとき，行列 A, B は**交換可能**であるという．また，$A \neq O, B \neq O$ かつ $AB = O$ を満たす行列 A, B を**零因子**とよぶ．例 8.6 の行

列 A, B は交換可能でない零因子の例である．

例題 8.7 行列 $A = \begin{pmatrix} 2 & a \\ -2 & 1 \end{pmatrix}, B = \begin{pmatrix} 4 & -3 \\ 6 & b \end{pmatrix}$ が交換可能であるように a, b の値を定めよ．

解 行列の積 AB と BA を計算すると
$$AB = \begin{pmatrix} 8+6a & -6+ab \\ -2 & 6+b \end{pmatrix}, \quad BA = \begin{pmatrix} 14 & 4a-3 \\ 12-2b & 6a+b \end{pmatrix}.$$
したがって，もし $AB = BA$ ならば，
$$8+6a = 14, \quad -6+ab = 4a-3, \quad -2 = 12-2b, \quad 6+b = 6a+b.$$
第1式より $a = 1$. 第3式より $b = 7$. これらの値は，第2式と第4式も満たす．ゆえに，$a = 1, b = 7$.

定義 8.8 行列 A に対して，$AB = BA = E$ を満たす行列 B が存在するとき，B を A の**逆行列**といい，A^{-1} で表す．すなわち，
$$AA^{-1} = A^{-1}A = E. \tag{8.5}$$

註 8.9 定義から，A の逆行列 A^{-1} が存在するとき，A^{-1} の逆行列は A である．すなわち，$A = (A^{-1})^{-1}$. また，A の逆行列が存在するとき，それは一意的に定まる．なぜなら，もし $AB = BA = E$ かつ $AB' = B'A = E$ ならば，乗法の結合法則より，$B = BE = B(AB') = (BA)B' = EB' = B'$ が成り立つからである．

ここで大切なことは，すべての行列 $A \neq O$ が逆行列を持つとは限らないことである．次の命題は，行列 A が逆行列を持つための必要十分条件を与える．行列 $A = \begin{pmatrix} a & b \\ c & d \end{pmatrix}$ に対し，$|A| = ad - bc$ を A の**行列式** (determinant) という．$|A|$ の代わりに，$\det A$ と書くこともある．

命題 8.10 行列 $A = \begin{pmatrix} a & b \\ c & d \end{pmatrix}$ に対して，次の (1), (2) が成立する．

(1) $|A| \neq 0$ のとき，$A^{-1} = \dfrac{1}{|A|} \begin{pmatrix} d & -b \\ -c & a \end{pmatrix}$ である．

(2) $|A| = 0$ のとき，A の逆行列は存在しない．

証明 行列 $B = \begin{pmatrix} p & q \\ r & s \end{pmatrix}$ に対して，$AB = E$ とおくと，
$$\begin{pmatrix} a & b \\ c & d \end{pmatrix} \begin{pmatrix} p & q \\ r & s \end{pmatrix} = \begin{pmatrix} ap+br & aq+bs \\ cp+dr & cq+ds \end{pmatrix} = \begin{pmatrix} 1 & 0 \\ 0 & 1 \end{pmatrix}$$
である．したがって，
$$ap+br=1, \quad aq+bs=0, \quad cp+dr=0, \quad cq+ds=1. \tag{8.6}$$
このとき，第1式と第3式より，
$$(ad-bc)p = d, \quad (ad-bc)r = -c. \tag{8.7}$$
また，第2式と第4式より，
$$(ad-bc)q = -b, \quad (ad-bc)s = a. \tag{8.8}$$

(1) $|A| = ad - bc \neq 0$ のとき，(8.7), (8.8) より
$$p = \frac{d}{|A|}, \quad q = \frac{-b}{|A|}, \quad r = \frac{-c}{|A|}, \quad s = \frac{a}{|A|}$$
が得られる．結果として，
$$B = \frac{1}{|A|} \begin{pmatrix} d & -b \\ -c & a \end{pmatrix}. \tag{8.9}$$
この B が $BA = E$ も満たすことを示そう．命題8.5 (6) より，
$$BA = \frac{1}{|A|} \begin{pmatrix} d & -b \\ -c & a \end{pmatrix} \begin{pmatrix} a & b \\ c & d \end{pmatrix}$$
$$= \frac{1}{|A|} \begin{pmatrix} ad-bc & 0 \\ 0 & ad-bc \end{pmatrix} = \begin{pmatrix} 1 & 0 \\ 0 & 1 \end{pmatrix} = E.$$
ゆえに，$AB = BA = E$ が成り立つから，B は A の逆行列である．

(2) $|A| = ad - bc = 0$ のとき，(8.7), (8.8) より，$a = b = c = d = 0$．これは (8.6) に矛盾する．ゆえに，$AB = E$ を満たす行列 B は存在しないから，A の逆行列は存在しない． □

問 3 行列 $A = \begin{pmatrix} 6 & 5 \\ 8 & 7 \end{pmatrix}, B = \begin{pmatrix} -4 & 2 \\ 6 & -3 \end{pmatrix}, C = \begin{pmatrix} 1/2 & 1/6 \\ -4 & 2/3 \end{pmatrix}$ が逆行列を持つかどうかを調べ，逆行列を持つときはそれを求めよ．

逆行列は，行列の乗法において，実数の乗法における逆数と同じ働きをする．逆数を持たない実数は 0 だけであるが，行列の世界では，逆行列を持たない行列が無限に多く存在することに注意しよう．

命題 8.11 行列 A, B が共に逆行列を持つとき，積 AB も逆行列を持ち，
$$(AB)^{-1} = B^{-1}A^{-1} \tag{8.10}$$
が成り立つ．

証明 行列 A, B が逆行列を持つとき，$B^{-1}A^{-1}$ が AB の逆行列であることを示せばよい．乗法の結合法則より，
$$(AB)(B^{-1}A^{-1}) = ((AB)B^{-1})A^{-1}$$
$$= (A(BB^{-1}))A^{-1} = (AE)A^{-1} = AA^{-1} = E.$$
同様に $(B^{-1}A^{-1})(AB) = E$ も成り立つから，$B^{-1}A^{-1}$ は AB の逆行列である．ゆえに，(8.10) は成立する． □

逆行列を持つ行列を**正則行列**という．命題 8.10 より，行列 A が正則行列であることは，$|A| \neq 0$ であることと同値である．

註 8.12 註 8.9 と命題 8.11 より，次の (1), (2) が成り立つことに注意しよう．

(1) 正則行列 A の逆行列 A^{-1} はまた正則行列である．

(2) 正則行列 A, B の積 AB はまた正則行列である．

行列の正則性や逆行列の求め方は，$n \times n$ 行列の場合に一般化される．それらは大学数学の線形代数の内容である．

逆行列の 2 つの応用例を与えよう．

例題 8.13 行列 $A = \begin{pmatrix} 5 & 7 \\ 3 & 4 \end{pmatrix}, B = \begin{pmatrix} 3 & -1 \\ 0 & -2 \end{pmatrix}$ に対して，$AX = B$ を満たす行列 X を求めよ．

解 $|A| = -1$ だから，命題 8.10 より，A の逆行列
$$A^{-1} = \frac{1}{-1}\begin{pmatrix} 4 & -7 \\ -3 & 5 \end{pmatrix} = \begin{pmatrix} -4 & 7 \\ 3 & -5 \end{pmatrix}$$
が存在する．$AX = B$ の両辺に A^{-1} を左からかけると，$A^{-1}(AX) = A^{-1}B$．乗法の結合法則より，左辺は $A^{-1}(AX) = (A^{-1}A)X = EX = X$ だから，
$$X = A^{-1}B = \begin{pmatrix} -4 & 7 \\ 3 & -5 \end{pmatrix}\begin{pmatrix} 3 & -1 \\ 0 & -2 \end{pmatrix} = \begin{pmatrix} -12 & -10 \\ 9 & 7 \end{pmatrix}.$$

例題 8.14 次の連立 1 次方程式を，行列を用いて解け．

$$\begin{cases} 4x - 2y = 4 \\ x + 3y = 15 \end{cases} \tag{8.11}$$

解 $A = \begin{pmatrix} 4 & -2 \\ 1 & 3 \end{pmatrix}, \boldsymbol{x} = \begin{pmatrix} x \\ y \end{pmatrix}, \boldsymbol{b} = \begin{pmatrix} 4 \\ 15 \end{pmatrix}$ とおくと，(8.11) は $A\boldsymbol{x} = \boldsymbol{b}$ と表される．$|A| = 14 \neq 0$ だから，命題 8.10 より A は逆行列

$$A^{-1} = \frac{1}{14} \begin{pmatrix} 3 & 2 \\ -1 & 4 \end{pmatrix} = \begin{pmatrix} 3/14 & 2/14 \\ -1/14 & 4/14 \end{pmatrix}$$

を持つ．$A\boldsymbol{x} = \boldsymbol{b}$ の両辺に，左から A^{-1} をかけると，$A^{-1}(A\boldsymbol{x}) = A^{-1}\boldsymbol{b}$．乗法の結合法則より，$A^{-1}(A\boldsymbol{x}) = (A^{-1}A)\boldsymbol{x} = E\boldsymbol{x} = \boldsymbol{x}$ だから，

$$\boldsymbol{x} = A^{-1}\boldsymbol{b} = \begin{pmatrix} 3/14 & 2/14 \\ -1/14 & 4/14 \end{pmatrix} \begin{pmatrix} 4 \\ 15 \end{pmatrix} = \begin{pmatrix} 3 \\ 4 \end{pmatrix}$$

が成り立つ．ゆえに，$x = 3, y = 4$．

問 4 連立 1 次方程式 $2x - 3y = -4, -4x + y = 1$ を行列を用いて解け．

註 8.15 連立 1 次方程式 $A\boldsymbol{x} = \boldsymbol{y}$ は，$|A| \neq 0$ のとき，ただ 1 組の解を持つ．註 7.10 で説明したように，$|A| = 0$ のときは，解を持たない場合と無限に多くの解を持つ場合がある．この問題については，註 8.56 でもう一度考える．

* * * * * * * * *

演習 8.1.1 例題 8.3 の解では，等式 $2(X + B) = 3A - 2X$ を，

$$X = \frac{1}{4}(3A - 2B) \tag{8.12}$$

に変形した．その際，命題 8.2 の (1)–(7) をどのように使うかを説明せよ．

演習 8.1.2 行列 A, B が交換可能であるためには，$A^2 - B^2 = (A+B)(A-B)$ が成立することが必要十分であることを証明せよ．

演習 8.1.3 行列 $A = \begin{pmatrix} 3 & 2 \\ 4 & 3 \end{pmatrix}$ に対して，$X^2 = A$ を満たす行列 X を求めよ．

演習 8.1.4 行列 A, B が零因子 (すなわち，$A \neq O, B \neq O$ かつ $AB = O$) のとき，A, B は共に正則行列でないことを示せ．

演習 **8.1.5** 任意の行列 A, B と $k \in \mathbb{R}$ に対して，次が成り立つことを示せ．
(1) $|AB| = |A||B|, |kA| = k^2|A|$.
(2) $|A| \neq 0$ のとき，$|A^{-1}| = |A|^{-1}$.

上の (1), (2) の幾何学的な意味を 8.4 節で考える．

演習 **8.1.6** 任意の行列 $A = \begin{pmatrix} a & b \\ c & d \end{pmatrix}$ に対して，

$$A^2 - (a+d)A + (ad-bc)E = O \tag{8.13}$$

が成立することを示せ (この等式をケーリー・ハミルトンの等式という)．これを使って，$a=2, b=-1, c=1, d=2$ のとき，行列 A^2, A^3, A^4 を求めよ．

8.2 写像

「写像・関数・変換」は同じ意味を持つ用語である．これらは習慣によって使い分けられるが，写像がもっとも広い対象に使われる普遍的な用語である．次節の準備として，写像に関する基本的な事項を説明する．

定義 **8.16** 2 つの集合 X, Y が与えられ，集合 X のどの要素 x にも，それぞれ，Y の要素 $f(x)$ が 1 つずつ対応しているとき，この対応 f を **写像** (または，**関数**，**変換**) といい，

$$f: X \longrightarrow Y; x \longmapsto f(x) \tag{8.14}$$

で表す．このとき，集合 X を f の **定義域**，集合 Y を f の **終域**，$f(x)$ を f による x の **像** または **値** という．

註 **8.17** 写像の定義のキー・ポイントは 2 つある．第 1 は，どの $x \in X$ もその像 $f(x)$ を持つこと，第 2 は，どの $x \in X$ に対しても $f(x)$ は一意的に定まることである．また，写像 f を (8.14) の代わりに便宜的に，

$$y = f(x), \quad f(x), \quad X \xrightarrow{f} Y, \quad x \longmapsto f(x)$$

などのように表すこともある．

関数 $f(x) = 2x$ や $f(x) = \sin x$ などは，$\mathbb{R}$ から $\mathbb{R}$ への写像の例である．前節の内容を使った別の例を与えよう．

例 8.18　実数を成分とする 2×2 行列全体の集合を $\mathbb{M}$ で表す．どの行列 $A\in\mathbb{M}$ に対しても，行列式 $|A|$ の値は一意的に定まるから，
$$f:\mathbb{M}\longrightarrow\mathbb{R};A\longmapsto|A|$$
は写像である．一方，$f:\mathbb{M}\longrightarrow\mathbb{M};A\longmapsto A^{-1}$ は写像であるとは言えない．なぜなら，逆行列 A^{-1} を持たない行列 $A\in\mathbb{M}$ が存在するから，註 8.17 で述べた第 1 のルールに反しているからである．正則行列全体からなる $\mathbb{M}$ の部分集合を $\mathbb{GL}$ で表し，
$$f:\mathbb{GL}\longrightarrow\mathbb{GL};A\longmapsto A^{-1}$$
と定めると，f は写像である．

定義 8.19　2 つの写像 $f:X\longrightarrow Y,g:Y\longrightarrow Z$ が与えられたとする．このとき，各 $x\in X$ に対し，まず f による x の像 $f(x)\in Y$ をとり，次に g による $f(x)$ の像 $g(f(x))\in Z$ をとることにより，X から Z への写像が得られる．この写像を，f と g の**合成写像**（または，**合成関数**，**合成変換**）とよび，
$$g\circ f:X\longrightarrow Z;x\longmapsto g(f(x))$$
で表す．記号 $g\circ f$ における f と g の順序に注意しよう．

例 8.20　関数 $h(x)=\sin 2x$ は，関数 $f(x)=2x$ と $g(x)=\sin x$ の合成関数である．すなわち，$h=g\circ f$．

集合 A が集合 X の部分集合であることを $A\subseteq X$ で表す．

定義 8.21　写像 $f:X\longrightarrow Y$ が与えられたとする．このとき，$A\subseteq X$ に対して，Y の部分集合 $f[A]=\{f(x):x\in A\}$ を f による A の**像**という（本書では，X の要素の像を $f(\cdot)$ で，X の部分集合の像を $f[\cdot]$ で表す）．また，$B\subseteq Y$ に対して，X の部分集合 $f^{-1}[B]=\{x\in X:f(x)\in B\}$ を f による B の**逆像**という．

例 8.22　集合 $X=\{1,2,3,4\}$ から集合 $Y=\{a,b,c,d\}$ への写像 $f:X\longrightarrow Y$ を図 8.1 のように定める．このとき，$f[X]=\{b,c,d\}$．また，$A=\{1,2,3\}\subseteq X$ に対して $f[A]=\{b,c\}$，$B=\{a,b\}\subseteq Y$ に対して $f^{-1}[B]=\{1,3\}$ である．

問 5　例 8.22 の写像 f による集合 $A_1=\{1,3\}$，$A_2=\{1,3,4\}$ の像を求めよ．また，f による $B_1=\{a\}$，$B_2=\{b\}$，$B_3=\{a,b,d\}$ の逆像を求めよ．

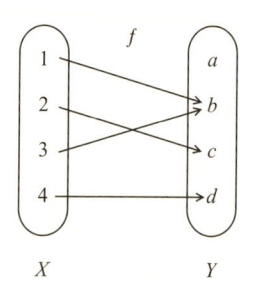

図 8.1 例 8.22 の写像，$f(1) = f(3) = b, f(2) = c, f(4) = d$.

実数 s, t $(s < t)$ に対し，$\mathbb{R}$ の部分集合 $[s,t] = \{x : s \leq x \leq t\}$ を**閉区間**とよぶ．

例 8.23 1 次関数 $f(x) = ax + b$ $(a \neq 0)$ は，$\mathbb{R}$ から $\mathbb{R}$ への写像
$$f : \mathbb{R} \longrightarrow \mathbb{R} ; x \longmapsto ax + b$$
である．$a \neq 0$ だから，$f[\mathbb{R}] = \mathbb{R}$．いま $a = 2, b = 3$ とする．このとき，$A = [0, 1]$ に対して $f[A] = [3, 5]$．逆に，$B = [3, 5]$ に対して $f^{-1}[B] = [0, 1]$．

例 8.24 平面 $\mathbb{R}^2$ から $\mathbb{R}^2$ への写像
$$f : \mathbb{R}^2 \longrightarrow \mathbb{R}^2 ; (x, y) \longmapsto (x, 0).$$
について考えよう．写像 f は $\mathbb{R}^2$ の点を x 軸全体へうつすから，$f[\mathbb{R}^2]$ は x 軸である．すなわち，$f[\mathbb{R}^2] = \{(x, 0) : x \in \mathbb{R}\}$．図 8.2 が示すように，集合
$$A = \{(x, y) : (x - 2)^2 + (y - 2)^2 \leq 1\} \subseteq \mathbb{R}^2$$
に対し，$f[A] = \{(x, 0) : 1 \leq x \leq 3\}$．また，原点 O だけからなる集合
$$B = \{O\} \subseteq \mathbb{R}^2$$
に対し，$f^{-1}[B]$ は y 軸である．すなわち，$f^{-1}[B] = \{(0, y) : y \in \mathbb{R}\}$．

問 6 例 8.24 の写像 $f : \mathbb{R}^2 \longrightarrow \mathbb{R}^2$ と，平面 $\mathbb{R}^2$ 上の直線 $\ell : ax + by + c = 0$ に対して，$f[\ell]$ を求めよ．

定義 8.25 写像 $f : X \longrightarrow Y$ に対して，$f[X] = Y$ が成り立つとき，f は**全射**，または，X から Y の**上への写像**であるという．また，定義域 X の任意の異なる要素が異なる像を持つとき，すなわち，任意の $x, x' \in X$ に対して
$$x \neq x' \Longrightarrow f(x) \neq f(x') \tag{8.15}$$
が成り立つとき，f は**単射**，または，**1 対 1 写像**であるという．さらに，f が

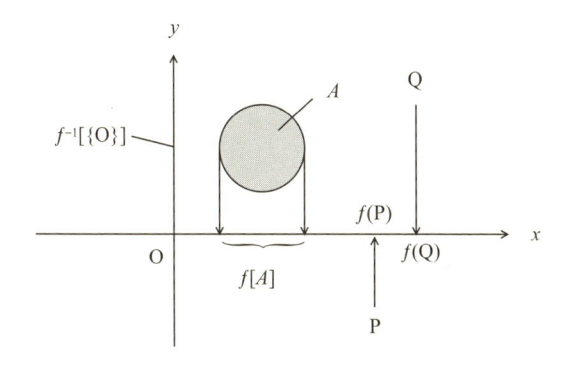

図 8.2 例 8.24 の写像 $f:\mathbb{R}^2 \longrightarrow \mathbb{R}^2$. 定義域 $\mathbb{R}^2$ と終域 $\mathbb{R}^2$ を同じ図に重ねて書いている. 写像 f は点 $P \in \mathbb{R}^2$ を P の真下または真上にある x 軸の点へうつす写像である.

全射であると同時に単射でもあるとき，f は**全単射**であるという．

例 8.26 例 8.22 の写像 $f:X \longrightarrow Y$ は，$f[X] = \{b,c,d\} \neq Y$ だから全射でない．また，$f(1) = f(3)$ だから単射でもない．この写像 $f:X \longrightarrow Y$ の終域を $Y' = \{b,c,d\}$ に変えた写像を $f':X \longrightarrow Y'$ とすると，f' は全射になる．

例 8.27 例 8.23 の 1 次関数 $f:\mathbb{R} \longrightarrow \mathbb{R}$ は全単射である．例 8.24 の写像 $f:\mathbb{R}^2 \longrightarrow \mathbb{R}^2$ は，$f[\mathbb{R}^2] = \{(x,0) : x \in \mathbb{R}\}$ だから全射でない．また，x 座標の等しい点はすべて同じ点にうつされるから単射でもない．

定義 8.28 全単射 $f:X \longrightarrow Y$ が与えられたとする．このとき，各 $y \in Y$ に対し，$f(x) = y$ である $x \in X$ がそれぞれ一意的に定まる．各 $y \in Y$ にこの $x \in X$ を対応させる写像を f の**逆写像**（または，**逆関数**，**逆変換**）といい，
$$f^{-1}:Y \longrightarrow X$$
で表す．簡単に言えば，f の逆写像 f^{-1} とは $f(x)$ に x を対応させる写像のことである．そのイメージを図 8.3 に示す．

註 8.29 「逆写像」は，定義 8.21 で定義した「逆像」とは異なる概念であることに注意しよう．逆像が任意の写像 $f:X \longrightarrow Y$ と Y の任意の部分集合に対して定義される集合であるのに対し，逆写像 f^{-1} は全単射 f に対してだけ定義される写像である．

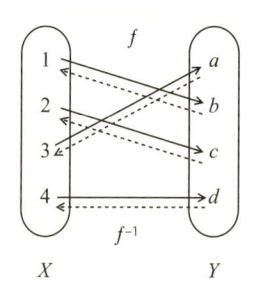

図 **8.3** 全単射 $f\colon X \longrightarrow Y$ (実線の矢印) とその逆写像 $f^{-1}\colon Y \longrightarrow X$ (点線の矢印) のイメージ.

例 8.30 1次関数 $f\colon \mathbb{R} \longrightarrow \mathbb{R}; x \longmapsto ax\ (a \neq 0)$ の逆関数は, $f^{-1}\colon \mathbb{R} \longrightarrow \mathbb{R}; x \longmapsto x/a$ である.

例 8.31 特別な名称を持つ 2 つの写像の例を与えよう.

(1) 集合 X に対して, X の各要素 x に x 自身を対応させる X から X への写像を, X の**恒等写像** (identity) といい,

$$\mathrm{id}_X \colon X \longrightarrow X; x \longmapsto x,$$

または, 単に id で表す. たとえば, $\mathbb{R}$ の恒等写像 $\mathrm{id}_\mathbb{R}$ は 1 次関数 $y = x$ であり, 平面 $\mathbb{R}^2$ の恒等写像 $\mathrm{id}_{\mathbb{R}^2}$ は, 平面上の点をまったく動かさない写像である. 恒等写像は全単射である.

(2) 集合 Y の要素 y_0 を 1 つ固定する. 集合 X の要素をすべて y_0 に対応させる写像 $f\colon X \longrightarrow Y; x \longmapsto y_0$ を**定値写像**とよぶ.

定理 8.32 写像 $f\colon X \longrightarrow Y$ と $g\colon Y \longrightarrow X$ が与えられ, $g \circ f = \mathrm{id}_X$ と $f \circ g = \mathrm{id}_Y$ が成り立つとする. このとき, f は全単射で $g = f^{-1}$ が成立する.

証明 写像 f が全射であることを示すために, 任意の $y \in Y$ をとる. このとき, $f \circ g = \mathrm{id}_Y$ だから,

$$y = \mathrm{id}_Y(y) = (f \circ g)(y) = f(g(y)),$$

すなわち, y は X の要素 $g(y)$ の f による像だから $y \in f[X]$. したがって, $Y \subseteq f[X]$ が成立する. 逆の包含関係 $f[X] \subseteq Y$ はつねに成立しているから, $f[X] = Y$. ゆえに, f は全射である.

次に f が単射であることを示す. 定義 8.25 の条件 (8.15) の対偶, すなわち,

任意の $x, x' \in X$ に対し,
$$f(x) = f(x') \Longrightarrow x = x'$$
が成り立つことを示せばよい．そのために，$f(x) = f(x')$ とする．このとき，$g(f(x)) = g(f(x'))$．いま，$g \circ f = \mathrm{id}_X$ だから，
$$x = (g \circ f)(x) = g(f(x)) = g(f(x')) = (g \circ f)(x') = x'. \tag{8.16}$$
ゆえに，f は単射である．最後に，任意の $x \in X$ に対して，(8.16) の前半より $g(f(x)) = x$ だから，$g = f^{-1}$ が成立する． □

次の系は，定理 8.32 の $X = Y$ の場合である．

系 8.33 写像 $f : X \longrightarrow X$ と $g : X \longrightarrow X$ に対して，$g \circ f = f \circ g = \mathrm{id}_X$ が成り立つとする．このとき，f は全単射で $g = f^{-1}$ が成立する．

問 7 系 8.33 を使って，例 8.18 で定義した写像 $f : \mathbb{GL} \longrightarrow \mathbb{GL}; A \longmapsto A^{-1}$ が全単射で $f = f^{-1}$ であることを示せ．

* * * * * * * * *

演習 8.2.1 写像 $f : X \longrightarrow Y$ と $g : Y \longrightarrow Z$ について，次が成り立つことを示せ．

(1) f と g が共に全射ならば，$g \circ f$ も全射である．
(2) f と g が共に単射ならば，$g \circ f$ も単射である．

演習 8.2.2 平面 $\mathbb{R}^2$ から $\mathbb{R}^2$ への写像で,「全射であるが単射でない」写像の例と,「単射であるが全射でない」写像の例を与えよ．

演習 8.2.3 例 8.24 の写像 $f : \mathbb{R}^2 \longrightarrow \mathbb{R}^2$ と，$\mathbb{R}^2$ 上の直線 $m : ax + by + c = 0$ に対し，$f^{-1}[m]$ を求めよ．

演習 8.2.4 1 次関数 $f : \mathbb{R} \longrightarrow \mathbb{R}; x \longmapsto ax + b \; (a \neq 0)$ の逆関数を求めよ．

8.3　1 次変換

1 次変換の定義と例を与え，その特徴を調べよう．

定義 8.34 写像 $f: \mathbb{R}^2 \longrightarrow \mathbb{R}^2; (x,y) \longmapsto (x',y')$ が, $a,b,c,d \in \mathbb{R}$ を定数として,

$$\begin{cases} x' = ax + by \\ y' = cx + dy \end{cases} \tag{8.17}$$

と表されるとき, f は **1 次変換**であるという. すなわち, 1 次変換とは, f による点 (x,y) の像 (x',y') の座標が, 定数項を持たない x,y の 1 次式で定められる写像 $f: \mathbb{R}^2 \longrightarrow \mathbb{R}^2$ のことである. ただし, a,b,c,d の一部または全部が 0 であってもよい. (8.17) は行列を用いると,

$$\begin{pmatrix} x' \\ y' \end{pmatrix} = \begin{pmatrix} a & b \\ c & d \end{pmatrix} \begin{pmatrix} x \\ y \end{pmatrix} \tag{8.18}$$

と表現される. さらに, $\boldsymbol{y} = \begin{pmatrix} x' \\ y' \end{pmatrix}, A = \begin{pmatrix} a & b \\ c & d \end{pmatrix}, \boldsymbol{x} = \begin{pmatrix} x \\ y \end{pmatrix}$ とおくと, (8.18) は

$$\boldsymbol{y} = A\boldsymbol{x} \tag{8.19}$$

と表される. このとき, A を **1 次変換** f **を表す行列**または f の**表現行列**, f を**行列 A の表す 1 次変換**という.

平面 $\mathbb{R}^2$ において, 点 $\mathrm{P}(x,y)$ とベクトル $\boldsymbol{p} = (x,y)$ は同一視されるから, $\mathbb{R}^2$ を平面上のベクトル全体の集合と考え, 一般に, $\mathbb{R}^2$ から $\mathbb{R}^2$ への写像 f はベクトル $\boldsymbol{x} \in \mathbb{R}^2$ にベクトル $f(\boldsymbol{x}) \in \mathbb{R}^2$ を対応させる写像であると考えることができる. このとき, 行列 A の表す 1 次変換 $f: \mathbb{R}^2 \longrightarrow \mathbb{R}^2$ は, ベクトル $\boldsymbol{x} \in \mathbb{R}^2$ にベクトル $A\boldsymbol{x} \in \mathbb{R}^2$ を対応させる写像である.

例 8.35 次の行列 A_i $(i=1,2,3)$ の表す 1 次変換 f_i について考えよう.

(1) $A_1 = \begin{pmatrix} 1 & 0 \\ 0 & -1 \end{pmatrix}$, (2) $A_2 = \begin{pmatrix} -1 & 0 \\ 0 & 1 \end{pmatrix}$, (3) $A_3 = \begin{pmatrix} 0 & -1 \\ 1 & 0 \end{pmatrix}$.

各 $i=1,2,3$ について, 点 $\mathrm{P}(x,y)$ の f_i による像を求めると,

(1) $\begin{pmatrix} 1 & 0 \\ 0 & -1 \end{pmatrix} \begin{pmatrix} x \\ y \end{pmatrix} = \begin{pmatrix} x \\ -y \end{pmatrix}$ だから, $f_1((x,y)) = (x,-y)$,

(2) $\begin{pmatrix} -1 & 0 \\ 0 & 1 \end{pmatrix} \begin{pmatrix} x \\ y \end{pmatrix} = \begin{pmatrix} -x \\ y \end{pmatrix}$ だから, $f_2((x,y)) = (-x,y)$,

(3) $\begin{pmatrix} 0 & -1 \\ 1 & 0 \end{pmatrix} \begin{pmatrix} x \\ y \end{pmatrix} = \begin{pmatrix} -y \\ x \end{pmatrix}$ だから, $f_3((x,y)) = (-y,x)$.

以上により，1次変換 f_1 は $\mathbb{R}^2$ の各点を x 軸に関して対称な点へうつす写像，f_2 は y 軸に関して対称な点へうつす写像，f_3 は原点 O を中心として $90°$ 回転した点へうつす写像である．図 8.4 参照．

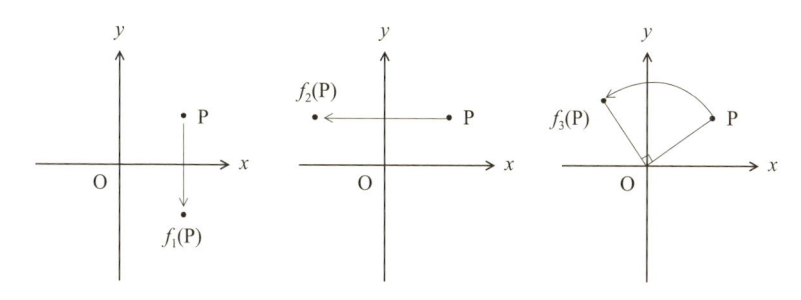

図 8.4 1次変換 $f_i : \mathbb{R}^2 \longrightarrow \mathbb{R}^2$ ($i=1,2,3$).

例 8.36 前節の例 8.24 の写像 $f : \mathbb{R}^2 \longrightarrow \mathbb{R}^2 ; (x,y) \longmapsto (x,0)$ は，
$$\begin{pmatrix} x' \\ y' \end{pmatrix} = \begin{pmatrix} 1 & 0 \\ 0 & 0 \end{pmatrix} \begin{pmatrix} x \\ y \end{pmatrix}$$
と表されるから 1次変換である．この 1次変換 f は平面 $\mathbb{R}^2$ 全体を x 軸にうつす．

例 8.37 単位行列 E の表す 1次変換は，平面 $\mathbb{R}^2$ の恒等写像 $\mathrm{id}_{\mathbb{R}^2}$ である．また，零行列 O の表す 1次変換は，平面 $\mathbb{R}^2$ のすべての点を原点 O へうつす定値写像である．

問 8 平面 $\mathbb{R}^2$ の点を原点 O に関して対称な点へうつす写像と，直線 $y=x$ に関して対称な点へうつす写像を，定義 8.34 の (8.18) の形で表せ．

本節では，すべての 1次変換に共通する性質について調べよう．

命題 8.38 1次変換 $f : \mathbb{R}^2 \longrightarrow \mathbb{R}^2$ は原点 O を原点 O にうつす．すなわち，$f(\mathrm{O}) = \mathrm{O}$.

証明 定義 8.34 の (8.17) において，$(x,y) = (0,0)$ のとき $x' = y' = 0$ だから，$f(\mathrm{O}) = \mathrm{O}$ が成立する． □

命題 8.39 行列 A の表す 1 次変換 $f:\mathbb{R}^2 \longrightarrow \mathbb{R}^2$ と，行列 B の表す 1 次変換 $g:\mathbb{R}^2 \longrightarrow \mathbb{R}^2$ の合成写像 $g \circ f$ は，行列 BA の表す 1 次変換である．

証明 $\mathbb{R}^2$ の点をベクトルと考えると，任意の $\boldsymbol{x} \in \mathbb{R}^2$ に対し，命題 8.5 より，
$$(g \circ f)(\boldsymbol{x}) = g(f(\boldsymbol{x})) = B(A\boldsymbol{x}) = (BA)\boldsymbol{x}.$$
ゆえに，$g \circ f$ は行列 BA の表す 1 次変換である． □

註 8.40 行列の積に関する交換法則は成立しない（例 8.6 参照）．したがって，1 次変換 f, g の合成に関しても，一般に交換法則 $g \circ f = f \circ g$ は成立しないことに注意しよう．

問 9 例 8.35 で与えた 1 次変換 f_i $(i=1,2,3)$ について，$f_1 \circ f_3 \neq f_3 \circ f_1$ であることを示せ．また，$f_1 \circ f_2 = f_2 \circ f_1 = f_3 \circ f_3$ が成り立つことを示し，その幾何学的な意味を考えよ．

次の定理の条件 (1), (2) の性質を写像 f の**線形性**という．線形性は 1 次変換を特徴付ける重要な性質である．

定理 8.41（**1 次変換の線形性**） 写像 $f:\mathbb{R}^2 \longrightarrow \mathbb{R}^2$ が 1 次変換であるためには，次の条件 (1), (2) を満たすことが必要十分である．

(1) 任意の $\boldsymbol{x} \in \mathbb{R}^2$ と $k \in \mathbb{R}$ に対し，$f(k\boldsymbol{x}) = kf(\boldsymbol{x})$,
(2) 任意の $\boldsymbol{x}_1, \boldsymbol{x}_2 \in \mathbb{R}^2$ に対し，$f(\boldsymbol{x}_1 + \boldsymbol{x}_2) = f(\boldsymbol{x}_1) + f(\boldsymbol{x}_2)$.

証明 本定理の主張は「f は 1 次変換 $\iff$ f は (1), (2) を満たす」と表されるから，($\Longrightarrow$) と ($\Longleftarrow$) の両方を示す必要がある．

($\Longrightarrow$)：写像 f を 1 次変換とし，f を表す行列を A とする．このとき，任意の $\boldsymbol{x} \in \mathbb{R}^2$ と $k \in \mathbb{R}$ に対し，命題 8.5 (6) より，
$$f(k\boldsymbol{x}) = A(k\boldsymbol{x}) = k(A\boldsymbol{x}) = kf(\boldsymbol{x}).$$
また，任意の $\boldsymbol{x}_1, \boldsymbol{x}_2 \in \mathbb{R}^2$ に対し，命題 8.5 (4) より，
$$f(\boldsymbol{x}_1 + \boldsymbol{x}_1) = A(\boldsymbol{x}_1 + \boldsymbol{x}_2) = A\boldsymbol{x}_1 + A\boldsymbol{x}_2 = f(\boldsymbol{x}_1) + f(\boldsymbol{x}_2).$$
ゆえに，f は (1), (2) を満たす．

($\Longleftarrow$)：写像 f は (1), (2) を満たすとする．また，基本ベクトル $\boldsymbol{e}_1 = (1,0)$, $\boldsymbol{e}_2 = (0,1) \in \mathbb{R}^2$ に対し，$f(\boldsymbol{e}_1) = (a,c), f(\boldsymbol{e}_2) = (b,d)$ とする．このとき，f は

行列 $A = \begin{pmatrix} a & b \\ c & d \end{pmatrix}$ の表す 1 次変換であることを示そう．任意の $\boldsymbol{x} = (x, y) \in \mathbb{R}^2$ をとると，$\boldsymbol{x} = (x, 0) + (0, y) = x\boldsymbol{e}_1 + y\boldsymbol{e}_2$ と表されるから，(1), (2) より，
$$f(\boldsymbol{x}) = f(x\boldsymbol{e}_1 + y\boldsymbol{e}_2) = f(x\boldsymbol{e}_1) + f(y\boldsymbol{e}_2) = xf(\boldsymbol{e}_1) + yf(\boldsymbol{e}_2).$$
したがって，$f(\boldsymbol{x}) = (x', y')$ とおくと，
$$\begin{pmatrix} x' \\ y' \end{pmatrix} = x \begin{pmatrix} a \\ c \end{pmatrix} + y \begin{pmatrix} b \\ d \end{pmatrix} = \begin{pmatrix} ax + by \\ cx + dy \end{pmatrix} = \begin{pmatrix} a & b \\ c & d \end{pmatrix} \begin{pmatrix} x \\ y \end{pmatrix}.$$
ゆえに，f は行列 A の表す 1 次変換である． □

註 8.42 (キー・ポイント) 1 次変換 $f : \mathbb{R}^2 \longrightarrow \mathbb{R}^2$ を表す行列 A は，基本ベクトル $\boldsymbol{e}_1 = (1, 0), \boldsymbol{e}_2 = (0, 1)$ の像によって決定される．すなわち，
$$f(\boldsymbol{e}_1) = \begin{pmatrix} a \\ c \end{pmatrix},\ f(\boldsymbol{e}_2) = \begin{pmatrix} b \\ d \end{pmatrix}\ \text{のとき，}\ A = \begin{pmatrix} a & b \\ c & d \end{pmatrix}$$
が成り立つ．

1 次変換の線形性の応用例を与えよう．

例題 8.43 1 次変換 $f : \mathbb{R}^2 \longrightarrow \mathbb{R}^2$ と基本ベクトル $\boldsymbol{e}_1 = (1, 0), \boldsymbol{e}_2 = (0, 1)$ に対して，$\boldsymbol{v}_1 = f(\boldsymbol{e}_1) \neq \boldsymbol{0}, \boldsymbol{v}_2 = f(\boldsymbol{e}_2) \neq \boldsymbol{0}$ かつ $\boldsymbol{v}_1$ と $\boldsymbol{v}_2$ は平行でないとする．このとき，$\boldsymbol{e}_1, \boldsymbol{e}_2$ を 2 辺とする正方形 S は，f によって $\boldsymbol{v}_1, \boldsymbol{v}_2$ を 2 辺とする平行四辺形 T にうつされることを示せ (図 8.5 を参照)．

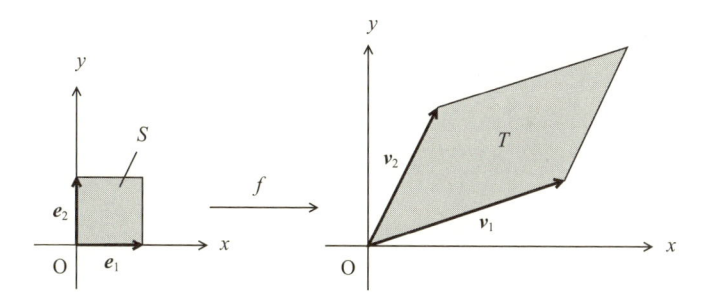

図 8.5 ベクトル $\boldsymbol{v}_1 = f(\boldsymbol{e}_1) \neq \boldsymbol{0}, \boldsymbol{v}_2 = f(\boldsymbol{e}_2) \neq \boldsymbol{0}$ が平行でないとき，1 次変換 f によって，正方形 S は平行四辺形 T へうつされる．すなわち，$f[S] = T$.

証明 任意の点 $(x,y) \in \mathbb{R}^2$ に対して $(x,y) = x\boldsymbol{e}_1 + y\boldsymbol{e}_2$ だから,
$$S = \{x\boldsymbol{e}_1 + y\boldsymbol{e}_2 : 0 \leq x \leq 1, 0 \leq y \leq 1\}$$
と表される.このとき,各 $\boldsymbol{p} = x\boldsymbol{e}_1 + y\boldsymbol{e}_2 \in S$ に対し,f の線形性より,
$$f(\boldsymbol{p}) = f(x\boldsymbol{e}_1 + y\boldsymbol{e}_2) = xf(\boldsymbol{e}_1) + yf(\boldsymbol{e}_2) = x\boldsymbol{v}_1 + y\boldsymbol{v}_2.$$
ゆえに,$f[S] = \{x\boldsymbol{v}_1 + y\boldsymbol{v}_2 : 0 \leq x \leq 1, 0 \leq y \leq 1\} = T$. □

問 10 例題 8.43 において,$\boldsymbol{v}_1 = (3,1), \boldsymbol{v}_2 = (1,2)$ のとき,1 次変換 f を表す行列と,f による点 $P_1(2/3, 0), P_2(4/5, 3/5) \in S$ の像を求めよ.

例題 8.44 1 次変換 $f: \mathbb{R}^2 \longrightarrow \mathbb{R}^2$ と,$\mathbb{R}^2$ 上の線分 AB を $m:n$ の比に内分 (外分) する点 P が与えられたとする.このとき,$f(P)$ は線分 $f(A)f(B)$ を $m:n$ に内分 (外分) することを示せ.

証明 内分点の場合を証明する.$\boldsymbol{a} = \overrightarrow{OA}, \boldsymbol{b} = \overrightarrow{OB}, \boldsymbol{p} = \overrightarrow{OP}$ とすると,
$$\boldsymbol{p} = \frac{n\boldsymbol{a} + m\boldsymbol{b}}{m+n} = \frac{n}{m+n}\boldsymbol{a} + \frac{m}{m+n}\boldsymbol{b}$$
である.したがって,f の線形性より,
$$f(\boldsymbol{p}) = f\left(\frac{n}{m+n}\boldsymbol{a} + \frac{m}{m+n}\boldsymbol{b}\right)$$
$$= \frac{n}{m+n}f(\boldsymbol{a}) + \frac{m}{m+n}f(\boldsymbol{b}) = \frac{nf(\boldsymbol{a}) + mf(\boldsymbol{b})}{m+n}$$
が成り立つ.このとき,$f(\boldsymbol{p}) = \overrightarrow{Of(P)}, f(\boldsymbol{a}) = \overrightarrow{Of(A)}, f(\boldsymbol{b}) = \overrightarrow{Of(B)}$ だから,$f(P)$ は線分 $f(A)f(B)$ を $m:n$ に内分する点である. □

命題 8.45 1 次変換 $f: \mathbb{R}^2 \longrightarrow \mathbb{R}^2$ による $\mathbb{R}^2$ 上の直線 ℓ の像 $f[\ell]$ は,直線または 1 点集合 (=1 点だけからなる集合) である.

証明 直線 ℓ 上の点 A をとり,$\boldsymbol{a} = \overrightarrow{OA}$ とおき,ℓ の方向ベクトルを $\boldsymbol{d} \neq \boldsymbol{0}$ とすると,ℓ はベクトル方程式
$$\boldsymbol{p} = \boldsymbol{a} + t\boldsymbol{d} \quad (t \in \mathbb{R})$$
で表される.このとき,f の線形性より,
$$f(\boldsymbol{p}) = f(\boldsymbol{a} + t\boldsymbol{d}) = f(\boldsymbol{a}) + tf(\boldsymbol{d}) \quad (t \in \mathbb{R}). \tag{8.20}$$
点 $\boldsymbol{p} = \overrightarrow{OP}$ が ℓ 上を動くとき,$f(\boldsymbol{p}) = \overrightarrow{Of(P)}$ は $f[\ell]$ 上を動くから,(8.20) は $f[\ell]$ のベクトル方程式である.ここで,2 つの場合が考えられる.$f(\boldsymbol{d}) \neq \boldsymbol{0}$ の

とき，(8.20) は点 $f(A)$ を通り，方向ベクトル $f(\boldsymbol{d})$ の直線のベクトル方程式である．ゆえに，$f[\ell]$ は直線である．一方，$f(\boldsymbol{d}) = \boldsymbol{0}$ のとき，(8.20) は $f(\boldsymbol{p}) = f(\boldsymbol{a})$ だから，$f[\ell] = \{f(A)\}$．ゆえに，$f[\ell]$ は1点集合である． □

命題 8.46 1次変換 $f: \mathbb{R}^2 \longrightarrow \mathbb{R}^2$ と，平面 $\mathbb{R}^2$ 上の平行な2直線 ℓ, ℓ' に対し，次の (1), (2) が成立する．

(1) $f[\ell]$ が直線ならば，$f[\ell']$ も直線で $f[\ell] \mathbin{/\mkern-5mu/} f[\ell']$．
(2) $f[\ell]$ が1点集合ならば，$f[\ell']$ も1点集合である．

証明 2直線 ℓ, ℓ' は平行だから，同じ方向ベクトル $\boldsymbol{d} \neq \boldsymbol{0}$ を持つベクトル方程式によって，それぞれ，

$$\ell: \boldsymbol{p} = \boldsymbol{a} + t\boldsymbol{d}, \quad \ell': \boldsymbol{p}' = \boldsymbol{a}' + t\boldsymbol{d} \quad (t \in \mathbb{R})$$

と表される．このとき，f の線形性より，

$$f[\ell]: f(\boldsymbol{p}) = f(\boldsymbol{a}) + tf(\boldsymbol{d}) \quad (t \in \mathbb{R}),$$
$$f[\ell']: f(\boldsymbol{p}') = f(\boldsymbol{a}') + tf(\boldsymbol{d}) \quad (t \in \mathbb{R}).$$

ゆえに，$f[\ell]$ と $f[\ell']$ は共通の方向ベクトル $f(\boldsymbol{d})$ を持つ．結果として，もし $f[\ell]$ が直線ならば $f(\boldsymbol{d}) \neq \boldsymbol{0}$ だから，そのとき $f[\ell']$ も直線で $f[\ell] \mathbin{/\mkern-5mu/} f[\ell']$．また，$f[\ell]$ が1点集合ならば $f(\boldsymbol{d}) = \boldsymbol{0}$ だから，$f[\ell']$ も1点集合である． □

最後に，原点 O を中心とする回転は1次変換であることを示そう．角度は中心から見て反時計まわりを正方向とする．

例 8.47 平面 $\mathbb{R}^2$ の各点を，原点 O を中心として角度 θ だけ回転した点にうつす写像を，$\rho_\theta: \mathbb{R}^2 \longrightarrow \mathbb{R}^2$ で表す (ギリシャ文字 ρ は「ロー」と読む)．明らかに，$\rho_\theta(O) = O$．原点 O と異なる任意の点 $P(x, y) \in \mathbb{R}^2$ に対して，線分 OP が x 軸正方向となす角を α，$OP = r$ とすると，

$$(x, y) = (r\cos\alpha, r\sin\alpha)$$

と表される (図 8.6 参照)．このとき，$\rho_\theta(P) = (x', y')$ とすると，

$$(x', y') = (r\cos(\alpha + \theta), r\sin(\alpha + \theta))$$

である．したがって，三角関数の加法定理より，

$$\begin{cases} x' = r\cos\alpha\cos\theta - r\sin\alpha\sin\theta = x\cos\theta - y\sin\theta \\ y' = r\sin\alpha\cos\theta + r\cos\alpha\sin\theta = x\sin\theta + y\cos\theta \end{cases} \tag{8.21}$$

が成り立つ．ゆえに，写像 $\rho_\theta: \mathbb{R}^2 \longrightarrow \mathbb{R}^2$ は，行列
$$R_\theta = \begin{pmatrix} \cos\theta & -\sin\theta \\ \sin\theta & \cos\theta \end{pmatrix} \tag{8.22}$$
の表す 1 次変換である．1 次変換 ρ_θ を**原点を中心とする回転角 θ の回転**という．等式 $|R_\theta|=1, R_\theta^{-1} = R_{-\theta}$ が成立することに注意しよう．

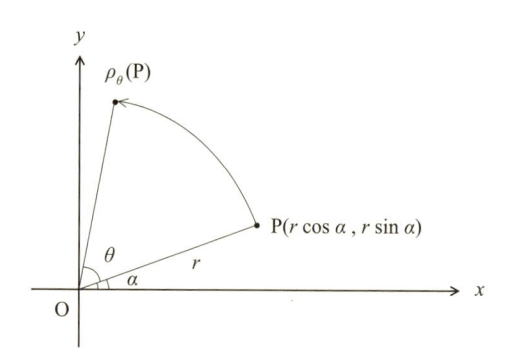

図 8.6 原点 O を中心とする回転角 θ の回転．

問 11 点 $P(3,1)$ を，原点を中心として $120°$ 回転した点の座標を求めよ．

* * * * * * * * *

演習 8.3.1 1 次変換 f に対し，f を表す行列は一意的に定まることを示せ．

演習 8.3.2 次の 1 次変換 f, h に対し，$g \circ f = h$ である 1 次変換 g を求めよ．
$$f: \begin{pmatrix} x \\ y \end{pmatrix} \longmapsto \begin{pmatrix} 0 & -2 \\ 1 & 0 \end{pmatrix} \begin{pmatrix} x \\ y \end{pmatrix}, \quad h: \begin{pmatrix} x \\ y \end{pmatrix} \longmapsto \begin{pmatrix} 3 & 0 \\ -1 & 4 \end{pmatrix} \begin{pmatrix} x \\ y \end{pmatrix}.$$

演習 8.3.3 1 次変換 $f: \mathbb{R}^2 \longrightarrow \mathbb{R}^2$ によって，点 $O, P_1(1,0), P_2(0,1), P_3(1,1)$ を 4 頂点とする正方形 S は，点 $O, P_1(1,0), P_3(1,1), P_4(2,1)$ を 4 頂点とする平行四辺形 T にうつされる．このとき，f を表す行列を求めよ．

演習 8.3.4 1 次変換 $f: \mathbb{R}^2 \longrightarrow \mathbb{R}^2$ によって，$\triangle ABC$ が $\triangle f(A)f(B)f(C)$ にうつされたとする．このとき，$\triangle ABC$ の重心 G は $\triangle f(A)f(B)f(C)$ の重心にうつされることを示せ．

演習 8.3.5　三角形の内心，外心，垂心，傍心についても，演習 8.3.4 と同じ主張が成立するか調べよ．

8.4　1次変換と表現行列の正則性

行列 A の表す 1 次変換 f による点の対応の仕方は，A が正則であるか否かによって大別される．例 8.36 では，平面 $\mathbb{R}^2$ 全体を直線にうつす 1 次変換の例を与えた．これは，正則でない行列 $A \neq O$ の表す 1 次変換の特徴である．

命題 8.48　正則でない行列 $A \neq O$ の表す 1 次変換 $f: \mathbb{R}^2 \longrightarrow \mathbb{R}^2$ に対して，次の (1), (2) が成立する．

(1) $f[\mathbb{R}^2]$ は直線である．
(2) 任意の点 $Q \in f[\mathbb{R}^2]$ に対し，$f^{-1}[\{Q\}]$ は直線である．

証明　$A = \begin{pmatrix} a & b \\ c & d \end{pmatrix}$ とすると，A は正則でないから，$|A| = ad - bc = 0$．いま，$a \neq 0$ のときを示す．その他の場合も同様である．このとき，$k = b/a$ とおくと $b = ka$．また，$ad = bc$ だから，$d = bc/a = kc$．結果として，$A = \begin{pmatrix} a & ka \\ c & kc \end{pmatrix}$ である．したがって，基本ベクトル $e_1 = (1,0), e_2 = (0,1)$ に対し，

$$f(e_1) = A\begin{pmatrix} 1 \\ 0 \end{pmatrix} = \begin{pmatrix} a \\ c \end{pmatrix} \neq \mathbf{0},$$

$$f(e_2) = A\begin{pmatrix} 0 \\ 1 \end{pmatrix} = \begin{pmatrix} ka \\ kc \end{pmatrix} = kf(e_1).$$

いま $d = f(e_1)$ とおくと，$d \neq \mathbf{0}$ かつ $f(e_2) = kd$．任意の点 $P(x,y) \in \mathbb{R}^2$ をとり，$p = \overrightarrow{OP}$ とおくと，$p = xe_1 + ye_2$ だから，f の線形性より，

$$f(p) = f(xe_1 + ye_2) = xf(e_1) + yf(e_2) = (x + ky)d. \tag{8.23}$$

(1) 原点 O を通り方向ベクトル d の直線を ℓ とする．このとき (8.23) は，$f(P)$ が直線 ℓ 上の点であることと，点 $P(x,y)$ が平面 $\mathbb{R}^2$ 全体を動くとき，$f(P)$ が ℓ 全体を動くことを示している．結果として，$f[\mathbb{R}^2] = \ell$．ゆえに，(1) が示された．

(2) 任意の点 $Q \in f[\mathbb{R}^2] = \ell$ をとり，$q = \overrightarrow{OQ}$ とおくと，ℓ の定義より

$$\boldsymbol{q} = t\boldsymbol{d} \tag{8.24}$$

を満たす実数 t が存在する．このとき，(8.23), (8.24) より
$$\mathrm{P} \in f^{-1}[\{\mathrm{Q}\}] \iff f(\mathrm{P}) = \mathrm{Q} \iff f(\boldsymbol{p}) = \boldsymbol{q} \iff x + ky = t.$$
したがって，方程式 $x + ky - t = 0$ の表す直線を m_Q とおくと，$f^{-1}[\{\mathrm{Q}\}] = m_\mathrm{Q}$ が成り立つ．ゆえに，(2) が示された． □

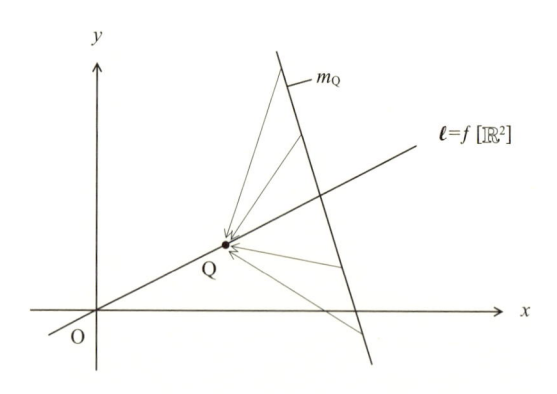

図 8.7　正則でない行列 $A \neq O$ が表す 1 次変換 f のイメージ．命題 8.48 より，平面 $\mathbb{R}^2$ は直線 ℓ にうつされる．また，任意の点 $\mathrm{Q} \in \ell$ に対し，直線 $m_\mathrm{Q} = f^{-1}[\{\mathrm{Q}\}]$ 上の点がすべて点 Q にうつされる．

問 12　行列 $A = \begin{pmatrix} 6 & 3 \\ 4 & 2 \end{pmatrix}$ の表す 1 次変換 $f : \mathbb{R}^2 \longrightarrow \mathbb{R}^2$ に対して，$f[\mathbb{R}^2] = \ell$, $f^{-1}[\{\mathrm{O}\}] = m$ である直線 ℓ, m の方程式を求めよ．

問 13　行列 $A = O$ の表す 1 次変換 $f : \mathbb{R}^2 \longrightarrow \mathbb{R}^2$ に対して，$f[\mathbb{R}^2]$ と $f^{-1}[\{\mathrm{O}\}]$ を求めよ．

一方，正則行列の表す 1 次変換 $f : \mathbb{R}^2 \longrightarrow \mathbb{R}^2$ の特徴は，平面 $\mathbb{R}^2$ を $\mathbb{R}^2$ 全体に 1 対 1 にうつすことである．

定理 8.49　行列 A の表す 1 次変換 $f : \mathbb{R}^2 \longrightarrow \mathbb{R}^2$ に対して，次の条件 (1)–(3) は同値である．

(1) A は正則である，すなわち，$|A| \neq 0$.
(2) f は全単射である．

(3) $f^{-1}[\{O\}] = \{O\}$.

証明 $(1) \Longrightarrow (2) \Longrightarrow (3) \Longrightarrow (1)$ の順に示す.

$(1) \Longrightarrow (2)$：$|A| \neq 0$ であるとする．このとき，命題 8.10 より，A の逆行列 A^{-1} が存在する．すなわち，
$$AA^{-1} = A^{-1}A = E. \tag{8.25}$$
行列 A^{-1} の表す 1 次変換を $g: \mathbb{R}^2 \longrightarrow \mathbb{R}^2$ とする．単位行列 E は $\mathbb{R}^2$ の恒等写像 $\mathrm{id}_{\mathbb{R}^2}$ を表すから，命題 8.39 より，(8.25) は
$$f \circ g = g \circ f = \mathrm{id}_{\mathbb{R}^2}$$
が成り立つことを意味する．ゆえに，系 8.33 より f は全単射で $g = f^{-1}$.

$(2) \Longrightarrow (3)$：f は全単射であるとする．命題 8.38 より $f(O) = O$ だから，$f^{-1}[\{O\}] \supseteq \{O\}$. したがって，もし $f^{-1}[\{O\}] \neq \{O\}$ ならば，$P \in f^{-1}[\{O\}]$ かつ $P \neq O$ である点 P が存在する．このとき，$f(P) = O = f(O)$ だから，f が単射であることに矛盾する．ゆえに，(3) が成立する．

$(3) \Longrightarrow (1)$：もし A が正則でなければ，命題 8.48 より $f^{-1}[\{O\}]$ は直線である．これは (3) に矛盾する．ゆえに，A は正則である． □

定理 8.49 の証明より，次の系が得られる．

系 8.50 正則行列 A の表す 1 次変換 f は逆写像 f^{-1} を持つ．また，f^{-1} は A の逆行列 A^{-1} の表す 1 次変換である．

系 8.51 正則行列の表す 1 次変換 f は直線を直線にうつし，平行な 2 直線を平行な 2 直線にうつす．

証明 命題 8.45 より，f による直線の像は直線または 1 点集合である．定理 8.49 より f は全単射だから，直線の像が 1 点集合になることはない．ゆえに，最初の主張が成立する．また，命題 8.46 より，後半の主張が導かれる． □

例題 8.52 正則行列 $A = \begin{pmatrix} 3 & 1 \\ 1 & 2 \end{pmatrix}$ の表す 1 次変換 $f: \mathbb{R}^2 \longrightarrow \mathbb{R}^2$ による，定義域 $\mathbb{R}^2$ の直線 $\ell: 3x + 2y - 6 = 0$ の像と，終域 $\mathbb{R}^2$ の直線 $m: 4x - 7y + 15 = 0$ の逆像を求めよ．

解 最初に $f((x,y))=(x',y')$ とおくと,

$$\begin{cases} x'=3x+y, \\ y'=x+2y. \end{cases} \quad (8.26)$$

(8.26) を x,y について解くと,

$$x=\frac{1}{5}(2x'-y'), \quad y=-\frac{1}{5}(x'-3y'). \quad (8.27)$$

直線 ℓ の像を求めるために, $(x,y)\in\ell$ とすると, (8.27) より

$$\frac{3}{5}(2x'-y')-\frac{2}{5}(x'-3y')-6=0$$

(方程式 $\ell:3x+2y-6=0$ に (8.27) を代入した). これが, 点 $(x,y)\in\ell$ の f による像 (x',y') の満たす関係式である. 左辺を整理して, x',y' をそれぞれ x,y に置き換えると, $f[\ell]:4x+3y-30=0$.

直線 m の逆像を求めるために, $(x',y')\in m$ とすると, (8.26) より

$$4(3x+y)-7(x+2y)+15=0$$

(方程式 $m:4x'-7y'+15=0$ に (8.26) を代入した). これが, $f((x,y))=(x',y')\in m$ である (x,y) の満たす関係式である. これを整理すると, $f^{-1}[m]:x-2y+3=0$.

註 8.53 (キー・ポイント) 例題 8.52 は, 写像 $f:\mathbb{R}^2\longrightarrow\mathbb{R}^2$ が与えられたとき, 方程式 $F(x,y)=0$ の表す図形 C の f による像 $f[C]$ と逆像 $f^{-1}[C]$ の方程式を求める定石的な方法を示している. それをまとめておこう. 最初に, $f((x,y))=(x',y')$ とおき, (i) x',y' を x,y で表し, (ii) x,y を x',y' で表す.

- $f[C]$ の方程式を求め方: $(x,y)\in C$ としたときの (x',y') の関係式を求めて (すなわち, $F(x,y)=0$ に (ii) を代入), x',y' を x,y で置き換える.
- $f^{-1}[C]$ の方程式を求め方: $(x',y')\in C$ としたときの (x,y) の関係式を求める (すなわち, $F(x',y')=0$ に (i) を代入).

なお, 記号 x',y' の代わりに記号 X,Y もよく使われる.

例題 8.54 例題 8.52 の 1 次変換 $f:\mathbb{R}^2\longrightarrow\mathbb{R}^2$ による次の直線の像を求めよ.

(1) $\ell_k:x=k$ (k は整数),

(2) $m_k:y=k$ (k は整数).

解 図 8.8 を見よ.

(1) 直線 ℓ_k の像を求めるために,$(x,y) \in \ell_k$ とすると,(8.27) より
$$\frac{1}{5}(2x' - y') = k.$$
次に,x', y' をそれぞれ x, y に置き換えると,$f[\ell_k] : 2x - y - 5k = 0$.

(2) 直線 m_k の像を求めるために,$(x,y) \in m_k$ とすると,(8.27) より
$$-\frac{1}{5}(x' - 3y') = k.$$
次に,x', y' をそれぞれ x, y に置き換えると,$f[m_k] : x - 3y + 5k = 0$.

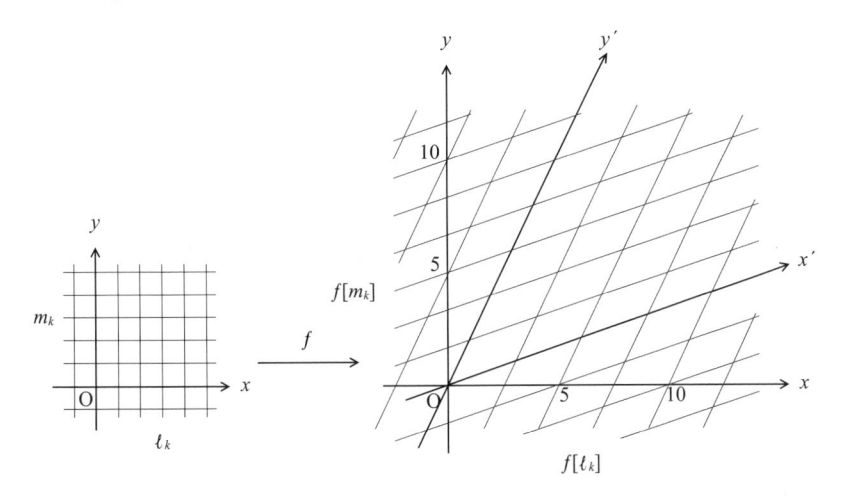

図 8.8 例題 8.54. 正則行列 A が表す 1 次変換 f のイメージ. 平面 $\mathbb{R}^2$ が $\mathbb{R}^2$ 全体に規則正しくうつされる. 例題 8.52 の直線 $\ell, f[\ell], m, f^{-1}[m]$ を上図に書き入れてみよう.

例題 8.55 例題 8.52 の 1 次変換 $f : \mathbb{R}^2 \longrightarrow \mathbb{R}^2$ と直線 $\ell : ax - y = 0$ に対して,$f[\ell] = \ell$ が成り立つとする. このとき,a の値を求めよ.

解 $f[\ell]$ の方程式を求めるために,$(x,y) \in \ell$ とすると,(8.27) より
$$\frac{a}{5}(2x' - y') + \frac{1}{5}(x' - 3y') = 0.$$
これを整理して,x', y' をそれぞれ x, y に置き換えると,
$$f[\ell] : (2a+1)x - (a+3)y = 0.$$

命題 7.11 より，$f[\ell]=\ell$ であるためには，$-(2a+1)+a(a+3)=0$ であることが必要十分．ゆえに $a^2+a-1=0$．これを解くと，$a=(-1\pm\sqrt{5})/2$．

問 14 行列 $A=\begin{pmatrix} 2 & -1 \\ 1 & -3 \end{pmatrix}$ の表す 1 次変換 $f:\mathbb{R}^2\longrightarrow\mathbb{R}^2$ に対して，f による直線 $\ell:x-2y+2=0$ の像と，直線 $m:x-2y-5=0$ の逆像を求めよ．

註 8.56 x,y に関する連立 1 次方程式

$$\begin{cases} ax+by=s \\ cx+dy=t \end{cases} \tag{8.28}$$

は，$A=\begin{pmatrix} a & b \\ c & d \end{pmatrix}, \boldsymbol{x}=\begin{pmatrix} x \\ y \end{pmatrix}, \boldsymbol{b}=\begin{pmatrix} s \\ t \end{pmatrix}$ とおくと，$A\boldsymbol{x}=\boldsymbol{b}$ と表される．行列 A の表す 1 次変換を $f:\mathbb{R}^2\longrightarrow\mathbb{R}^2$ とすると，連立方程式 (8.28) の解を求めることは，$f(\boldsymbol{x})=\boldsymbol{b}$ となる $\boldsymbol{x}$ を求めることに他ならない．

行列 A が正則のとき，定理 8.49 より f は全単射だから，任意の $\boldsymbol{b}=(s,t)$ に対して，$f(\boldsymbol{x})=\boldsymbol{b}$ である $\boldsymbol{x}$ はただ 1 つ定まる．したがって，連立方程式 (8.28) は任意の s,t に対して，ただ 1 組の解を持つ．

一方，$A\ne O$ かつ A が正則でないとき，命題 8.48 より平面 $\mathbb{R}^2$ は f によってある直線 ℓ にうつされる．したがって，点 $\boldsymbol{b}=(s,t)$ が ℓ 上の点でないときは，$f(\boldsymbol{x})=\boldsymbol{b}$ である $\boldsymbol{x}$ は存在しないから，連立方程式 (8.28) の解は存在しない．また，点 $\boldsymbol{b}=(s,t)$ が ℓ 上の点のとき，命題 8.48 より $f^{-1}[\{\boldsymbol{b}\}]$ は直線だから，その直線上のすべての $\boldsymbol{x}$ が $f(\boldsymbol{x})=\boldsymbol{b}$ を満たす．したがって，連立方程式 (8.28) は無限に多くの解を持つ．

最後に，行列 A の表す 1 次変換 f における，行列式 $|A|$ の値の幾何学的な意味について考えよう．

定義 8.57 正則行列の表す 1 次変換 $f:\mathbb{R}^2\longrightarrow\mathbb{R}^2$ によって，n 角形 S が n 角形 T にうつされたとする．点 P が S の辺上を正方向に一周するとき，$f(\mathrm{P})$ も T の辺上を同じ方向に一周するならば，S と T は**同じ向き**であるといい，逆に $f(\mathrm{P})$ が T の辺上を反対の方向に一周するならば，S と T は**逆の向き**であるという．簡単に言えば，S と T が逆の向きであるとは，S が裏返しに T にうつされていることである．

8.4. 1次変換と表現行列の正則性

一般に，平面図形 U の面積を $\mu(U)$ で表す．

補題 8.58 正則行列 A の表す 1 次変換 $f: \mathbb{R}^2 \longrightarrow \mathbb{R}^2$ と，$e_1 = (1,0), e_2 = (0,1)$ を 2 辺とする正方形 S に対して，$T = f[S]$ とおく．このとき，

$$|A| = \begin{cases} \mu(T) & (S \text{ と } T \text{ が同じ向きのとき}) \\ -\mu(T) & (S \text{ と } T \text{ が逆の向きのとき}) \end{cases} \tag{8.29}$$

が成立する．

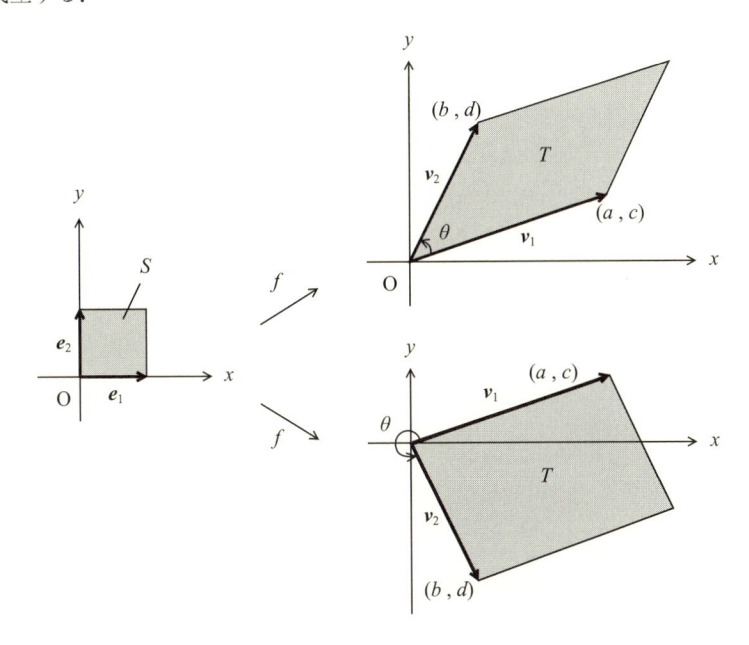

図 **8.9** 正方形 S と平行四辺形 $T = f[S]$ が (i) 同じ向きの場合と，(ii) 逆の向きの場合．行列式 $|A|$ の値は，向き (裏表) の区別付きの T の面積であると考えられる．

証明 最初に，$A = \begin{pmatrix} a & b \\ c & d \end{pmatrix}$ とおき，$v_i = f(e_i)$ $(i = 1, 2)$ とおくと，

$$v_1 = (a, c), \quad v_2 = (b, d).$$

いま f は全単射だから，$v_1 \neq \mathbf{0}$ かつ $v_2 \neq \mathbf{0}$．また，命題 7.4 より v_1, v_2 は平行でない．したがって，例題 8.43 より，$T = f[S]$ は v_1, v_2 を 2 辺とする平行

四辺形である．図 8.9 が示すように，S と T が (i) 同じ向きの場合と，(ii) 逆の向きの場合がある．どちらの場合も，$\bm{v}_1$ から正方向に測った $\bm{v}_1, \bm{v}_2$ のなす角を θ $(0 < \theta < 2\pi, \theta \neq \pi)$ とすると，次が成立する．

$$\mu(T) = |\bm{v}_1||\bm{v}_2||\sin\theta|. \tag{8.30}$$

一方，$\bm{v}_1 \neq \bm{0}$ だから，$|\bm{v}_2| = k|\bm{v}_1|$ を満たす実数 k が存在する．このとき，$\bm{v}_2$ は，$\bm{v}_1$ を原点 O を中心として角度 θ だけ回転した後，k 倍したベクトルだから，例 8.47 で定めた記号を用いると，

$$\bm{v}_2 = k\rho_\theta(\bm{v}_1) = kR_\theta \bm{v}_1 = k\begin{pmatrix} \cos\theta & -\sin\theta \\ \sin\theta & \cos\theta \end{pmatrix}\begin{pmatrix} a \\ c \end{pmatrix} \tag{8.31}$$

と表される．いま $\bm{v}_2 = (b, d)$ だから，(8.31) より，

$$b = k(a\cos\theta - c\sin\theta), \quad d = k(a\sin\theta + c\cos\theta).$$

結果として

$$|A| = ad - bc = ak(a\sin\theta + c\cos\theta) - ck(a\cos\theta - c\sin\theta)$$
$$= k(a^2 + c^2)\sin\theta$$
$$= k|\bm{v}_1|^2\sin\theta = |\bm{v}_1||\bm{v}_2|\sin\theta. \tag{8.32}$$

(i) のとき $0 < \theta < \pi$ だから，$\sin\theta > 0$．(ii) のとき $\pi < \theta < 2\pi$ だから，$\sin\theta < 0$．ゆえに，(8.30)，(8.32) より，(8.29) が成立する． □

正則行列 A の表す 1 次変換 $f: \mathbb{R}^2 \longrightarrow \mathbb{R}^2$ は，$|A| > 0$ のとき，**向きを保つ 1 次変換**といい，$|A| < 0$ のとき，**向きを変える 1 次変換**という．向きを保つ 1 次変換は，平面 $\mathbb{R}^2$ 全体を裏返すことなく $\mathbb{R}^2$ の上へうつし，向きを変える 1 次変換は，$\mathbb{R}^2$ 全体を裏返しに $\mathbb{R}^2$ の上へうつす．

行列 A に対して，$||A|| = |ad - bc|$ とおくとき，より一般的な次の定理が成立する．

定理 8.59 行列 A の表す 1 次変換 $f: \mathbb{R}^2 \longrightarrow \mathbb{R}^2$ と，平面 $\mathbb{R}^2$ の任意の図形 U に対して，次の等式が成立する．

$$\mu(f[U]) = ||A|| \cdot \mu(U). \tag{8.33}$$

証明 本書では厳密な証明を与えられないので，証明の概略だけを述べる．行列 A が正則でないとき，$A = O$ ならば $f[\mathbb{R}^2] = \{O\}$，$A \neq O$ ならば，命題 8.48 より $f[\mathbb{R}^2]$ は直線である．いずれの場合も，$f[U] \subseteq f[\mathbb{R}^2]$ だから，$\mu(f[U]) =$

0．一方，$||A|| = 0$ だから (8.33) は成立する．次に，行列 A が正則であるとする．一般的な図形 U の面積は，図 8.10 のように，U を覆う 1 辺の長さ $1/n$ の正方形の面積の和 s_n の，n を大きくして行ったときの極限として定義される．いま A は正則だから，各 n に対して，1 つ 1 つの正方形は f によってそれぞれ平行四辺形にうつされる．このとき，それらの平行四辺形の面積の和を t_n とすると，$f[U]$ の面積は t_n の極限に一致する．補題 8.58 より，1 つ 1 つの平行四辺形の面積はもとの正方形の面積の $||A||$ 倍だから，各 n について，$t_n = ||A|| \cdot s_n$ が成立する．結果として，

$$\mu(f[U]) = \lim_{n \to \infty} t_n = \lim_{n \to \infty} ||A|| \cdot s_n = ||A|| \lim_{n \to \infty} s_n = ||A|| \cdot \mu(U).$$

ゆえに，(8.33) が成立する． □

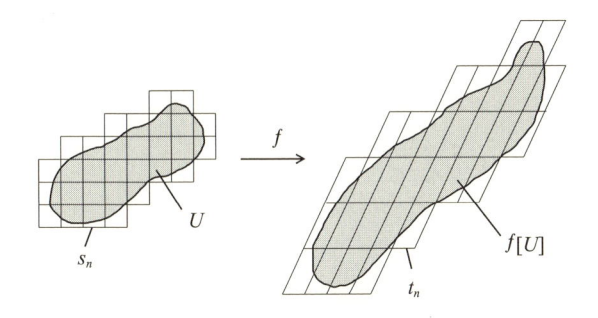

図 8.10 図形 U を覆う正方形の面積の和を s_n，それらの f による像である平行四辺形の面積を和を t_n とする．

註 8.60 定理 8.59 の主張で，図形を単に平面 $\mathbb{R}^2$ の部分集合と考えると，すべての図形に対して面積が定義可能かという問題にぶつかる．それは数学の前提となる公理系に関わる問題であることが知られている．しかし，線分や曲線で囲まれた通常の意味の図形に対しては，証明の中で述べた方法で面積が定義できる．それらは測度論とよばれる数学の内容である．参考書 [32] を紹介しておこう．

大学数学の線形代数では，一般的な線形空間の間の線形写像について学ぶ．本章で考察した 1 次変換はその特別な場合である．実際，平面 $\mathbb{R}^2$ は 2 次元実線形空間であり，1 次変換 $f: \mathbb{R}^2 \longrightarrow \mathbb{R}^2$ はその間の線形写像のことである．

* * * * * * * * * *

演習 8.4.1 行列 $A = \begin{pmatrix} 3 & -4 \\ 6 & a \end{pmatrix}$ の表す 1 次変換 f において，$f[\mathbb{R}^2]$ が直線 ℓ であるとき，a の値と ℓ の方程式を求めよ．また，$f^{-1}[\{O\}]$ はどんな図形か．

演習 8.4.2 行列 $A = \begin{pmatrix} a & b \\ c & 2 \end{pmatrix}$ の表す 1 次変換 f による点 $(1,1)$ の像が点 $(3,-1)$ であり，y 軸の像が直線 $2x+y=0$ であるとき，次の問いに答えよ．
(1) a,b,c の値を求めよ．
(2) $f(P)=P$ を満たす点 P を求めよ．
(3) 原点 O を中心とする半径 1 の円 U に対し，$f[U]$ の面積を求めよ．

演習 8.4.3 行列 $A = \begin{pmatrix} -2 & -3 \\ 1 & 2 \end{pmatrix}$ の表す 1 次変換 $f : \mathbb{R}^2 \longrightarrow \mathbb{R}^2$ において，$f[\ell]=\ell$ を満たす直線 ℓ の方程式を求めよ．

演習 8.4.4 正則行列の表す 1 次変換 $f : \mathbb{R}^2 \longrightarrow \mathbb{R}^2$ が $f \circ f = f$ を満たすとき，f は恒等写像であることを示せ．

演習 8.4.5 演習 8.1.5 で示した数式 (1), (2) の幾何学的な意味を考えよ．

第9章

合同と相似

中学数学では，2つの図形に対して，一方の図形を動かして他方の図形にぴったり重ね合わせることができるとき，それらは合同であると学んだ．本章では，この定義を中心に，座標平面 $\mathbb{R}^2$ 上における2つの図形の合同と相似について考える．

9.1 合同と相似

本節では，上で述べた合同の定義を，$\mathbb{R}^2$ 上で厳密な形で表現する．そのために，3つの写像「平行移動，回転，鏡映」を順に定義することから始めよう．

定義 9.1 平面 $\mathbb{R}^2$ 上の1つのベクトル $\boldsymbol{u} = (s, t)$ が与えられたとき，写像
$$\tau_{\boldsymbol{u}} : \mathbb{R}^2 \longrightarrow \mathbb{R}^2 ; (x, y) \longmapsto (x+s, y+t) \tag{9.1}$$
をベクトル $\boldsymbol{u}$ の定める平行移動という．

ギリシャ文字 τ は「タウ」と読む．数式 (9.1) の後半は，$\boldsymbol{x} = (x, y)$ とおくと，$\boldsymbol{x} \longmapsto \boldsymbol{x} + \boldsymbol{u}$ と表される．平行移動 $\tau_{\boldsymbol{u}}$ の逆写像はベクトル $-\boldsymbol{u}$ の定める平行移動 $\tau_{-\boldsymbol{u}}$ である．また，$\boldsymbol{u} \neq \boldsymbol{0}$ のとき，$\tau_{\boldsymbol{u}}$ は原点 O を動かすから，命題 8.38 より1次変換ではない．

問 1 $\boldsymbol{u} = (1, 2)$ とする．平行移動 $\tau_{\boldsymbol{u}}, \tau_{2\boldsymbol{u}}, \tau_{-\boldsymbol{u}}$ によって点 $\mathrm{P}(x, y)$ がうつされる点の座標を求めよ．

問 2　2つの平行移動 τ_u, τ_v に対して，$\tau_v \circ \tau_u = \tau_{u+v}$ が成り立つことを示せ．

定義 9.2　平面 $\mathbb{R}^2$ の点 C と角度 θ が与えられたとする．このとき，$\mathbb{R}^2$ の各点を，C を中心として θ だけ回転した点にうつす写像を
$$\rho_{C,\theta} : \mathbb{R}^2 \longrightarrow \mathbb{R}^2$$
で表し，**点 C を中心とする回転角 θ の回転**という．

　特に，回転の中心 C が原点 O のとき，回転 $\rho_{C,\theta}$ は，行列
$$R_\theta = \begin{pmatrix} \cos\theta & -\sin\theta \\ \sin\theta & \cos\theta \end{pmatrix}$$
の表す1次変換 $\rho_\theta : \mathbb{R}^2 \longrightarrow \mathbb{R}^2$ である (例 8.47)．一方，$C \neq O$ かつ $\theta \neq 2n\pi$ のとき，$\rho_{C,\theta}$ は原点 O を動かすから1次変換ではない．また，回転 $\rho_{C,\theta}$ の逆写像は $\rho_{C,-\theta}$ である．図 9.1 が示すように，$u = \overrightarrow{OC}$ とするとき，
$$\rho_{C,\theta} = \tau_u \circ \rho_\theta \circ \tau_{-u} \tag{9.2}$$
が成り立つ．

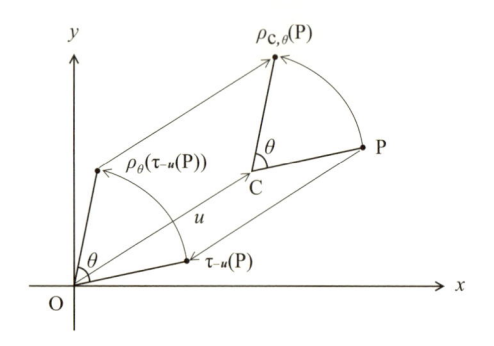

図 9.1　回転 $\rho_{C,\theta}$ によって点をうつすことは，まず平行移動 τ_{-u} によって回転の中心を原点 O にうつし，O のまわりに角度 θ だけ回転した後，平行移動 τ_u によって中心を C に戻すことと同じである．

問 3　点 $C(s,t) \in \mathbb{R}^2$ を中心とする回転 $\rho_{C,\theta}$ によって点 $P(x,y)$ がうつされる点の座標を求めよ．

定義 9.3　平面 $\mathbb{R}^2$ 上の直線 ℓ が与えられたとする．このとき，図 9.2 のように，$\mathbb{R}^2$ の各点を ℓ に関して線対称な点にうつす写像を

$$\sigma_\ell \colon \mathbb{R}^2 \longrightarrow \mathbb{R}^2$$

で表し，ℓ に関する**鏡映**または ℓ に関する**対称移動**という．

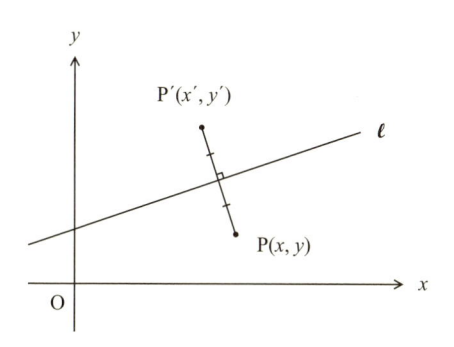

図 9.2 直線 ℓ に関する鏡映 $\sigma_\ell \colon \mathbb{R}^2 \longrightarrow \mathbb{R}^2$．

ギリシャ文字 σ は「シグマ」と読む．補題 9.15 で示すように，原点 O を通る直線 ℓ に関する鏡映 σ_ℓ は 1 次変換である．一方，原点 O を通らない直線 ℓ に関する鏡映 σ_ℓ は O を動かすから 1 次変換でない．また，任意の鏡映 σ_ℓ に対して，$(\sigma_\ell)^{-1} = \sigma_\ell$ が成り立つ．

問 4 直線 $\ell \colon ax + by + c = 0$ に関する鏡映 σ_ℓ によって点 P(x,y) がうつされる点の座標を求めよ．

以上で，合同の概念を厳密に定義する準備が整った．

定義 9.4 平面 $\mathbb{R}^2$ 上の任意の平行移動，回転，鏡映，および，それらのいくつかの合成写像 $f \colon \mathbb{R}^2 \longrightarrow \mathbb{R}^2$ を**合同変換**という．

定義 9.5 平面 $\mathbb{R}^2$ の図形 A, B が**合同**であるとは，合同変換 $f \colon \mathbb{R}^2 \longrightarrow \mathbb{R}^2$ が存在して，$f[A] = B$ が成り立つことをいう．図形 A, B が合同であることを，$A \equiv B$ で表す．

本章の冒頭で述べた合同の定義における「図形を動かす」の意味は，図形 A を合同変換 f によって $f[A]$ にうつすということである．合同変換を作る際の，平行移動，回転，鏡映を組み合わせる順序や，それらの個数には制限はないことに注意しよう．

例 9.6　平面 $\mathbb{R}^2$ の各点を，ベクトル $\boldsymbol{u}=(6,2\sqrt{3})$ だけ平行移動した後，原点 O を中心として角度 $\theta=\pi/3$ 回転し，最後に，直線 $\ell:3x+y=0$ に関して対称移動する写像 $f=\sigma_\ell\circ\rho_\theta\circ\tau_{\boldsymbol{u}}$ は合同変換である．

問 5　例 9.6 の合同変換 f によって原点 O がうつされる点の座標を求めよ．

　平行移動，回転，鏡映は全単射だから，それらの合成写像である合同変換も全単射である．したがって，合同変換に対してその逆写像が存在する．

補題 9.7　平面 $\mathbb{R}^2$ の合同変換ついて，次の (1), (2), (3) が成立する．
(1) 恒等写像 $\mathrm{id}_{\mathbb{R}^2}$ は合同変換である．
(2) 合同変換 f の逆写像 f^{-1} は合同変換である．
(3) 合同変換 f,g の合成写像 $g\circ f$ は合同変換である．

証明　(1) 恒等写像 $\mathrm{id}_{\mathbb{R}^2}$ は，零ベクトル $\boldsymbol{0}$ の定める平行移動 (あるいは，回転角 $0°$ の回転) と考えられるから合同変換である．

(2) 合同変換 f はいくつかの平行移動，回転，鏡映 $f_i\ (i=1,2,\cdots,n)$ の合成写像として，$f=f_n\circ\cdots\circ f_2\circ f_1$ と表される．このとき，
$$f^{-1}=(f_n\circ\cdots\circ f_2\circ f_1)^{-1}=f_1^{-1}\circ f_2^{-1}\circ\cdots\circ f_n^{-1} \tag{9.3}$$
が成り立つ．平行移動，回転，鏡映の逆写像はまた，それぞれ，平行移動，回転，鏡映だから，(9.3) より f^{-1} は合同変換である．

(3) 合同変換 f,g は，それぞれ，平行移動，回転，鏡映 f_i,g_j の合成写像として，$f=f_n\circ\cdots\circ f_2\circ f_1, g=g_m\circ\cdots\circ g_2\circ g_1$ と表される．このとき，
$$g\circ f=g_m\circ\cdots\circ g_2\circ g_1\circ f_n\circ\cdots\circ f_2\circ f_1$$
だから，$g\circ f$ もまた合同変換である．　□

　平面 $\mathbb{R}^2$ の図形全体の集合を $\boldsymbol{F}$ で表す．

定理 9.8　任意の図形 $A,B,C\in\boldsymbol{F}$ に対して，次の 3 条件が成り立つ．
(1) $A\equiv A$ (反射律)．
(2) $A\equiv B$ ならば $B\equiv A$ (対称律)．
(3) $A\equiv B$ かつ $B\equiv C$ ならば $A\equiv C$ (推移律)．

証明 (1) 補題 9.7 より，恒等写像 $\mathrm{id}_{\mathbb{R}^2}$ は合同変換である．$\mathrm{id}_{\mathbb{R}^2}[A]=A$ が成り立つから，$A\equiv A$.

(2) もし $A\equiv B$ ならば，$f[A]=B$ を満たす合同変換 f が存在する．このとき，$f^{-1}[B]=A$. 補題 9.7 より f^{-1} は合同変換だから，$B\equiv A$.

(3) もし $A\equiv B$ かつ $B\equiv C$ ならば，$f[A]=B$ を満たす合同変換 f と $g[B]=C$ を満たす合同変換 g が存在する．このとき，
$$(g\circ f)[A]=g[f[A]]=g[B]=C.$$
補題 9.7 より $g\circ f$ は合同変換だから，$A\equiv C$. □

反射律，対称律，推移律を満たす関係を**同値関係**という．定理 9.8 は，平面 $\mathbb{R}^2$ の図形の間の関係 $\equiv$ が同値関係であることを示している．このことは，平面図形全体の集合 $\boldsymbol{F}$ の要素を互いに合同な図形どうしの組に分類できることを意味している (詳しくは，[16] を見よ)．同値関係への理解を助けるために，別の例を与えよう．

例 9.9 平面 $\mathbb{R}^2$ の直線全体の集合を $\boldsymbol{L}$ とする．2 直線の間の関係 $/\!/$ (平行) と $\perp$ (垂直) について考えよう．任意の直線 $\ell,m,n\in\boldsymbol{L}$ に対して，

(1) $\ell/\!/\ell$ (反射律)，

(2) $\ell/\!/m$ ならば $m/\!/\ell$ (対称律)，

(3) $\ell/\!/m$ かつ $m/\!/n$ ならば $\ell/\!/n$ (推移律)

が成立するから，関係 $/\!/$ は直線の間の同値関係である．したがって，$\boldsymbol{L}$ の要素を互いに平行な直線どうしの組に分類することができる．一方，関係 $\perp$ は同値関係でない．実際，反射律 $\ell\perp\ell$ は成立しないし，推移律も成立しない．したがって，$\boldsymbol{L}$ の要素を互いに垂直な直線どうしの組に分類することはできない．

次に，図形の相似について考えよう．

定義 9.10 実数 $k>0$ $(k\neq 1)$ に対して，写像
$$\eta_k:\mathbb{R}^2\longrightarrow\mathbb{R}^2;(x,y)\longmapsto(kx,ky) \tag{9.4}$$
を，$k>1$ のとき**拡大**とよび，$0<k<1$ のとき**縮小**とよぶ．ギリシャ文字 η は「イータ」と読む．また，(9.4) の後半は，$\boldsymbol{x}=(x,y)$ とおくと，$\boldsymbol{x}\longmapsto k\boldsymbol{x}$ と表される．

拡大は図形を拡大し，縮小は図形を縮小する．拡大と縮小 η_k は正則行列 kE の表す1次変換であり，η_k の逆写像は $\eta_{1/k}$ である．

問 6 行列 kE について，$(kE)^{-1}=(1/k)E$ であることを確かめよ．

問 7 円 $C:(x-a)^2+(y-b)^2=r^2$ と $k>0\ (k\neq 0)$ に対して，$\eta_k[C]$ はどのような図形か．その方程式を求めよ．

定義 9.11 平面 $\mathbb{R}^2$ 上の任意の平行移動，回転，鏡映，拡大，縮小，および，それらのいくつかの合成写像 $f:\mathbb{R}^2\longrightarrow\mathbb{R}^2$ を**相似変換**という．

定義 9.12 平面 $\mathbb{R}^2$ の図形 A,B が**相似**であるとは，相似変換 $f:\mathbb{R}^2\longrightarrow\mathbb{R}^2$ が存在して，$f[A]=B$ が成り立つことをいう．図形 A,B が相似であることを，$A\backsim B$ で表す．

任意の合同変換は相似変換である．補題 9.7 と同様に，任意の相似変換は逆写像を持ち，逆写像もまた相似変換である．また，2つの相似変換の合成写像は相似変換である．結果として，次の定理が得られる．

定理 9.13 任意の図形 $A,B,C\in \boldsymbol{F}$ に対して，次の3条件が成り立つ．

(1) $A\backsim A$ (反射律)，

(2) $A\backsim B$ ならば $B\backsim A$ (対称律)，

(3) $A\backsim B$ かつ $B\backsim C$ ならば $A\backsim C$ (推移律)．

定理 9.13 より，$\backsim$ もまた図形の間の同値関係である．したがって，平面 $\mathbb{R}^2$ の図形全体の集合 $\boldsymbol{F}$ の要素を，互いに相似な図形どうしの組に分類することができる．相似 $\backsim$ による分類は，合同 $\equiv$ による分類より粗い分類，すなわち，図形のより本質的な違いに着目した分類であると言える．

* * * * * * * * *

演習 9.1.1 直線 $\ell:x-y=0$ に対し，$\sigma_\ell\circ\tau_u=\tau_u\circ\sigma_\ell$ が成り立つようなベクトル $\boldsymbol{u}$ を求めよ．

演習 9.1.2 次の (1), (2), (3) は正しいかどうか調べよ．

(1) 任意の2つのベクトル $\boldsymbol{u},\boldsymbol{v}$ に対し，$\tau_v\circ\tau_u=\tau_u\circ\tau_v$ が成り立つ．

(2) 任意の 2 つの角度 α, β に対し，$\rho_\beta \circ \rho_\alpha = \rho_\alpha \circ \rho_\beta$ が成り立つ．

(3) 原点 O を通る任意の 2 本の直線 ℓ, m に対して，$\sigma_m \circ \sigma_\ell = \sigma_\ell \circ \sigma_m$ が成り立つ．

演習 9.1.3 直線 $\ell : x - 3y + 3 = 0$ に対して，次の問いに答えよ．

(1) ℓ をベクトル $\boldsymbol{u} = (3, -2)$ だけ平行移動した直線の方程式を求めよ．

(2) ℓ を原点 O を中心として $60°$ 回転した直線の方程式を求めよ．

演習 9.1.4 任意の平行移動と任意の回転は，どちらも 2 つの鏡映の合成写像として表されることを証明せよ．

演習 9.1.5 任意の 2 つの鏡映の合成写像は，平行移動または回転であることを証明せよ．

9.2 合同変換と相似変換

本節では，合同変換と相似変換の標準形と特徴付けを与えよう．

定義 9.14 x 軸に関する鏡映を $\sigma_0 : \mathbb{R}^2 \longrightarrow \mathbb{R}^2$ で表し，σ_0 と原点を中心とする回転角 θ の回転 $\rho_\theta : \mathbb{R}^2 \longrightarrow \mathbb{R}^2$ との合成写像を

$$\rho_\theta^* = \rho_\theta \circ \sigma_0 : \mathbb{R}^2 \longrightarrow \mathbb{R}^2$$

で表す (図 9.3 を見よ)．

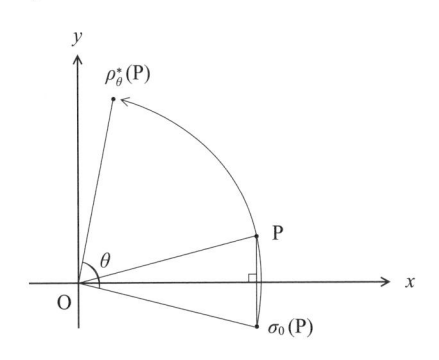

図 **9.3** 写像 $\rho_\theta^* = \rho_\theta \circ \sigma_0$ は裏返して回転させる写像である．

鏡映 σ_0 は行列 $S_0 = \begin{pmatrix} 1 & 0 \\ 0 & -1 \end{pmatrix}$ の表す 1 次変換，回転 ρ_θ は行列 R_θ の表す 1 次変換だから，写像 ρ_θ^* は行列

$$R_\theta^* = R_\theta S_0 = \begin{pmatrix} \cos\theta & -\sin\theta \\ \sin\theta & \cos\theta \end{pmatrix} \begin{pmatrix} 1 & 0 \\ 0 & -1 \end{pmatrix} = \begin{pmatrix} \cos\theta & \sin\theta \\ \sin\theta & -\cos\theta \end{pmatrix}$$

の表す 1 次変換である．したがって，$\rho_\theta^*((x,y)) = (x',y')$ とおくと，

$$\begin{cases} x' = x\cos\theta + y\sin\theta \\ y' = x\sin\theta - y\cos\theta \end{cases} \tag{9.5}$$

が成り立つ．等式 $|R_\theta^*| = -1, (R_\theta^*)^{-1} = R_\theta^*$ が成立することに注意しよう．

問 8 4 点 $P_1(1,0), P_2(\sqrt{3}/2, 1/2), P_3 = (1/2, \sqrt{3}/2), P_4(-\sqrt{3}/2, -1/2)$ と $\theta = \pi/3$ に対して，$\rho_\theta^*(P_i)$ $(i=1,2,3,4)$ を求めよ．

写像 ρ_θ^* は，原点 O を通る直線に関する鏡映に他ならないことを示そう．原点 O を通り，x 軸正方向となす角が θ である直線に関する鏡映を σ_θ で表す．

補題 9.15 任意の角度 θ に対し，$\rho_\theta^* = \sigma_{\theta/2}$ が成立する．

証明 任意の点 $P(x,y) \neq O$ に対し，$\sigma_{\theta/2}(P) = P'(x',y')$ とおく．$OP = r$, $OP' = r'$, 線分 OP, OP' が x 軸正方向となす角をそれぞれ α, α' とおくと，

$$P(x,y) = (r\cos\alpha, r\sin\alpha), \quad P'(x',y') = (r'\cos\alpha', r'\sin\alpha').$$

このとき，鏡映 $\sigma_{\theta/2}$ の性質より，$r = r'$ かつ $(\alpha + \alpha')/2 = \theta/2$ だから，

$$x' = r'\cos\alpha' = r\cos(\theta - \alpha)$$
$$= r(\cos\theta\cos\alpha + \sin\theta\sin\alpha) = x\cos\theta + y\sin\theta,$$
$$y' = r'\sin\alpha' = r\sin(\theta - \alpha)$$
$$= r(\sin\theta\cos\alpha - \cos\theta\sin\alpha) = x\sin\theta - y\cos\theta.$$

したがって，

$$\begin{pmatrix} x' \\ y' \end{pmatrix} = \begin{pmatrix} \cos\theta & \sin\theta \\ \sin\theta & -\cos\theta \end{pmatrix} \begin{pmatrix} x \\ y \end{pmatrix} = R_\theta^* \begin{pmatrix} x \\ y \end{pmatrix}$$

が成り立つ．ゆえに，$\sigma_{\theta/2} = \rho_\theta^*$． □

問 9 2 つの角度 α, β に対して，次の (1)–(3) が成立することを示せ．

(1) $\rho_\beta \circ \rho_\alpha^* = \rho_{\alpha+\beta}^*$, (2) $\rho_\beta^* \circ \rho_\alpha = \rho_{\beta-\alpha}^*$, (3) $\rho_\beta^* \circ \rho_\alpha^* = \rho_{\beta-\alpha}$.

定義 9.16 写像 $f:\mathbb{R}^2 \longrightarrow \mathbb{R}^2$ が線分の長さを変えないとき，すなわち，任意の 2 点 $P, Q \in \mathbb{R}^2$ に対して，

$$PQ = f(P)f(Q)$$

が成り立つとき，f は**等長写像**または**等長変換**であるという．

任意の平行移動，回転，鏡映は等長写像だから，それらの合成である合同変換は等長写像である．本節の目標は，次の定理を証明することである．

定理 9.17 任意の写像 $f:\mathbb{R}^2 \longrightarrow \mathbb{R}^2$ に対して，次の 3 条件は同値である．

(1) f は合同変換である．
(2) f は等長写像である．
(3) ある角度 θ とベクトル $\boldsymbol{u}$ に対して，$f = \tau_{\boldsymbol{u}} \circ \rho_\theta$ または $f = \tau_{\boldsymbol{u}} \circ \rho_\theta^*$．

定理 9.17 の証明のために，次の 2 つの補題を必要とする．

補題 9.18 同一直線上にない 3 点 $A_1, A_2, A_3 \in \mathbb{R}^2$ と 3 つの正の実数 a_1, a_2, a_3 が与えられたとする．このとき，もし

$$PA_i = a_i \quad (i = 1, 2, 3) \tag{9.6}$$

を満たす点 P が存在したならば，そのような点は一意的に定まる．

証明 背理法によって示す．仮に (9.6) を満たす異なる 2 点 P, P' が存在したとする．このとき，各 $i = 1, 2, 3$ について，$PA_i = a_i = P'A_i$ だから，点 A_i は線分 PP' の垂直二等分線上になければならない．これは，3 点 A_1, A_2, A_3 が同一直線上にないことに矛盾する．ゆえに，(9.6) を満たす点 P が存在するならば一意的に定まる． □

補題 9.19 2 つの等長写像 $f:\mathbb{R}^2 \longrightarrow \mathbb{R}^2, g:\mathbb{R}^2 \longrightarrow \mathbb{R}^2$ に対して，同一直線上にない 3 点 $A_1, A_2, A_3 \in \mathbb{R}^2$ が存在して，

$$f(A_i) = g(A_i) \quad (i = 1, 2, 3) \tag{9.7}$$

が成り立つとする．このとき，f と g は同じ写像である．すなわち，任意の点 $P \in \mathbb{R}^2$ に対して，$f(P) = g(P)$ が成立する．

証明 最初に f は等長写像だから，$\triangle A_1 A_2 A_3$ と $\triangle f(A_1)f(A_2)f(A_3)$ は 3 辺相等となり合同である．したがって，3 点 $f(A_1), f(A_2), f(A_3)$ は同一直線上にない．3 点 A_1, A_2, A_3 以外の任意の点 P に対し，$f(P) = g(P)$ であることを示せばよい．いま $PA_i = a_i$ $(i = 1, 2, 3)$ とおくと，f は等長写像だから，
$$f(P)f(A_i) = a_i \quad (i = 1, 2, 3).$$
また，g も等長写像だから $g(P)g(A_i) = a_i$ $(i = 1, 2, 3)$ であるが，(9.7) より，
$$g(P)f(A_i) = a_i \quad (i = 1, 2, 3).$$
結果として，補題 9.18 より，$f(P) = g(P)$ でなければならない．ゆえに，$f = g$ が成立する． □

定理 9.17 の証明 任意の合同変換は等長写像だから，(1) $\Longrightarrow$ (2) は成立する．また，$\tau_u \circ \rho_\theta$ と $\tau_u \circ \rho_\theta^*$ は合同変換だから，(3) $\Longrightarrow$ (1) も成立する．したがって，(2) $\Longrightarrow$ (3) を示せばよい．いま f は等長写像であるとする．原点 O を頂点に持つ任意の三角形 $\triangle OAB$ を 1 つ固定して，$O' = f(O), A' = f(A), B' = f(B)$ とおく．このとき，f は 3 辺の長さを変えないから，
$$\triangle OAB \equiv \triangle O'A'B'.$$
2 つの場合に分けて考えよう．

Case 1: $\triangle OAB$ と $\triangle O'A'B'$ が同じ向きのとき，図 9.4 (i) が示すように，O を中心とする適当な角度 θ の回転 ρ_θ により，$\triangle O \rho_\theta(A) \rho_\theta(B)$ と $\triangle O'A'B'$ の対応する 3 辺はそれぞれ平行になる．すなわち，
$$O\rho_\theta(A) /\!/ O'A', \quad O\rho_\theta(B) /\!/ O'B', \quad \rho_\theta(A)\rho_\theta(B) /\!/ A'B'.$$
このとき，$u = \overrightarrow{OO'}$ とすると，
$$O' = \tau_u(O) = \tau_u(\rho_\theta(O)), \quad A' = \tau_u(\rho_\theta(A)), \quad B' = \tau_u(\rho_\theta(B))$$
が成り立つ．したがって，3 点 O, A, B は，写像 f と $\tau_u \circ \rho_\theta$ によってそれぞれ同じ点にうつされる．いま，f と $\tau_u \circ \rho_\theta$ は共に等長写像だから，補題 9.19 より，$f = \tau_u \circ \rho_\theta$ が成り立つ．

Case 2: $\triangle OAB$ と $\triangle O'A'B'$ が逆の向きのとき，図 9.4 (ii) が示すように，適当な角度 θ に対する鏡映 ρ_θ^* により，$\triangle O \rho_\theta^*(A) \rho_\theta^*(B)$ と $\triangle O'A'B'$ の対応する 3 辺はそれぞれ平行になる．このとき，上の場合と同様に，$u = \overrightarrow{OO'}$ とすると，

$$O' = \tau_{\boldsymbol{u}}(O) = \tau_{\boldsymbol{u}}(\rho_\theta^*(O)), \quad A' = \tau_{\boldsymbol{u}}(\rho_\theta^*(A)), \quad B' = \tau_{\boldsymbol{u}}(\rho_\theta^*(B))$$

が成り立つ．したがって，3 点 O, A, B は，写像 f と $\tau_{\boldsymbol{u}} \circ \rho_\theta^*$ によってそれぞれ同じ点にうつされる．いま，f と $\tau_{\boldsymbol{u}} \circ \rho_\theta^*$ は共に等長写像だから，補題 9.19 より，$f = \tau_{\boldsymbol{u}} \circ \rho_\theta^*$ が成り立つ． □

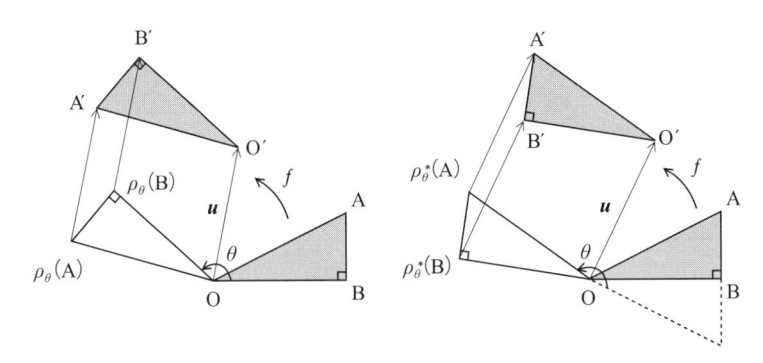

図 9.4 定理 9.17 の証明．$\triangle OAB$ と $\triangle O'A'B'$ が同じ向きの場合 (左図) と逆の向きの場合 (右図)．

定理 9.17 より，任意の合同変換は，回転と平行移動の合成写像，または，鏡映と平行移動の合成写像として表されることが分かる．

定義 9.20 合同変換 $f: \mathbb{R}^2 \longrightarrow \mathbb{R}^2$ は，$f = \tau_{\boldsymbol{u}} \circ \rho_\theta$ と表されるとき，**向きを保つ合同変換**といい，$f = \tau_{\boldsymbol{u}} \circ \rho_\theta^*$ と表されるとき，**向きを変える合同変換**という．

定義 9.20 が意味を持つためには，直観的には自明なことだが，$f = \tau_{\boldsymbol{u}} \circ \rho_\theta$ と表される合同変換は，$f = \tau_{\boldsymbol{u}'} \circ \rho_{\theta'}^*$ とは表されないことを確かめておく必要がある．この証明は読者に残す (演習 9.2.1)．次に，相似変換に対して，定理 9.17 と同様の定理を与えよう．

定義 9.21 写像 $f: \mathbb{R}^2 \longrightarrow \mathbb{R}^2$ に対して，ある実数 $k > 0$ が存在して，任意の 2 点 $P, Q \in \mathbb{R}^2$ に対して，

$$kPQ = f(P)f(Q)$$

が成り立つとき，f は**比例写像**または**比例変換**であるという．また，そのとき k を f の**比例定数**という．

問 10 拡大と縮小 η_k は比例定数 k の比例写像であることを示せ.

2つの比例写像の合成写像は比例写像である.また,任意の合同変換は比例定数1の比例写像であり,拡大と縮小 η_k は比例定数 k の比例写像だから,それらの合成である相似変換は比例写像である.

定理 9.22 任意の写像 $f:\mathbb{R}^2 \longrightarrow \mathbb{R}^2$ に対して,次の3条件は同値である.
(1) f は相似変換である.
(2) f は比例写像である.
(3) $f = h \circ \eta_k$ を満たす実数 $k>0$ と合同変換 $h:\mathbb{R}^2 \longrightarrow \mathbb{R}^2$ が存在する.

証明 任意の相似変換は比例写像だから,(1) $\Longrightarrow$ (2) は成立する.また,合同変換と η_k の合成写像は相似変換だから,(3) $\Longrightarrow$ (1) も成立する.したがって,(2) $\Longrightarrow$ (3) を示せばよい.いま f は比例定数 k の比例写像であるとすると,合成写像 $h = f \circ \eta_{1/k}$ は等長写像である.ゆえに,定理 9.17 より h は合同変換である.このとき,
$$f = f \circ (\eta_{1/k} \circ \eta_k) = (f \circ \eta_{1/k}) \circ \eta_k = h \circ \eta_k$$
が成立する. □

中学数学では,図形 A を拡大または縮小すると図形 B と合同になるとき,A と B は相似であると定義する.定理 9.22 (3) はそのことを表現している.定理 9.17, 9.22 から,より精密な次の系が成り立つ.

系 9.23 写像 $f:\mathbb{R}^2 \longrightarrow \mathbb{R}^2$ が相似変換であるためには,ある実数 $k>0$, 角度 θ とベクトル $\boldsymbol{u}$ が存在して,$f = \tau_{\boldsymbol{u}} \circ \rho_\theta \circ \eta_k$ または $f = \tau_{\boldsymbol{u}} \circ \rho_\theta^* \circ \eta_k$ と表されることが必要十分である.

* * * * * * * * *

演習 9.2.1 任意のベクトル $\boldsymbol{u}, \boldsymbol{u}'$ と角度 θ, θ' に対して,$\tau_{\boldsymbol{u}} \circ \rho_\theta \neq \tau_{\boldsymbol{u}'} \circ \rho_{\theta'}^*$ であることを示せ.

演習 9.2.2 平面 $\mathbb{R}^2$ 上の同じ長さの任意の線分 AB, A'B' に対して,$f(A) = A', f(B) = B'$ を満たす平行移動または回転 f が存在することを示せ.

演習 9.2.3　向きを保つ任意の合同変換は，1つの回転または1つの平行移動として表されることを示せ．

演習 9.2.4　向きを保つ任意の合同変換は偶数個の鏡映の合成写像として，また，向きを変える任意の合同変換は奇数個の鏡映の合成写像として表されることを示せ．

演習 9.2.5　$u=(-2,1), \theta=\pi/4, k=2$ とする．直線 $\ell: \sqrt{2}x+\sqrt{2}y+1=0$ の相似変換 $f=\tau_u \circ \rho_\theta \circ \eta_k$ による像 $f[\ell]$ と，相似変換 $g=\tau_u \circ \rho_\theta^* \circ \eta_k$ による像 $g[\ell]$ の方程式を求めよ．

9.3　直交行列と直交変換

1次変換の中で，特に合同変換であるものと，それを表す行列の特徴について考えよう．行列 A に対し，A の横の行を縦の列に，縦の列を横の行に入れ替えた行列を A の**転置行列**といい，${}^tA$ で表す．すなわち，

$$A=\begin{pmatrix} a & b \\ c & d \end{pmatrix} \text{ のとき，} {}^tA=\begin{pmatrix} a & c \\ b & d \end{pmatrix}$$

である．行列 A が等式

$$ {}^tAA=E \tag{9.8}$$

を満たすとき，A を**直交行列**といい，A の表す1次変換を**直交変換**という．

補題 9.24　任意の行列 $A=\begin{pmatrix} a & b \\ c & d \end{pmatrix}$ に対して，次の3条件は同値である．

(1) A は直交行列である．
(2) ある角度 θ に対して，$A=R_\theta$ または $A=R_\theta^*$.
(3) A は正則行列で ${}^tA=A^{-1}$.

証明　$(1) \Longrightarrow (2) \Longrightarrow (3) \Longrightarrow (1)$ の順に証明する．

$(1) \Longrightarrow (2)$：A が直交行列であるとすると，

$${}^tAA=\begin{pmatrix} a & c \\ b & d \end{pmatrix}\begin{pmatrix} a & b \\ c & d \end{pmatrix}=\begin{pmatrix} a^2+c^2 & ab+cd \\ ab+cd & b^2+d^2 \end{pmatrix}=E.$$

したがって，

$$a^2+c^2=b^2+d^2=1 \quad \text{かつ} \quad ab+cd=0. \tag{9.9}$$

2点 $P_1(a,c), P_2(b,d)$ を考えると，(9.9) より，
$$OP_1 = OP_2 = 1 \quad \text{かつ} \quad OP_1 \perp OP_2.$$

線分 OP_1 が x 軸正方向となす角を θ $(0 \leq \theta < 2\pi)$ とおくと，$OP_1 = 1$ だから，$a = \cos\theta, c = \sin\theta$ と表される．このとき，$OP_1 \perp OP_2$ だから，
$$b = \cos\left(\theta + \frac{\pi}{2}\right) = -\sin\theta, \quad d = \sin\left(\theta + \frac{\pi}{2}\right) = \cos\theta$$

または
$$b = \cos\left(\theta - \frac{\pi}{2}\right) = \sin\theta, \quad d = \sin\left(\theta - \frac{\pi}{2}\right) = -\cos\theta$$

ゆえに，$A = R_\theta$ または $A = R_\theta^*$ である．

(2) $\Longrightarrow$ (3)：R_θ と R_θ^* は共に正則行列である．$A = R_\theta$ のとき，
$${}^t R_\theta = \begin{pmatrix} \cos\theta & \sin\theta \\ -\sin\theta & \cos\theta \end{pmatrix} = \begin{pmatrix} \cos(-\theta) & -\sin(-\theta) \\ \sin(-\theta) & \cos(-\theta) \end{pmatrix} = R_{-\theta}$$

かつ $R_\theta^{-1} = R_{-\theta}$ だから，${}^t A = A^{-1}$．一方，$A = R_\theta^*$ のとき，${}^t R_\theta^* = R_\theta^*$ かつ $R_\theta^{*-1} = R_\theta^*$ だから，${}^t A = A = A^{-1}$．

(3) $\Longrightarrow$ (1)：${}^t A = A^{-1}$ ならば，${}^t A A = A^{-1} A = E$．ゆえに，A は直交行列である． □

問 11 行列 A が直交行列であるためには，$A {}^t A = E$ が成立することが必要十分であることを示せ．

定理 9.25 1次変換 $f : \mathbb{R}^2 \longrightarrow \mathbb{R}^2$ に対して，次の3条件は同値である．

(1) f は直交変換である．
(2) ある角度 θ に対して，$f = \rho_\theta$ または $f = \rho_\theta^*$．
(3) f は合同変換である．

証明 補題 9.24 より (1) と (2) は同値である．また，合同変換の定義より (2) $\Longrightarrow$ (3) は成立する．したがって，(3) $\Longrightarrow$ (2) を示せばよい．そのために，f は合同変換であるとすると，定理 9.17 より，あるベクトル $\boldsymbol{u}$ と角度 θ に対して，$f = \tau_{\boldsymbol{u}} \circ \rho_\theta$ または $f = \tau_{\boldsymbol{u}} \circ \rho_\theta^*$ と表される．$f = \tau_{\boldsymbol{u}} \circ \rho_\theta$ のとき，
$$f(\boldsymbol{0}) = \tau_{\boldsymbol{u}}(\rho_\theta(\boldsymbol{0})) = \tau_{\boldsymbol{u}}(\boldsymbol{0}) = \boldsymbol{0} + \boldsymbol{u} = \boldsymbol{u}.$$

1次変換の性質より $f(\boldsymbol{0}) = \boldsymbol{0}$ だから，$\boldsymbol{u} = \boldsymbol{0}$．ゆえに，$f = \rho_\theta$．同様に，$f = \tau_{\boldsymbol{u}} \circ \rho_\theta^*$ のとき，$f = \rho_\theta^*$ である（図 9.5 参照）． □

9.3. 直交行列と直交変換

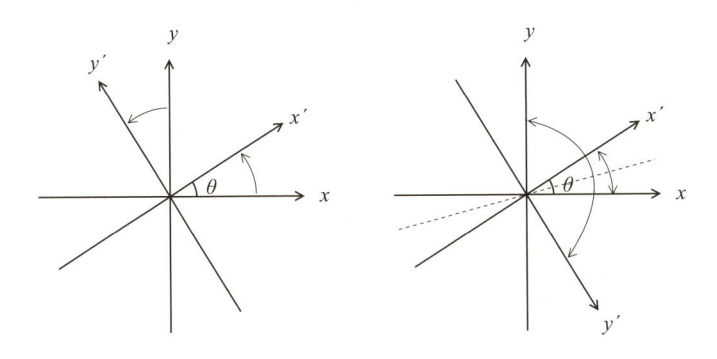

図 9.5 直交変換のイメージ．回転 ρ_θ (左) と鏡映 $\rho_\theta^* = \sigma_{\theta/2}$ (右)．

註 9.26 直交行列を用いると，合同変換と相似変換は次のように表現される．合同変換 f はある直交行列 A とベクトル $\bm{u}$ を用いて，

$$f: \mathbb{R}^2 \longrightarrow \mathbb{R}^2; \bm{x} \longmapsto A\bm{x} + \bm{u} \tag{9.10}$$

と表される (定理 9.17，定理 9.25)．相似変換 f はある実数 $k > 0$, 直交行列 A とベクトル $\bm{u}$ を用いて，

$$f: \mathbb{R}^2 \longrightarrow \mathbb{R}^2; \bm{x} \longmapsto (kA)\bm{x} + \bm{u} \tag{9.11}$$

と表される (系 9.23，定理 9.25)．

本節の残りの部分では，合同変換と相似変換に関連する話題を述べよう．

定義 9.27 集合 G の 2 要素の組 (x, y) に対して，G の要素 $x * y$ を対応させる演算 $*$ が定められ，次の公理 (1), (2), (3) が満たされているとする．

(1) G の 1 つの要素 e が存在して，任意の $x \in G$ に対し，$e * x = x * e = x$ が成り立つ．

(2) 任意の $x, y, z \in G$ に対し，$(x * y) * z = x * (y * z)$ が成り立つ．

(3) G の各要素 x に対して，$x' * x = x * x' = e$ を満たす G の要素 x' がそれぞれ存在する．

このとき，G は演算 $*$ に関して**群**をなす，または，$(G, *)$ は**群**であるという．公理 (1) によって存在する要素 e を群 G の**単位元**といい，公理 (3) によって存在する要素 x' を x の**逆元**という．

例 9.28 実数全体の集合 $\mathbb{R}$ は加法 + に関して群をなす．群 $(\mathbb{R},+)$ の単位元は 0, 実数 $x\in\mathbb{R}$ の逆元は $-x$ である．また，平面 $\mathbb{R}^2$ 上のベクトル全体の集合 $\mathbb{V}$ も加法 + に関して群をなす．群 $(\mathbb{V},+)$ の単位元は零ベクトル $\mathbf{0}$, ベクトル $\boldsymbol{v}\in\mathbb{V}$ の逆元は $-\boldsymbol{v}$ である．

問 12 実数を成分とする 2×2 行列全体の集合 $\mathbb{M}$ は，加法 + に関して群をなすことを示せ．また，正則行列全体からなる $\mathbb{M}$ の部分集合 $\mathbb{GL}$ は，乗法 $\cdot$ に関して群をなすことを示せ．

補題 9.29 集合 X から X への全単射の集合 $G\neq\emptyset$ が，次の条件 (a), (b) を満たすとき，G は合成 $\circ$ に関して群をなす．

(a) 任意の $f,g\in G$ に対し，$g\circ f\in G$,
(b) 任意の $f\in G$ に対し，$f^{-1}\in G$.

証明 条件 (a) より，合成 $\circ$ は G 上で定義された演算である．演算 $\circ$ に関して，定義 9.27 の公理 (1)–(3) が満たされることを示せばよい．$G\neq\emptyset$ だから，任意の $f_0\in G$ を 1 つ選ぶと，(a), (b) より，$\mathrm{id}_X = f_0^{-1}\circ f_0\in G$. このとき，任意の $f\in G$ に対して，$\mathrm{id}_X\circ f = f\circ\mathrm{id}_X = f$ が成り立つから，(1) は成立する．すなわち，id_X は単位元である．合成写像の性質から (2) は成立する．任意の $f\in G$ に対して，(b) より $f^{-1}\in G$. このとき，$f^{-1}\circ f = f\circ f^{-1} = \mathrm{id}_X$ だから，(3) も成立する．すなわち，逆写像 f^{-1} は f の逆元である． □

例 9.30 補題 9.7, 9.29 より，平面 $\mathbb{R}^2$ 上の合同変換全体の集合 $\mathbb{G}$ は写像の合成 $\circ$ に関して群をなすことが分かる．群 $(\mathbb{G},\circ)$ を **合同変換群** または **運動群** という．また，$\mathbb{R}^2$ 上の相似変換全体の集合 $\mathbb{S}$ もまた写像の合成 $\circ$ に関して群をなす．群 $(\mathbb{S},\circ)$ を **相似変換群** という．

ユークリッド幾何では，合同な図形は同じ図形であると考える．このことから，ユークリッド幾何とは，合同な図形が共有する性質，すなわち，合同変換の下で不変な図形の性質を研究する幾何学であると考えられる．一方，相似変換の下で不変な図形の性質を研究する幾何学を **相似幾何** という．長さや面積は相似変換によって変化するが，角度や図形の形は，相似変換によって保存される．最後に，もう 1 つの幾何学を紹介しよう．

定義 9.31　正則行列の表す 1 次変換と平行移動，および，それらのいくつかの合成写像として表される写像 $f\colon\mathbb{R}^2\longrightarrow\mathbb{R}^2$ を**アフィン変換**という．

定義 9.32　平面 $\mathbb{R}^2$ の図形 A,B に対して，$f[A]=B$ を満たすアフィン変換 $f\colon\mathbb{R}^2\longrightarrow\mathbb{R}^2$ が存在するとき，A と B は**アフィン同型**であるといい，$A\simeq B$ で表す．

系 9.23 より，任意の相似変換はアフィン変換である．したがって，相似な図形はアフィン同型である．系 8.50 より，正則行列の表す 1 次変換の逆写像はまた正則行列の表す 1 次変換であり，命題 8.38 と註 8.12 より，正則行列の表す 1 次変換の合成写像はまた正則行列の表す 1 次変換である．結果として，定理 9.8 と同様に，次の定理が成り立つ．すなわち，関係 $\simeq$ は平面図形全体の集合 $\boldsymbol{F}$ における同値関係である．

定理 9.33　任意の図形 $A,B,C\in\boldsymbol{F}$ に対して，次の 3 条件が成り立つ．

(1) $A\simeq A$ (反射律)，

(2) $A\simeq B$ ならば $B\simeq A$ (対称律)，

(3) $A\simeq B$ かつ $B\simeq C$ ならば $A\simeq C$ (推移律)．

また，平面 $\mathbb{R}^2$ 上のアフィン変換全体の集合 $\mathbb{A}$ は写像の合成 $\circ$ に関して群をなす．群 $(\mathbb{A},\circ)$ を**アフィン変換群**といい，アフィン変換の下で不変な図形の性質を研究する幾何学を**アフィン幾何**という．

系 8.51 より，直線やそれらが平行であることはアフィン変換の下で不変である．任意の 2 つの三角形はアフィン同型である (演習 9.3.5)．すなわち，アフィン幾何では三角形はすべて同じ図形であると見なされる．三角形の五心のうち，重心はアフィン変換によって保存されるが，他は保存されない (演習 8.3.4, 8.3.5)．直線と点に関する共線性や共点性はアフィン変換の下で不変である．メネラウスの定理やチェバの定理は，アフィン変換の下で不変な性質だけに関係しているので，アフィン幾何の定理であると考えられる．

註 9.34　1 つの変換群に 1 つの幾何学を対応させる考え方は，F. クライン (1849–1925) によって提唱された．彼は，幾何学とは，1 つの空間とその上の変換群 $\mathbb{G}$ が与えられたとき，その空間において任意の $f\in\mathbb{G}$ の下で不変な図形

の性質を研究する数学の分野であるとして，幾何学全体を見通しよく研究する道筋を与えた．

$$* \quad * \quad * \quad * \quad * \quad * \quad * \quad * \quad *$$

演習 9.3.1 1次変換 $f\colon\mathbb{R}^2 \longrightarrow \mathbb{R}^2$ に対して，次は同値であることを示せ．

(1) f は直交変換である．

(2) 任意の $\boldsymbol{x}, \boldsymbol{y} \in \mathbb{R}^2$ に対し，$f(\boldsymbol{x}) \cdot f(\boldsymbol{y}) = \boldsymbol{x} \cdot \boldsymbol{y}$ が成り立つ．

演習 9.3.2 平面 $\mathbb{R}^2$ 上の直交変換全体の集合 $\mathbb{O}$ は，写像の合成 $\circ$ に関して群をなすことを示せ．

演習 9.3.3 3点 $(1,0), (-1/2, \sqrt{3}/2), (-1/2, -\sqrt{3}/2)$ を頂点とする正三角形を T とし，$f[T] = T$ を満たす直交変換 f 全体の集合を $\mathbb{O}_3$ とする．集合 $\mathbb{O}_3$ の要素をすべて求めて，$\mathbb{O}_3$ が写像の合成 $\circ$ に関して群をなすことを示せ．

演習 9.3.4 4点 $(1,1), (-1,1), (-1,-1), (1,-1)$ を頂点とする正方形を S とし，$f[S] = S$ を満たす直交変換 f 全体の集合を $\mathbb{O}_4$ とする．集合 $\mathbb{O}_4$ の要素をすべて求めて，$\mathbb{O}_4$ が写像の合成 $\circ$ に関して群をなすことを示せ．

演習 9.3.5 平面 $\mathbb{R}^2$ 上の任意の2つの三角形 S, T に対し，$f[S] = T$ を満たすアフィン変換 f が存在することを示せ．

第10章

2次曲線

 2次曲線は，平面上の曲線の中でもっとも基本的なものであり，自然界の物理現象とも関係が深い．本章では，高校数学における2次曲線の知識を復習しながら，関連する話題を述べよう．

10.1 放物線，楕円，双曲線

 本節では，高校数学で学んだ「放物線，楕円，双曲線」の定義と方程式の標準形について復習する．定理の証明は省略するので，必要に応じて高校教科書を参考にしてほしい．

定義 10.1 平面上で，定点 F と F を通らない定直線 ℓ からの距離が等しい点 P の軌跡を**放物線** (parabola) といい，F をその**焦点**，ℓ を**準線**という．

定理 10.2 $p \neq 0$ とする．点 F$(p,0)$ を焦点とし，直線 $\ell : x = -p$ を準線とする放物線は，方程式

$$y^2 = 4px \tag{10.1}$$

によって表される．

 (10.1) を放物線の方程式の**標準形**という．一般に，放物線の焦点を通り，準線に垂直な直線を**軸**といい，軸と放物線との交点を**頂点**という．放物線 (10.1) の軸は x 軸，頂点は原点 O である (図 10.1)．

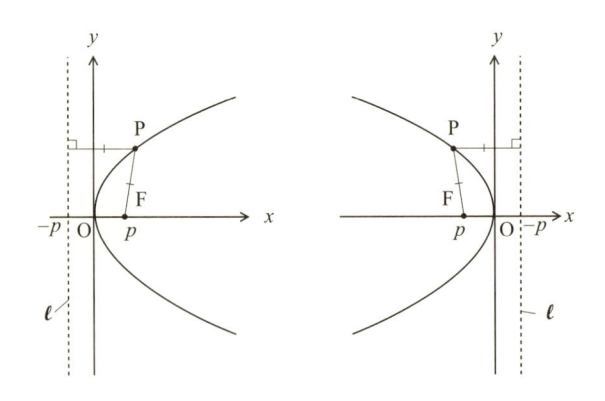

図 10.1　放物線 $y^2 = 4px$. $p > 0$ の場合 (左) と $p < 0$ の場合 (右).

註 10.3　$p \neq 0$ とする．点 $F(0,p)$ を焦点とし，直線 $\ell : y = -p$ を準線とする放物線は，方程式
$$x^2 = 4py \tag{10.2}$$
によって表される．これは，2 次関数 $y = x^2/(4p)$ のグラフである．

問 1　放物線 $y = ax^2$ ($a \neq 0$) の焦点の座標と準線の方程式を求めよ．

問 2　任意の 2 つの放物線 C, C' は相似であることを示せ．

定義 10.4　平面上で，2 定点 F, F' からの距離の和が一定であるような点 P の軌跡を**楕円** (ellipse) といい，2 点 F, F' をその**焦点**という．

定義 10.4 で，$F = F'$ のとき，点 P の軌跡は F を中心とする円である．すなわち，円は楕円の特別な場合と見なされる．

定理 10.5　$a > c > 0$ とする．2 定点 $F(c,0), F'(-c,0)$ を焦点とし，F, F' からの距離の和が $2a$ である楕円は，方程式
$$\frac{x^2}{a^2} + \frac{y^2}{b^2} = 1 \quad (b = \sqrt{a^2 - c^2}) \tag{10.3}$$
によって表される．このとき，$a > b > 0$ である．

(10.3) を楕円の方程式の**標準形**という．一般に，楕円の焦点 F, F' を結ぶ線分の中点を**中心**，F, F' を通る直線 ℓ と楕円との交点と，中心を通り ℓ に垂直な直線と楕円との交点を**頂点**という．向かい合う頂点を結んでできる線分のうち，

10.1. 放物線, 楕円, 双曲線

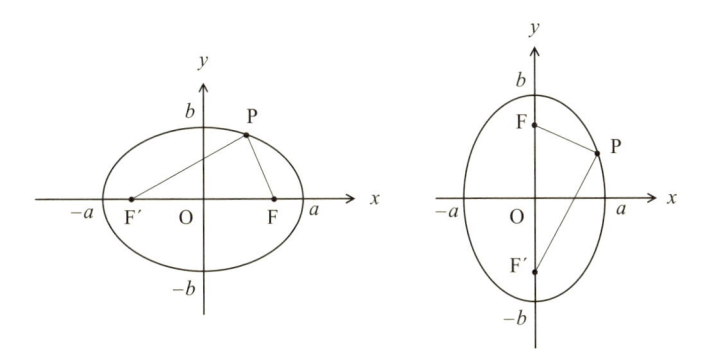

図 10.2 楕円 $\dfrac{x^2}{a^2}+\dfrac{y^2}{b^2}=1$. $a>b$ の場合 (左) と $b>a$ の場合 (右).

長い方を**長軸**, 短い方を**短軸**という. 楕円 (10.3) では, 中心は原点 O, 頂点は $(\pm a,0),(0,\pm b)$ である. また, $c=\sqrt{a^2-b^2}$ が成り立つ (図 10.2).

註 10.6 $b>c>0$ のとき, 2 定点 $\mathrm{F}(0,c),\mathrm{F}'(0,-c)$ を焦点とし, F, F′ からの距離の和が $2b$ である楕円は, 方程式
$$\frac{x^2}{a^2}+\frac{y^2}{b^2}=1 \quad (a=\sqrt{b^2-c^2}) \tag{10.4}$$
によって表される. このとき, $b>a>0$ である.

問 3 楕円 $x^2+4y^2=4$ の頂点と焦点の座標を求めて, その概形を描け.

例 10.7 $a>0,b>0$ とする. 行列 $A=\begin{pmatrix} a & 0 \\ 0 & b \end{pmatrix}$ の表す 1 次変換 $f:\mathbb{R}^2 \longrightarrow \mathbb{R}^2$ によって, 単位円 $S:x^2+y^2=1$ は楕円
$$C:\frac{x^2}{a^2}+\frac{y^2}{b^2}=1 \tag{10.5}$$
へうつされる. 実際, 註 8.53 を思い出して $f((x,y))=(X,Y)$ とおくと,
$$\begin{pmatrix} x \\ y \end{pmatrix} = A^{-1}\begin{pmatrix} X \\ Y \end{pmatrix} = \frac{1}{ab}\begin{pmatrix} b & 0 \\ 0 & a \end{pmatrix}\begin{pmatrix} X \\ Y \end{pmatrix} = \begin{pmatrix} X/a \\ Y/b \end{pmatrix}.$$
このとき, $(x,y)\in S$ とすると, $(X/a)^2+(Y/b)^2=1$. ここで, X,Y をそれぞれ x,y に置き換えると, 方程式 (10.5) が得られる. ゆえに, $f[S]=C$.

問 4 任意の 2 つの楕円 C,C' はアフィン同型であることを示せ.

註 10.8 ケプラーの第一法則より,惑星の軌道は太陽を 1 つの焦点とする楕円である.したがって,地球が太陽をまわる軌道も楕円であり,我々は日々楕円の上を移動していることになる.詳しくは,参考書 [9] を見よ.

定義 10.9 平面上で,異なる 2 定点 F, F′ からの距離の差が一定であるような点 P の軌跡を**双曲線** (hyperbola) といい,2 点 F, F′ をその**焦点**という.

定理 10.10 $c>a>0$ とする.2 定点 $F(c,0), F'(-c,0)$ を焦点とし,F, F′ からの距離の差が $2a$ である双曲線は,方程式

$$\frac{x^2}{a^2} - \frac{y^2}{b^2} = 1 \quad (b = \sqrt{c^2 - a^2}) \tag{10.6}$$

によって表される.

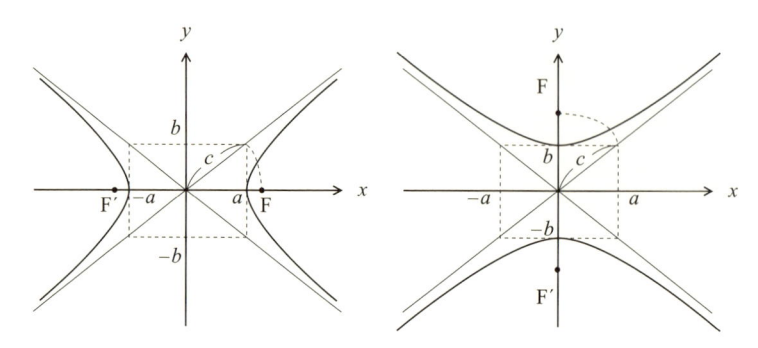

図 10.3 双曲線 $\frac{x^2}{a^2} - \frac{y^2}{b^2} = 1$ (左) と双曲線 $\frac{x^2}{a^2} - \frac{y^2}{b^2} = -1$ (右).

(10.6) を双曲線の方程式の**標準形**という.一般に,双曲線の焦点 F, F′ を結ぶ線分の中点を**中心**,F, F′ を通る直線を**主軸**,主軸と双曲線との交点を**頂点**という.双曲線 (10.6) では,中心は原点 O,主軸は x 軸,頂点は $(\pm a, 0)$ である.また,2 直線 $y = \pm bx/a$ を漸近線に持ち,$c = \sqrt{a^2 + b^2}$ が成り立つ (図 10.3).特に,2 本の漸近線が垂直である双曲線は,**直角双曲線**とよばれる.

註 10.11 $c>b>0$ のとき,2 定点 $F(0,c), F'(0,-c)$ を焦点とし,F, F′ からの距離の差が $2b$ である双曲線は,方程式

$$\frac{x^2}{a^2} - \frac{y^2}{b^2} = -1 \quad (a = \sqrt{c^2 - b^2}) \tag{10.7}$$

によって表される.

10.1. 放物線, 楕円, 双曲線

問 5 直角双曲線 $x^2 - y^2 = 2$ の頂点と焦点の座標を求めよ．

例 10.12 図 10.4 のように，直角双曲線 $H_0 : x^2 - y^2 = 2$ を原点 O を中心として 45° 回転させると，反比例のグラフ $H : xy = 1$ が得られる．実際，$\theta = \pi/4$ のとき，$\rho_\theta((x,y)) = (X, Y)$ とおくと，

$$\begin{pmatrix} x \\ y \end{pmatrix} = R_\theta^{-1} \begin{pmatrix} X \\ Y \end{pmatrix} = \frac{1}{\sqrt{2}} \begin{pmatrix} X+Y \\ -X+Y \end{pmatrix}$$

である．このとき，$(x,y) \in H_0$ とすると，

$$\frac{1}{2}(X+Y)^2 - \frac{1}{2}(-X+Y)^2 = 2$$

だから，$XY = 1$．ここで，X, Y を x, y で置き換えると，$xy = 1$．ゆえに，$\rho_\theta[H_0] = H$ が成立する．結果として，反比例のグラフ $H : xy = 1$ は，2 点 $F(\sqrt{2}, \sqrt{2}), F'(-\sqrt{2}, -\sqrt{2})$ を焦点とし，$|PF - PF'| = 2\sqrt{2}$ である点 P の軌跡であることが分かる．

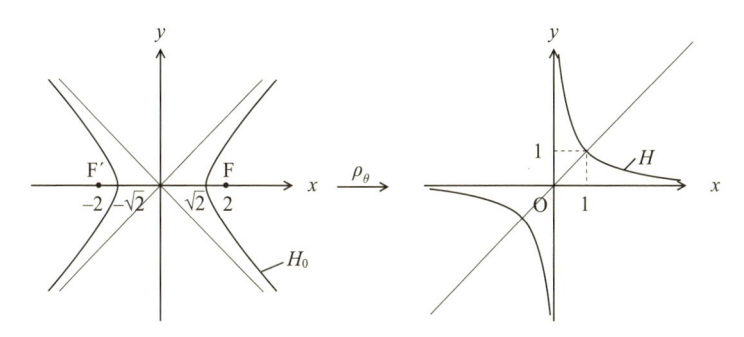

図 10.4 直角双曲線 $H_0 : x^2 - y^2 = 2$ と反比例のグラフ $H : xy = 1$．

例 10.13 (**ロラン海図**) 海上にある船舶が自分の位置を知るための方法として，GPS が発達する以前には，双曲線の性質を利用する方法が使われていた．ロラン局とよばれる 3 つの地点 A, B, C から特殊な電波を発信し，船 P ではそれらを受信した時間差によって，2 地点 A と B からの距離の差 r と，2 地点 B と C からの距離の差 r' を計算する．このとき，船 P は 2 点 A, B からの距離の差が r の双曲線 H と，2 点 B, C からの距離の差が r' の双曲線 H' の交点として，自分の位置を知ることができる．あらかじめロラン局を焦点として，いろいろな r の値に対応する双曲線を引いた**ロラン海図**とよばれる地図 (図 10.5) が作

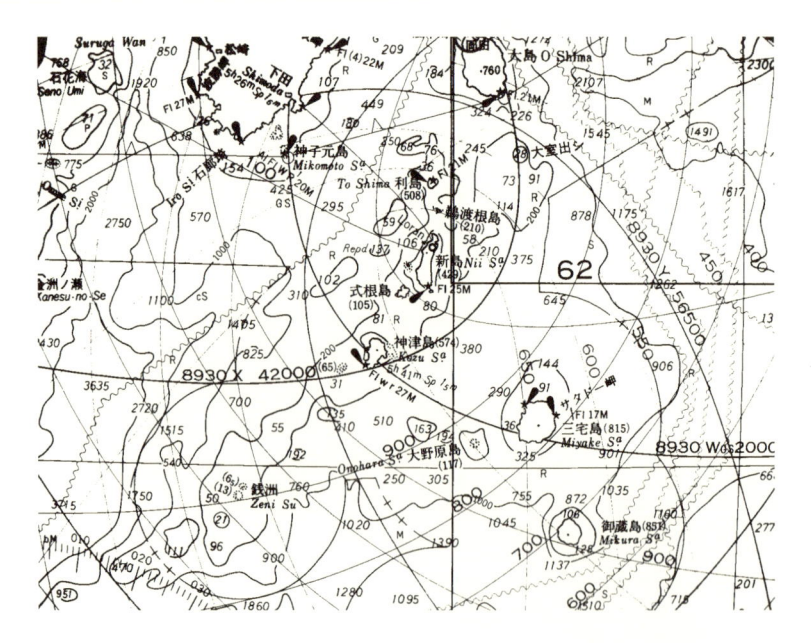

図 10.5　ロラン海図．新島ロラン局を一方の焦点として，複数の双曲線が描かれている．ロラン・チャート LCW1072 東京湾至鹿児島湾（東京都新島付近）．海上保安庁図誌利用第 220018 号．

られていた．

註 10.14　定義 10.1, 10.4, 10.9 で与えた，放物線，楕円，双曲線の定義は座標を必要としないことに注意しよう．これらの曲線は，すでにギリシャ時代に**円錐曲線**の名前で研究されていた．アポロニウス（前 230 頃）は，直円錐を平面 H で切断したとき，H の角度によって切断面が，放物線，楕円，双曲線になることを明らかにして，それらの性質を研究した．円錐と 2 次曲線の関係については，参考書 [9, 21, 22, 29] にていねいな説明がある．歴史的側面ついては，[34] を参照せよ．

一般に，放物線，楕円，双曲線の焦点や準線は，平面 $\mathbb{R}^2$ 上のどこにあってもよいことに注意しよう．それらの中で，特定の位置にあるものの方程式が標準形である．任意の放物線，楕円，双曲線は，それぞれ，標準形の方程式の表す放物線，楕円，双曲線と合同である．

* * * * * * * * * *

演習 10.1.1 $m>0, n>0, m\neq n$ とする．平面 $\mathbb{R}^2$ 上の異なる 2 定点 F, F′ に対して，PF:PF′$=m:n$ である点 P の軌跡を求めよ．

演習 10.1.2 平面 $\mathbb{R}^2$ 上の異なる 2 定点 F, F′ に対し，PF$^2+$PF$'^2$ の値が一定である点 P の軌跡を求めよ．

演習 10.1.3 放物線 $y^2=4px$ $(p\neq 0)$ 上の点 P$\neq$O から x 軸へ下ろした垂線の足を H とし，P を通り OP に垂直な直線と x 軸との交点を K とする．このとき，線分 HK の長さは P の位置に無関係に一定であることを示せ．

演習 10.1.4 楕円 $C:\dfrac{x^2}{a^2}+\dfrac{y^2}{b^2}=1$ $(a>b>0)$ の焦点の 1 つを F$(c,0)$ $(c>0)$ とし，$e=c/a$ とおく．楕円 C 上の任意の点 P から直線 $\ell: x=a^2/c$ へ下ろした垂線の足を H とすると，PF$=e$PH が成り立つことを示せ．

演習 10.1.5 任意の 2 つの双曲線 H, H' はアフィン同型であることを示せ．

演習 10.1.6 2 点 F, F′ を焦点とする楕円 C 上を点 P が動くとき，$\triangle$PFF′ の重心 G はどんな図形の上を動くか．

演習 10.1.7 第 3 章，例 3.6 で考えた棒の長さを a とし，棒の下端から長さ b $(b<a)$ のところに印 P をつける．棒の上端が壁に沿って下がるとき，P はどんな図形の上を動くか．

演習 10.1.8 円柱を平面で切断するとき，その切断面は楕円であることを説明せよ．

10.2 焦点と接線の性質

　放物線，楕円，双曲線の焦点と接線に関係する性質を紹介しよう．放物線を軸のまわりに 1 回転してできる曲面を **放物面** という．図 10.6 が示すように，焦点から発射された光線は放物面で反射すると軸に平行に進む．逆に，軸に平行に入射した光線は放物面で反射すると焦点に集まる．これがパラボラ・アンテナの原理である．そのことを示すために，放物線の接線の方程式を求めよう．

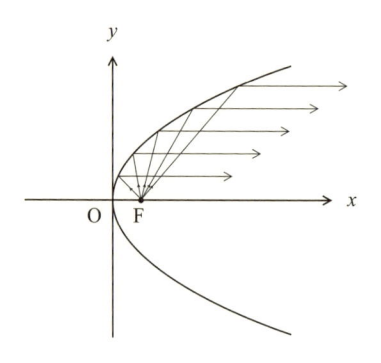

図 10.6　放物線の焦点から発射された光の進路.

命題 10.15　放物線 $y^2 = 4px$ 上の点 $\mathrm{P}(x_1, y_1)$ における接線の方程式は,
$$yy_1 = 2p(x + x_1) \tag{10.8}$$
で与えられる.

証明　方程式 $y^2 = 4px$ の両辺を x で微分すると,
$$2y\frac{dy}{dx} = 4p$$
だから, $dy/dx = 2p/y$. したがって, $y_1 \neq 0$ のとき, 点 P における接線の傾きは $2p/y_1$. ゆえに, 接線の方程式は,
$$y - y_1 = \frac{2p}{y_1}(x - x_1).$$
これを $y_1^2 = 4px_1$ を使って整理すると, 方程式 (10.8) が得られる. この放物線の原点 O における接線は $x = 0$ だから, $y_1 = 0$ のときも接線の方程式は (10.8) で与えられる. □

問 6　命題 10.15 を, 微分を使わずに証明せよ.

本節の最初に述べた現象 (図 10.6) は, 次の定理から導かれる.

定理 10.16　放物線 $y^2 = 4px$ 上の点 $\mathrm{P}(x_1, y_1)$ $(y_1 \neq 0)$ における接線と x 軸との交点を N, この放物線の焦点を F とする. このとき, $\angle \mathrm{FPN} = \angle \mathrm{FNP}$ が成り立つ.

証明　命題 10.15 より, 接線の方程式は $yy_1 = 2p(x + x_1)$ だから, $y = 0$ と

おくと，$x=-x_1$．すなわち，$N(-x_1,0)$ だから，
$$FN = |p-(-x_1)| = |p+x_1|.$$
他方，P から放物線の準線 $x=-p$ へ下ろした垂線の足を H とすると，
$$PF = PH = |x_1-(-p)| = |p+x_1|.$$
したがって，PF＝FN だから，△FPN は二等辺三角形である．ゆえに，∠FPN ＝∠FNP が成立する．図 10.7 を参照． □

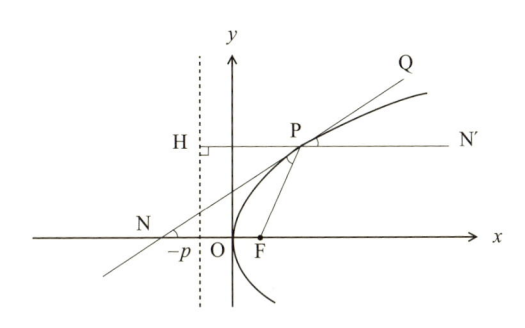

図 10.7 定理 10.16 の証明．光や電波が曲面で反射するときは，その接平面で反射するのと同じ方向へ進む．∠FNP＝∠FPN＝∠QPN′ だから，F から進んだ光は P で反射すると軸に平行に進む．

図 10.8 に示すように，楕円の一方の焦点から発射された光線は楕円の周で反射すると，もう一方の焦点に集まる．この性質を証明するために，楕円の接線の方程式を求めよう．

命題 10.17 楕円 $\dfrac{x^2}{a^2}+\dfrac{y^2}{b^2}=1$ 上の点 $P(x_1,y_1)$ における接線の方程式は，
$$\frac{x_1 x}{a^2}+\frac{y_1 y}{b^2}=1 \tag{10.9}$$
で与えられる．

証明 方程式 $(x^2/a^2)+(y^2/b^2)=1$ の両辺を x で微分すると，
$$\frac{1}{a^2}2x+\frac{1}{b^2}2y\frac{dy}{dx}=0$$
だから，$dy/dx=-b^2 x/(a^2 y)$．したがって，$y_1 \neq 0$ のとき，点 P における接線の傾きは $-b^2 x_1/(a^2 y_1)$．ゆえに，接線の方程式は，

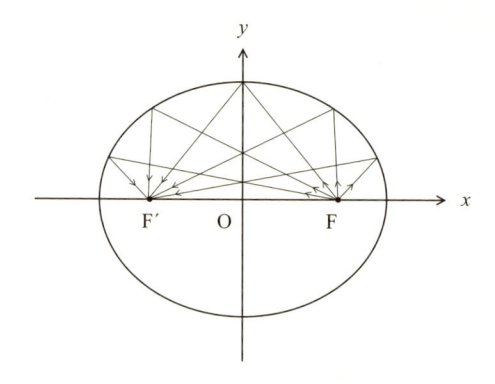

図 10.8 焦点 F から発射された光線は，楕円で反射すると，他方の焦点 F′ に集まる．もし楕円形のビリヤード台を作ると，F に置いた玉は，どの方向へ打っても F′ を通過する．

$$y - y_1 = -\frac{b^2 x_1}{a^2 y_1}(x - x_1).$$

これを $(x_1^2/a^2) + (y_1^2/b^2) = 1$ を使って整理すると，方程式 (10.9) が得られる．点 $(\pm a, 0)$ における接線の方程式は $x = \pm a$ だから，$y_1 = 0$ のときも接線の方程式は (10.9) で与えられる． □

問 7 楕円 $x^2 + 4y^2 = 4$ 上の点 $P(1, \sqrt{3}/2)$ における接線の方程式を求めよ．

楕円の焦点の性質 (図 10.8) は，次の定理から導かれる．

定理 10.18 楕円 $\dfrac{x^2}{a^2} + \dfrac{y^2}{b^2} = 1$ 上の点 $P(x_1, y_1)$ $(y_1 \neq 0)$ における接線を ℓ，点 P を通り ℓ に垂直な直線を m とし，この楕円の焦点を F, F′ とする．このとき，m は $\angle \mathrm{FPF'}$ を二等分する．

証明 $a > b > 0$ の場合を示す．$e = \sqrt{a^2 - b^2}/a$ とおくと，$\mathrm{F}(ae, 0), \mathrm{F'}(-ae, 0)$．図 10.9 のように，直線 m と x 軸との交点を N とする．定理 2.7 より，

$$\mathrm{FN} : \mathrm{F'N} = \mathrm{PF} : \mathrm{PF'} \tag{10.10}$$

が成り立つことを示せばよい．命題 10.17 の証明中で求めたように，ℓ の傾きは $-b^2 x_1/(a^2 y_1)$ だから，m の方程式は

$$y - y_1 = \frac{a^2 y_1}{b^2 x_1}(x - x_1).$$

したがって，$y=0$ とおくと，$x=e^2x_1$．すなわち，$\mathrm{N}(e^2x_1,0)$ だから，
$$\mathrm{FN} = |ae - e^2x_1| = e|a - ex_1|,$$
$$\mathrm{F'N} = |(-ae) - e^2x_1| = e|a + ex_1|.$$

次に，$\mathrm{PF}, \mathrm{PF'}$ を求めよう．
$$\begin{aligned}
\mathrm{PF}^2 &= (x_1 - ae)^2 + y_1^2 \\
&= x_1^2 - 2aex_1 + a^2e^2 + y_1^2 \\
&= x_1^2 - 2aex_1 + (a^2 - b^2) + \left(b^2 - \frac{b^2}{a^2}x_1^2\right) \\
&= a^2 - 2aex_1 + \frac{a^2 - b^2}{a^2}x_1^2 \\
&= a^2 - 2aex_1 + e^2x_1^2 = (a - ex_1)^2
\end{aligned}$$

だから，$\mathrm{PF} = |a - ex_1|$．同様に，$\mathrm{PF'} = |a + ex_1|$．結果として，$\mathrm{FN} = e\mathrm{PF}, \mathrm{F'N} = e\mathrm{PF'}$ だから，(10.10) が成立する． □

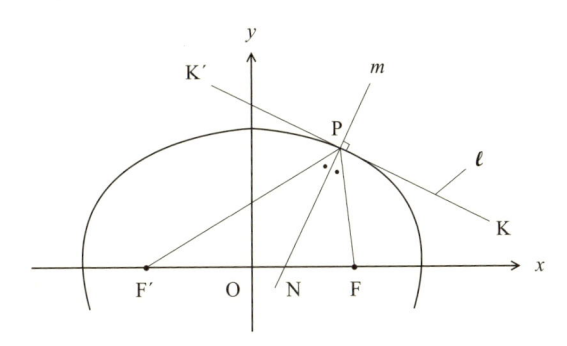

図 10.9 定理 10.18 の証明．直線 m が $\angle\mathrm{FPF'}$ を二等分するから，$\angle\mathrm{FPK} = \angle\mathrm{F'PK'}$．したがって，F から発射された光は P で反射すると F' へ進む．

註 10.19 反響のよい壁材で囲まれた正確に楕円形の部屋を作ると，一方の焦点で発した囁きは，他の所では聞こえずに，もう一方の焦点にいる人だけに聞こえる．参考書 [9] によれば，アメリカ国会議事堂内には，「囁きの回廊」と呼ばれるそのような部屋が実在するということである．

図 10.10 に示すように，双曲線の一方の焦点 F から発射された光線は，双曲線上の点 P で反射すると，もう一方の焦点 F' と P を通る直線上を進む．逆に，

F′ をねらって発射された光は，双曲線で反射すると F に集まる．この性質は，下の定理 10.21 から導かれる．

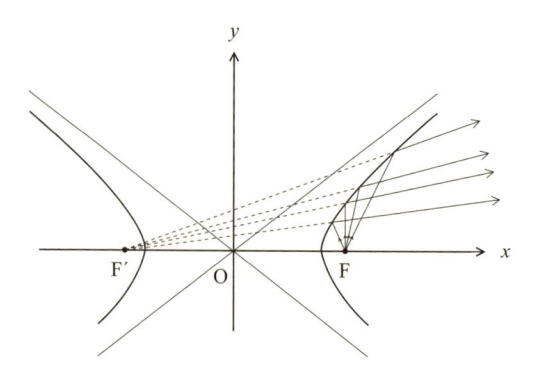

図 10.10 双曲線の焦点から発射された光の進路．

命題 10.20 双曲線 $\dfrac{x^2}{a^2} - \dfrac{y^2}{b^2} = 1$ 上の点 $P(x_1, y_1)$ における接線の方程式は，
$$\frac{x_1 x}{a^2} - \frac{y_1 y}{b^2} = 1 \tag{10.11}$$
で与えられる．

定理 10.21 双曲線 $\dfrac{x^2}{a^2} - \dfrac{y^2}{b^2} = 1$ 上の点 $P(x_1, y_1)$ $(y_1 \neq 0)$ における接線を ℓ とし，この双曲線の焦点を F, F' とする．このとき，ℓ は $\angle FPF'$ を二等分する．

命題 10.20 と定理 10.21 の証明は，それぞれ楕円の場合と同様に証明できるので，読者への宿題としよう．定理 10.18, 10.21 の座標を使わない証明が参考書 [21] にある．

* * * * * * * * *

演習 10.2.1 放物線 $C_1 : y^2 = 4x$ と楕円 $C_2 : (x^2/a^2) + y^2 = 1$ $(a > 0)$ の交点の 1 つを P とする．P における C_1, C_2 の接線が垂直に交わるとき，a の値を求めよ．

演習 10.2.2 放物線 $C : y^2 = 4px$ の焦点を通る直線が，異なる 2 点 P_1, P_2 で C と交わるとする．このとき，P_1, P_2 における C の接線 ℓ_1, ℓ_2 は，C の準線上で垂直に交わることを示せ．

演習 10.2.3 焦点 F, F′ を共有する楕円 C と双曲線 H の交点の 1 つを P とする．このとき，P における C と H の接線は垂直に交わることを示せ．

演習 10.2.4 双曲線 $H : (x^2/a^2) - (y^2/b^2) = 1$ $(a > 0, b > 0)$ 上の点 P における H の接線が H の漸近線と 2 点 A, B で交わるとする．このとき，△OAB の面積は，P の位置に無関係に一定であることを示せ．

演習 10.2.5 定理 10.16 の主張を座標を使わずに述べ，それを座標を使わずに証明せよ．

10.3 2 次曲線とその移動

平面 $\mathbb{R}^2$ 上で，実数を係数とする x, y に関する 2 次方程式
$$ax^2 + 2hxy + by^2 + 2px + 2qy + c = 0 \tag{10.12}$$
(ただし，$a \neq 0$ または $h \neq 0$ または $b \neq 0$) の表す曲線を **2 次曲線** という．標準形の方程式が表す放物線，楕円，双曲線は 2 次曲線の例である．

註 10.22 方程式 (10.12) は曲線を表すとは限らない．たとえば，$x^2 + y^2 = 0$ は原点 O だけからなる 1 点集合を表し，$x^2 + y^2 + 1 = 0$ は，これを満たす点は $\mathbb{R}^2$ 上には存在しないから，空集合を表す．また，$(px + qy + c)(p'x + q'y + c') = 0$ は (10.12) の形に展開されるが，それは 2 直線の和集合または 1 直線を表す．本書では，方程式 (10.12) の表す図形 C が，空集合，1 点集合，1 直線，および，2 直線の和集合のいずれでもないとき，C を 2 次曲線とよぶ．

本節の目標は，次の (1), (2) を示すことである．
(1) $\mathbb{R}^2$ 上の任意の放物線，楕円，双曲線は 2 次曲線である．
(2) 任意の 2 次曲線は，放物線，楕円，双曲線のいずれかである．

まず，例を考えることから始めよう．

例 10.23 楕円 $C_0 : x^2 + 4y^2 = 4$ を原点 O を中心に角度 $\theta = \pi/4$ 回転してできる楕円 $C_1 = \rho_\theta[C_0]$ の方程式と，次に，C_1 をベクトル $\boldsymbol{u} = (4, 2)$ だけ平行移動してできる楕円 $C_2 = \tau_{\boldsymbol{u}}[C_1]$ の方程式を求めよう (図 10.11 参照)．

註 8.53 を思い出そう．$\rho_\theta((x, y)) = (X, Y)$ とおくと，

$$\begin{pmatrix} x \\ y \end{pmatrix} = R_\theta^{-1} \begin{pmatrix} X \\ Y \end{pmatrix} = \frac{1}{\sqrt{2}} \begin{pmatrix} X+Y \\ -X+Y \end{pmatrix}$$

だから，$(x,y) \in C_0$ とすると，

$$\frac{1}{2}(X+Y)^2 + 2(-X+Y)^2 = 4.$$

展開して整理すると，$5X^2 - 6XY + 5Y^2 - 8 = 0$．ゆえに，$X, Y$ を x, y で置き換えることにより，

$$C_1 : 5x^2 - 6xy + 5y^2 - 8 = 0$$

が得られる．次に，$\tau_{\boldsymbol{u}}((x,y)) = (X,Y)$ とおくと，

$$\begin{pmatrix} x \\ y \end{pmatrix} = \tau_{\boldsymbol{u}}^{-1}\left(\begin{pmatrix} X \\ Y \end{pmatrix}\right) = \begin{pmatrix} X-4 \\ Y-2 \end{pmatrix}$$

だから，$(x,y) \in C_1$ とすると，

$$5(X-4)^2 - 6(X-4)(Y-2) + 5(Y-2)^2 - 8 = 0.$$

これを展開して整理すると，$5X^2 - 6XY + 5Y^2 - 28X + 4Y + 44 = 0$．ゆえに，$X, Y$ を x, y で置き換えることにより，

$$C_2 : 5x^2 - 6xy + 5y^2 - 28x + 4y + 44 = 0$$

が得られる．

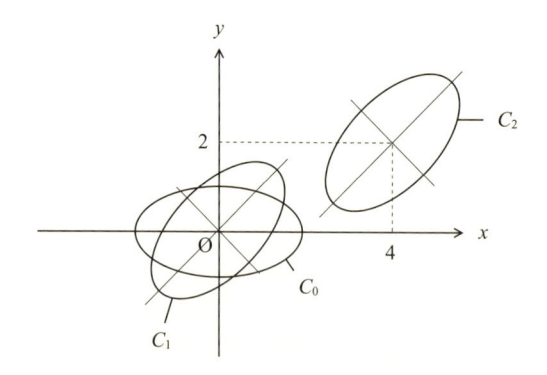

図 **10.11** 例 10.23. $C_1 = \rho_\theta[C_0], C_2 = \tau_{\boldsymbol{u}}[C_1]$.

例 10.23 で求めた楕円 C_1, C_2 の方程式は (10.12) の形だから，それらは共に 2 次曲線である．

10.3. 2次曲線とその移動

一般に，2次曲線 C を，正則行列の表す1次変換や平行移動でうつすことは，C の方程式の x と y に x, y に関する1次式を代入することだから，得られた方程式はまた (10.12) の形になる．また，そのとき C の像が，註 10.22 で排除した図形になることはない．このことから，次の定理が成立する．

定理 10.24　2次曲線 C のアフィン変換 $f: \mathbb{R}^2 \longrightarrow \mathbb{R}^2$ による像 $f[C]$ は，また2次曲線である．特に，2次曲線 C と合同な図形はまた2次曲線である．

系 10.25　$\mathbb{R}^2$ 上の任意の放物線，楕円，双曲線は2次曲線である．

証明　任意の放物線，楕円，双曲線は，それぞれ，標準形の方程式の表す放物線，楕円，双曲線と合同である．後者は2次曲線だから，定理 10.24 より，前者も2次曲線である．　□

次に，例 10.23 で，最初に2次曲線 C_2 が与えられたとき，そこから逆に C_1 や C_0 を求める方法を考えよう．いま，x, y の2次方程式

$$ax^2 + 2hxy + by^2 + 2px + 2qy + c = 0 \tag{10.13}$$

(ただし，$a \neq 0$ または $h \neq 0$ または $b \neq 0$) の表す図形 C が与えられたとする．このとき，$\tau_{\boldsymbol{u}}[C_1] = C$ を満たす図形

$$C_1: ax^2 + 2hxy + by^2 + d = 0 \tag{10.14}$$

とベクトル $\boldsymbol{u}$ を見つけたい．ただし，d は定数項を表す．そのために，$\boldsymbol{u} = (s, t)$ とおいて，$\tau_{\boldsymbol{u}}^{-1}[C]$ の方程式を求めよう．$\tau_{\boldsymbol{u}}((x, y)) = (X, Y)$ とおくと，$X = x + s, Y = y + t$ だから，$(X, Y) \in C$ とすると，

$$a(x+s)^2 + 2h(x+s)(y+t) + b(y+t)^2$$
$$+ 2p(x+s) + 2q(y+t) + c = 0.$$

これを展開して x, y について整理すると，$\tau_{\boldsymbol{u}}^{-1}[C]$ の方程式

$$ax^2 + 2hxy + by^2 + 2(as + ht + p)x + 2(hs + bt + q)y + d = 0, \tag{10.15}$$

ただし，

$$d = as^2 + 2hst + bt^2 + 2ps + 2qt + c$$
$$= s(as + ht + p) + t(hs + bt + q) + ps + qt + c \tag{10.16}$$

が得られる．方程式 (10.15) が (10.14) の形になるためには，ベクトル $\boldsymbol{u} = (s, t)$ の成分として，s, t に関する連立方程式

$$\begin{cases} as+ht+p=0 \\ hs+bt+q=0 \end{cases} \tag{10.17}$$

の解を選べばよい．そのとき，(10.16) より $d=ps+qt+c$ となる．註 7.10 より，連立方程式 (10.17) がただ 1 組の解を持つためには，$ab-h^2 \neq 0$ であることが必要十分である．以上の考察をまとめると，次の補題が得られる．

補題 10.26 方程式 (10.13) の表す図形 C が与えられたとする．$ab-h^2 \neq 0$ のとき，連立方程式 (10.17) を満たす s,t に対して，$d=ps+qt+c$ とおく．このとき，図形

$$C_1 : ax^2+2hxy+by^2+d=0 \tag{10.18}$$

をベクトル $\boldsymbol{u}=(s,t)$ だけ平行移動すると C になる．すなわち，$\tau_{\boldsymbol{u}}[C_1]=C$．

註 10.27 補題 10.26 において，方程式 (10.18) より，もし点 (x,y) が C_1 の点ならば点 $(-x,-y)$ も C_1 の点だから，C_1 は原点 O に関して点対称な図形であることが分かる．したがって，$ab-h^2 \neq 0$ のとき，元の図形 C も点対称な図形である．

補題 10.26 は，点対称な 2 次曲線 C の中心を原点 O に平行移動して，C の方程式から x と y の項を消去する方法を与えている．次に，xy の項を消去する方法を考えよう．そのために再び，方程式 (10.13) の表す図形 C が与えられたとする．このとき，$\rho_\theta[C_1]=C$ を満たす図形

$$C_1 : a'x^2+b'y^2+2p'x+2q'y+c=0$$

と角度 θ を求めたい．いま，任意の θ に対して，$\rho_\theta^{-1}[C]$ の方程式を求めよう．$\rho_\theta((x,y))=(X,Y)$ とおくと，

$$\begin{pmatrix} X \\ Y \end{pmatrix} = R_\theta \begin{pmatrix} x \\ y \end{pmatrix} = \begin{pmatrix} x\cos\theta - y\sin\theta \\ x\sin\theta + y\cos\theta \end{pmatrix}$$

だから，$(X,Y) \in C$ とすると，

$$a(x\cos\theta - y\sin\theta)^2 + 2h(x\cos\theta - y\sin\theta)(x\sin\theta + y\cos\theta)$$
$$+ b(x\sin\theta + y\cos\theta)^2 + 2p(x\cos\theta - y\sin\theta)$$
$$+ 2q(x\sin\theta + y\cos\theta) + c = 0.$$

これを展開して x,y について整理すると，$\rho_\theta^{-1}[C]$ の方程式

$$a'x^2 + 2h'xy + b'y^2 + 2p'x + 2q'y + c = 0$$
が得られる．ただし，a', h', b', p', q' は実数，特に，
$$2h' = -2a\cos\theta\sin\theta + 2h(\cos^2\theta - \sin^2\theta) + 2b\sin\theta\cos\theta$$
$$= 2h\cos 2\theta - (a-b)\sin 2\theta.$$
ゆえに，$h' = 0$ であるためには，$a = b$ のとき，$\theta = \pi/4, a \neq b$ のとき，
$$\frac{\sin 2\theta}{\cos 2\theta} = \tan 2\theta = \frac{2h}{a-b}$$
であればよい．以上の考察をまとめると，次の補題が得られる．

補題 10.28 方程式 (10.13) の表す図形 C が与えられたとする．$a = b$ のとき，$\theta = \pi/4$ とし，$a \neq b$ のとき，$\tan 2\theta = 2h/(a-b)$ である θ ($0 \leq \theta \leq \pi/2$) を選ぶ．このとき，図形
$$C_1 : a'x^2 + b'y^2 + 2p'x + 2q'y + c = 0 \qquad (10.19)$$
が存在して，C_1 を原点 O を中心として角度 θ 回転させると C になる．すなわち，$\rho_\theta[C_1] = C$.

補題 10.26, 10.28 を使って，2 次曲線の形を調べてみよう．

例題 10.29 2 次曲線 $C : 5x^2 - 4xy + 8y^2 - 6x - 12y - 27 = 0$ の形を調べよ．

解 方程式 (10.13) と C の方程式を比較すると，
$$a = 5, h = -2, b = 8, p = -3, q = -6, c = -27.$$
したがって，$ab - h^2 \neq 0$ だから，(10.17) に対応する連立方程式
$$\begin{cases} 5s - 2t - 3 = 0 \\ -2s + 8t - 6 = 0 \end{cases}$$
を解くと，$s = 1, t = 1$. ゆえに，$d = ps + qt + c = -36$. 補題 10.26 より，図形
$$C_1 : 5x^2 - 4xy + 8y^2 - 36 = 0$$
をベクトル $\boldsymbol{u} = (1, 1)$ だけ平行移動すると C になる．すなわち，$\tau_{\boldsymbol{u}}[C_1] = C$. 次に，補題 10.28 を使って，$C_1$ の方程式から xy の項を消去しよう．
$$\tan 2\theta = \frac{2h}{a-b} = \frac{4}{3}$$
とおくと，倍角公式 $\tan 2\theta = 2\tan\theta/(1 - \tan^2\theta)$ より，$\tan\theta = -2, 1/2$. いま

$0 \leq \theta \leq \pi/2$ だから，$\tan\theta = 1/2$. このとき，$\cos\theta = 2/\sqrt{5}, \sin\theta = 1/\sqrt{5}$. したがって，$\rho_\theta((x,y)) = (X,Y)$ とおくと，
$$\begin{pmatrix} X \\ Y \end{pmatrix} = R_\theta \begin{pmatrix} x \\ y \end{pmatrix} = \frac{1}{\sqrt{5}} \begin{pmatrix} 2x-y \\ x+2y \end{pmatrix}.$$
$C_0 = \rho_\theta^{-1}[C_1]$ を求めるために，$(X,Y) \in C_1$ とすると，
$$\frac{5}{5}(2x-y)^2 - \frac{4}{5}(2x-y)(x+2y) + \frac{8}{5}(x+2y)^2 - 36 = 0.$$
これを展開して整理すると，$4x^2 + 9y^2 - 36 = 0$ だから，楕円
$$C_0 : \frac{x^2}{9} + \frac{y^2}{4} = 1$$
が得られる．このとき，$\rho_\theta[C_0] = C_1$ だから，$(\tau_u \circ \rho_\theta)[C_0] = C$. ゆえに，2次曲線 C は楕円 C_0 と合同である．

例題 10.30 2次曲線 $C : x^2 - 2xy + y^2 - 4\sqrt{2}y - 6 = 0$ の形を調べよ．

解 方程式 (10.13) と C の方程式を比較すると，
$$a = 1,\ h = -1,\ b = 1,\ p = 0,\ q = -2\sqrt{2},\ c = -6.$$
このとき，$ab - h^2 = 0$ だから，補題 10.26 は使えない．したがって，補題 10.28 を使って，C の方程式から xy の項を消去しよう．いま $a = b$ だから，$\theta = \pi/4$ とおく．$\rho_\theta((x,y)) = (X,Y)$ とおくと，
$$\begin{pmatrix} X \\ Y \end{pmatrix} = R_\theta \begin{pmatrix} x \\ y \end{pmatrix} = \frac{1}{\sqrt{2}} \begin{pmatrix} x-y \\ x+y \end{pmatrix}.$$
$C_1 = \rho_\theta^{-1}[C]$ を求めるために，$(X,Y) \in C$ とすると，
$$\frac{1}{2}(x-y)^2 - \frac{2}{2}(x-y)(x+y) + \frac{1}{2}(x+y)^2 - \frac{4\sqrt{2}}{\sqrt{2}}(x+y) - 6 = 0.$$
これを展開して整理すると，$y^2 - 2y - 2x - 3 = 0$ だから，
$$C_1 : (y-1)^2 = 2(x+2).$$
さらに，C_1 は放物線 $C_0 : y^2 = 2x$ をベクトル $\boldsymbol{u} = (-2, 1)$ だけ平行移動して得られる曲線である．以上により，$\rho_\theta[C_1] = C$ かつ $\tau_u[C_0] = C_1$ だから，$C = (\rho_\theta \circ \tau_u)[C_0]$. ゆえに，2次曲線 C は放物線 C_0 と合同である．

問 8 2次曲線 $3x^2 - 10xy + 3y^2 + 14x - 2y + 3 = 0$ の形を調べよ．

最後に，本節の第2の目標である定理を証明しよう．

定理 10.31 任意の2次曲線は，放物線，楕円，双曲線のいずれかである．

証明 方程式 $ax^2+2hxy+by^2+2px+2qy+c=0$ (ただし，$a \neq 0$ または $h \neq 0$ または $b \neq 0$) の表す図形 C は，放物線，楕円，双曲線のいずれかと合同であるか，または，曲線でない (すなわち，註 10.22 で述べた図形である) ことを示す．補題 10.28 より，C は方程式 (10.19) の表す図形と合同だから，最初から $h=0$ であると仮定してよい．すなわち，

$$C: ax^2+by^2+2px+2qy+c=0 \qquad (10.20)$$

とする．このとき，もし $a=b=0$ ならば，C は曲線でないから，

$$a \neq 0 \quad \text{または} \quad b \neq 0 \qquad (10.21)$$

の場合だけを考えれば十分である．以下，(1) $ab=0$, (2) $ab>0$, (3) $ab<0$ の3つの場合に分けて証明する．

Case 1: $ab=0$ のとき，(10.21) より，2つの場合を考える．

$a=0, b \neq 0$ のとき，(10.20) は

$$C: b\left(y+\frac{q}{b}\right)^2+2px-\frac{q^2}{b}+c=0 \qquad (10.22)$$

と変形される．$p \neq 0$ のとき，$u=q/b, v=-(q^2/b)+c$ とおくと，

$$C: (y+u)^2=-\frac{2p}{b}\left(x+\frac{v}{2p}\right)$$

と表される．したがって，C をベクトル $\boldsymbol{u}=(v/(2p),u)$ だけ平行移動すると，放物線 $C_0: y^2=-(2p/b)x$ が得られる．このとき，$C \equiv C_0$ だから，C は放物線である．一方，$p=0$ のとき，C の方程式 (10.22) は，y の2次方程式

$$C: by^2+2qy+c=0 \qquad (10.23)$$

である．(10.23) が異なる2つの実数解 α, β を持つとき，C は平行な2直線 $y=\alpha, y=\beta$ である．(10.23) が重解 α を持つとき，C は直線 $y=\alpha$ である．(10.23) が実数解を持たないとき，C の方程式を満たす点 (x,y) は存在しないから，C は空集合である．

$a \neq 0, b=0$ のとき，上と同様に，$q \neq 0$ ならば，C は放物線 $C_0: x^2=-(2q/a)y$ と合同である．また，$q=0$ ならば，C は平行な2直線，または1直線，または空集合である．

次に，$ab \neq 0$ のとき，C の方程式 (10.20) は，

$$a\left(x+\frac{p}{a}\right)^2 + b\left(y+\frac{q}{b}\right)^2 - \frac{p^2}{a} - \frac{q^2}{b} + c = 0$$

と表されることに注意しよう．したがって，$k = (p^2/a) + (q^2/b) - c$ とおいて，C をベクトル $\boldsymbol{u} = (p/a, q/b)$ だけ平行移動すると，図形

$$C_1 : ax^2 + by^2 = k \tag{10.24}$$

が得られる．このとき，$C \equiv C_1$ だから，C_1 について考えればよい．

Case 2: $ab > 0$ のとき，$a > 0, b > 0$ であると仮定してよい (そうでなければ，両辺に -1 を乗ずればよい)．k の値によって，3 つの場合を考える．

$k > 0$ のとき，$\alpha = \sqrt{k/a}, \beta = \sqrt{k/b}$ とおくと，(10.24) は，

$$C_1 : \frac{x^2}{\alpha^2} + \frac{y^2}{\beta^2} = 1$$

と表されるから，C_1 は楕円である．ゆえに，C も楕円である．

$k = 0$ のとき，$a > 0, b > 0$ だから，C_1 は原点 O だけからなる 1 点集合である．ゆえに，C も 1 点集合である．

$k < 0$ のとき，$a > 0, b > 0$ だから，(10.24) を満たす点 (x, y) は $\mathbb{R}^2$ 上には存在しない．ゆえに，C_1 は空集合だから，C も空集合である．

Case 3: $ab < 0$ のとき，a, b, k の符号によって 3 つの場合を考える．

$ak > 0, bk < 0$ のとき，$\alpha = \sqrt{k/a}, \beta = \sqrt{-k/b}$ とおくと，(10.24) は，

$$C_1 : \frac{x^2}{\alpha^2} - \frac{y^2}{\beta^2} = 1$$

と表されるから，C_1 は双曲線である．ゆえに，C も双曲線である．

$ak < 0, bk > 0$ のとき，同様に $\alpha = \sqrt{-k/a}, \beta = \sqrt{k/b}$ とおくと，

$$C_1 : \frac{x^2}{\alpha^2} - \frac{y^2}{\beta^2} = -1$$

だから，C_1 は双曲線である (註 10.11 を参照)．ゆえに，C も双曲線である．

$k = 0$ のとき，もし $a > 0, b < 0$ ならば，$\alpha = \sqrt{a}, \beta = \sqrt{-b}$ とおくと，

$$C_1 : \alpha^2 x^2 - \beta^2 y^2 = 0.$$

このとき，$(\alpha x - \beta y)(\alpha x + \beta y) = 0$ だから，C_1 は 2 直線の和集合を表す．同様に，$a < 0, b > 0$ のときも C_1 は 2 直線の和集合である．ゆえに，C も 2 直線の和集合である． □

定理 10.31 より，任意の 2 次曲線 $C\colon f(x,y)=0$ は，10.1 節で復習した標準形の方程式 $F(x,y)=0$ の表す放物線，楕円，双曲線のいずれかと合同になる．このとき，方程式 $F(x,y)=0$ を 2 次曲線 C の方程式の**標準形**という．

註 10.32 定理 10.31 に関して，最初に与えられた方程式の形と，その方程式が表す図形の間の関係を示したより精密な定理が，参考書 [29, 37] にある．そのような結果を 2 次曲線の分類という．

* * * * * * * * *

演習 10.3.1 次の 2 次曲線 C の方程式の標準形を求めて，その形を調べよ．

(1) $x^2 - 4xy - 2y^2 + 10x + 4y + 3 = 0$,
(2) $x^2 - 2xy + y^2 - \sqrt{2}x - \sqrt{2}y + 2 = 0$,
(3) $5x^2 - 2\sqrt{3}xy + 7y^2 - 8\sqrt{3}x - 8y + 14 = 0$.

演習 10.3.2 放物線 $C\colon y = x^2$ を行列 $A = \begin{pmatrix} 1 & 1 \\ 0 & 1 \end{pmatrix}$ の表す 1 次変換 f でうつして得られる 2 次曲線 $f[C]$ の方程式を求めよ．また，その標準形を求めて，$f[C]$ の形を調べよ．

演習 10.3.3 2 次曲線 $C\colon 13x^2 - 6\sqrt{3}xy + 7y^2 - 16 = 0$ 上の点 $\mathrm{P}\left(-\dfrac{1}{4}, \dfrac{3\sqrt{3}}{4}\right)$ における接線の方程式を求めよ．

附録 A

問と演習問題の解答例

　問と演習問題の解答例を与える．ここで与える解答は 1 つの例であって，よりエレガントな解や証明が存在する場合が少なくないと思う．読者には，ぜひ独自の解答を考えてもらいたい．

A.1　第 1 章の問と演習

問 1 (p.4)　$\beta = \gamma_2$ が成立するためには，図 1.4 において △AGC = △AIJ であればよい．底辺と高さが等しい 2 つの三角形の面積は等しいから，

$$\triangle \text{AGC} = \triangle \text{AGB} \quad \text{かつ} \quad \triangle \text{AIJ} = \triangle \text{AIC}. \tag{A.1}$$

ここで，△AGB と △AIC は，どちらも長さ b と c の 2 辺を持ち，その間の角の大きさは ∠CAB + 90° だから，△AGB ≡ △AIC．結果として，(A.1) より △AGC = △AIJ．ゆえに，$\beta = \gamma_2$ が成立する．

問 2 (p.6)　図 A.1 参照．$5\sqrt{2}$ (中学校の問題)．

問 3 (p.9)　図 1.9 で ∠C が直角の場合を考える．このとき，ピタゴラスの定理より，

$$\text{AB}^2 + \text{AC}^2 = (\text{BC}^2 + \text{AC}^2) + \text{AC}^2 = 2\text{AC}^2 + \text{BC}^2. \tag{A.2}$$

M は BC の中点だから，$\text{BC}^2 = (2\text{BM})^2 = 4\text{BM}^2 = 2\text{CM}^2 + 2\text{BM}^2$．これを (A.2) に代入して，再度ピタゴラスの定理を使うと，$\text{AB}^2 + \text{AC}^2 = 2\text{AC}^2 + (2\text{CM}^2 + 2\text{BM}^2) = 2((\text{AC}^2 + \text{CM}^2) + \text{BM}^2) = 2(\text{AM}^2 + \text{BM}^2)$．

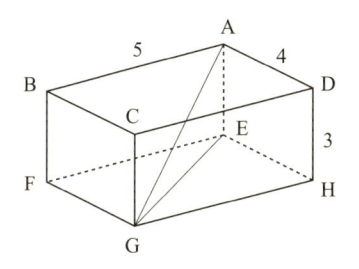

図 A.1 問 2 解答図. △EGH にピタゴラスの定理を適用すると，EG = $\sqrt{41}$. △AGE にピタゴラスの定理を適用すると，AG = $5\sqrt{2}$.

問 4 (p.9)　AB = 5, BC = 6, CA = 8 とし，3 本の中線を AD, BE, CF とする．このとき，ハップスの中線定理より，AD = $\sqrt{142}/2$, BE = $\sqrt{58}/2$, CF = $5\sqrt{7}/2$.

問 5, 問 6 の解答のために必要となる素因数分解の一意性について説明しよう．一例として，自然数 60 は素数の積として $60 = 2 \cdot 2 \cdot 3 \cdot 5$ と表される．大切なことは，この分解が 4 つの素数 2, 2, 3, 5 の順序の違いを別にすれば一意的に決まることである．

定理 A.1 (素因数分解の一意性)　任意の整数 $a \geq 2$ は，素数の積として，
$$a = p_1 p_2 \cdots p_n \tag{A.3}$$
と表される．ここで，$p_1, p_2, \cdots, p_n$ は素数で，それらの順序の違いを除けば，この分解は一意的に決まる．

数式 (A.3) を a の**素因数分解**という．一般に，a の約数のうち素数であるものを a の**素因数**という．(A.3) において，$p_1, p_2, \cdots, p_n$ はすべて a の素因数であり，逆に a の任意の素因数は $p_1, p_2, \cdots, p_n$ のどれかと一致する (下の補題 A.2)．また，(A.3) において，同じ素因数をべき乗の形で書くと，
$$a = p_1^{\alpha_1} p_2^{\alpha_2} \cdots p_k^{\alpha_k} \tag{A.4}$$
と書き直すことができる．ここで，$p_1, p_2, \cdots, p_k$ は相異なる素数，$\alpha_1, \alpha_2, \cdots, \alpha_k$ は自然数である．数式 (A.4) を a の**標準分解**といい，各 α_i を素因数 p_i の**指数**という．たとえば，$a = 35280$ のとき，a の標準分解は $a = 2^4 \cdot 3^2 \cdot 5^1 \cdot 7^2$ である．定理 A.1 は整数の理論のもっとも基本的な定理の 1 つであるが，自明な事実ではない．その証明を与えよう．

定理 A.1 の証明 (i) 任意の整数 $a \geq 2$ が素因数分解を持つことと，(ii) その分解が一意的に決まることを示す必要がある．以下，文字 p_i, q_j, r_k ($i, j, k = 1, 2, \cdots$) は素数を表すものとする．

(i) a に関する数学的帰納法で証明する．$a = 2$ のとき，2 は素数だから (i) は成立する．いま $2 \leq a \leq k$ である任意の整数 a に対して (i) が成立したと仮定する．$a = k+1$ のとき，もし $k+1$ が素数ならば，明らかに (i) は成立する．もし $k+1$ が素数でなければ，2 つの整数 $2 \leq b \leq k, 2 \leq c \leq k$ によって $a = bc$ と表される．帰納法の仮定より，b, c はそれぞれ素因数分解 $b = p_1 p_2 \cdots p_s, c = q_1 q_2 \cdots q_t$ を持つ．このとき，$a = bc = p_1 p_2 \cdots p_s q_1 q_2 \cdots q_t$ は a の素因数分解だから，$a = k+1$ のときも (i) は成立する．ゆえに，数学的帰納法により，すべての整数 $a \geq 2$ に対して (i) は成立する．

(ii) の証明に進む前に，準備として次の補題を証明する．

補題 A.2 a を 2 以上の整数とする．いま，a について素因数分解の一意性が成り立つ，すなわち，a がただ 1 つの素因数分解 $a = p_1 p_2 \cdots p_n$ を持つとする．このとき，a の任意の素因数は $p_1, p_2, \cdots, p_n$ のどれかと一致する．

証明 a の任意の素因数 p をとる．a が素数の場合は，明らかに $p = a = p_1$．もし a が素数でなければ，$a = pb$ を満たす整数 $b \geq 2$ が存在する．このとき，上で証明した (i) の主張より，b の素因数分解 $b = q_1 q_2 \cdots q_m$ が存在する．したがって，$a = p q_1 q_2 \cdots q_m$．仮定より a については素因数分解の一意性が成立しているから，数列 $p_1, p_2, \cdots, p_n$ と数列 $p, q_1, q_2, \cdots, q_m$ は順序の違いを除いて等しい．ゆえに，p は $p_1, p_2, \cdots, p_n$ のどれかと一致する． □

定理 A.1 の証明を続けよう．(ii) を背理法で証明する．もし 2 通り以上の異なる素因数分解を持つ 2 以上の整数が存在したと仮定すると，そのような整数の中で最小の数 a がある．a は 2 つの異なる素因数分解

$$a = p_1 p_2 \cdots p_s = q_1 q_2 \cdots q_t$$

を持つ．ただし，$p_1 \leq p_2 \leq \cdots \leq p_s, q_1 \leq q_2 \leq \cdots \leq q_t$ とする．はじめに，$p_1 \neq q_1$ である．なぜなら，もし $p_1 = q_1$ ならば，$a' = p_2 \cdots p_s = q_2 \cdots q_t$ は 2 つの異なる素因数分解を持つ a より小さい整数になり，a の最小性に矛盾するからである．いま，$q_1 < p_1$ であると仮定してよい．すなわち，

$$2 \leq q_1 < p_1 \leq p_2 \leq \cdots \leq p_s. \tag{A.5}$$

このとき，$a - p_1 q_1 \geq p_1 p_2 - p_1 q_1 = p_1(p_2 - q_1) \geq 2$．したがって，$a$ の最小性から，$a - p_1 q_1$ については素因数分解の一意性が成り立つ．すなわち，$a - p_1 q_1$ は素数の積として，一意的に

$$a - p_1 q_1 = r_1 r_2 \cdots r_u \tag{A.6}$$

と表される．いま $a - p_1 q_1 = p_1((p_2 \cdots p_s) - q_1)$ だから，p_1 は $a - p_1 q_1$ の素因数である．同様に，$a - p_1 q_1 = q_1((q_2 \cdots q_t) - p_1)$ だから，q_1 も $a - p_1 q_1$ の素因数．補題 A.2 より，p_1 と q_1 は，それぞれ，$r_1, r_2, \cdots, r_u$ の中のどれかと一致するから，$p_1 = r_1, q_1 = r_2$ と考えてよい．このとき，$w = r_3 \cdots r_u$ とおくと，

$$p_1 q_1 w = r_1 r_2 w = a - p_1 q_1 = p_1((p_2 \cdots p_s) - q_1)$$

だから，$q_1 w = (p_2 \cdots p_s) - q_1$．ゆえに，$p_2 \cdots p_s = q_1(w + 1)$．結果として，$q_1$ は $a'' = p_2 \cdots p_s$ の素因数である．a の最小性から，$a'' = p_2 \cdots p_s$ については素因数分解の一意性が成り立つから，補題 A.2 より q_1 は $p_2, \cdots, p_s$ のどれかと一致しなければならない．これは (A.5) に矛盾する． □

註 A.3 ユークリッドの互除法を学んだ読者には，素因数分解の一意性を証明する別の見通しのよい方法がある．参考書 [17] を見よ．

補題 A.4 2 以上の整数が平方数であるためには，その標準分解において各素因数の指数が偶数であることが必要十分である．

証明 自然数 a の標準分解が (A.4) で与えられるとき，
$$a^2 = p_1^{2\alpha_1} p_2^{2\alpha_2} \cdots p_k^{2\alpha_k}$$
は a^2 の標準分解である．ゆえに，平方数 a^2 の各素因数の指数は偶数である．逆に (A.4) において，各素因数の指数 $\alpha_1, \alpha_2, \cdots, \alpha_k$ が偶数ならば，
$$a = (p_1^{\alpha_1/2} p_2^{\alpha_2/2} \cdots p_k^{\alpha_k/2})^2$$
と表すことができる．ゆえに，a は平方数である． □

以上で，問 5, 問 6 に答える準備が整った．

問 5 (p.13) $a = b$ ならば $b | a$ だから，$b < a$ であると仮定してよい．いま $b^2 | a^2$ だから，$a^2 = k b^2$ をみたす整数 $k \geq 2$ が存在する．k の標準分解を $k = p_1^{\alpha_1} p_2^{\alpha_2} \cdots p_m^{\alpha_m}$，$b$ の標準分解を $b = q_1^{\beta_1} q_2^{\beta_2} \cdots q_n^{\beta_n}$ とすると，

$$a^2 = kb^2 = p_1^{\alpha_1} p_2^{\alpha_2} \cdots p_m^{\alpha_m} q_1^{2\beta_1} q_2^{2\beta_2} \cdots q_n^{2\beta_n} \tag{A.7}$$

は a^2 の素因数分解である．各 $i=1,2,\cdots,m$ について α_i が偶数であることを示そう．もし $p_i = q_j$ となる $j \in \{1,2,\cdots,n\}$ が存在すれば，a^2 の素因数 p_i の指数は $\alpha_i + 2\beta_j$ である．補題 A.4 より $\alpha_i + 2\beta_j$ は偶数だから，α_i は偶数でなければならない．もし $p_i \neq q_j$ $(j=1,2,\cdots,n)$ ならば，a^2 の素因数 p_i の指数は α_i だから，再び補題 A.4 より α_i は偶数．以上により，各 $i=1,2,\cdots,m$ に対して，$\alpha_i = 2\gamma_i$ を満たす整数 $\gamma_i \geq 1$ が存在する．このとき (A.7) より，

$$a^2 = p_1^{2\gamma_1} p_2^{2\gamma_2} \cdots p_m^{2\gamma_m} q_1^{2\beta_1} q_2^{2\beta_2} \cdots q_n^{2\beta_n}.$$

素因数分解の一意性から，$a = p_1^{\gamma_1} p_2^{\gamma_2} \cdots p_m^{\gamma_m} q_1^{\beta_1} q_2^{\beta_2} \cdots q_n^{\beta_n} = (p_1^{\gamma_1} p_2^{\gamma_2} \cdots p_m^{\gamma_m})b$. ゆえに，$b|a$．

問 6 (p.14) a の標準分解を $a = p_1^{\alpha_1} p_2^{\alpha_2} \cdots p_m^{\alpha_m}$，$b$ の標準分解を $b = q_1^{\beta_1} q_2^{\beta_2} \cdots q_n^{\beta_n}$ とすると，積 ab の素因数分解は

$$ab = p_1^{\alpha_1} p_2^{\alpha_2} \cdots p_m^{\alpha_m} q_1^{\beta_1} q_2^{\beta_2} \cdots q_n^{\beta_n} \tag{A.8}$$

である．a と b は互いに素だから，$\{p_1, p_2, \cdots, p_m\} \cap \{q_1, q_2, \cdots, q_n\} = \emptyset$．すなわち，$p_1, p_2, \cdots, p_m, q_1, q_2, \cdots, q_n$ はすべて相異なる素数．ゆえに，(A.8) は積 ab の標準分解である．いま積 ab は平方数だから，補題 A.4 より，ab の各素因数の指数 α_i, β_j $(i=1,2,\cdots,m, j=1,2,\cdots,n)$ は偶数．ゆえに，再び補題 A.4 より，a, b は共に平方数である．

問 7 (p.14) 定理 1.9 の証明と同じ記号を用いる．$s = (c+a)/2 = 144, t = (c-a)/2 = 25$．$s = m^2, t = n^2$ だから，$m = 12, n = 5$．

演習 1.1.1 (p.6) 図 A.2 左図のように点 P, E, F をとる．このとき，ピタゴラスの定理より，$AP^2 + CP^2 = (AE^2 + EP^2) + (CF^2 + FP^2) = EP^2 + FP^2 + AE^2 + CF^2$．また，$BP^2 + DP^2 = (BF^2 + FP^2) + (DE^2 + EP^2) = EP^2 + FP^2 + BF^2 + DE^2$．いま $AE = BF, CF = DE$ だから，$AP^2 + CP^2 = BP^2 + DP^2$．

演習 1.1.2 (p.7) 図 A.2 右図に示す直角三角形 ABC において，$BC = a, CA = b, AB = c$ とし，内接円と斜辺 AB との接点を D とする．このとき，$AD = b - r$ かつ $BD = a - r$ だから，$c = (a-r) + (b-r)$．ゆえに，$r = (a+b-c)/2$．

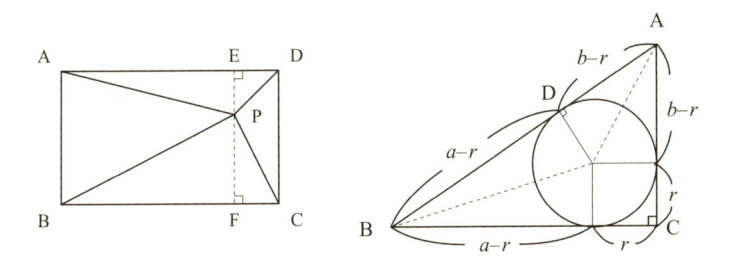

図 **A.2** 演習 1.1.1 (左), 演習 1.1.2 (右) 解答図.

演習 1.1.3 (p.7)　直角三角形 ABC において, $BC=a, CA=b, AB=c$ とする. 頂点 C から斜辺 AB へ下ろした垂線の足を D とすると, $CD=d$. このとき, △ABC∽△CBD だから, $b:c=d:a$. ゆえに, $c=ab/d$. ピタゴラスの定理より $a^2+b^2=c^2=a^2b^2/d^2$ だから, $(1/a^2)+(1/b^2)=1/d^2$.

演習 1.1.4 (p.7)　図 A.3 参照. 頂点 A から辺 BC へ下ろした垂線の足を H とすると, DH⊥DA かつ DH⊥BC. ゆえに, ピタゴラスの定理より,

$$\delta^2 = \frac{1}{4}AH^2 \cdot BC^2 = \frac{1}{4}(DA^2+DH^2)BC^2$$
$$= \frac{1}{4}DA^2 \cdot BC^2 + \frac{1}{4}DH^2 \cdot BC^2 = \frac{1}{4}DA^2(DB^2+DC^2) + \frac{1}{4}DH^2 \cdot BC^2$$
$$= \frac{1}{4}DA^2 \cdot DB^2 + \frac{1}{4}DA^2 \cdot DC^2 + \frac{1}{4}DH^2 \cdot BC^2 = \alpha^2+\beta^2+\gamma^2.$$

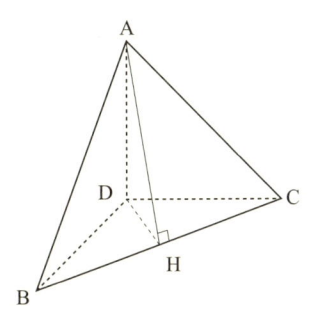

図 **A.3**　演習 1.1.4 解答図.

演習 1.1.5 (p.7)　図 A.4 参照. $BC=a, CA=b, AB=c$ とすると, $\alpha=\pi a^2/8$, $\beta=\pi b^2/8, \gamma=\pi c^2/8$. ピタゴラスの定理より, $\alpha+\beta=\pi(a^2+b^2)/8=\pi c^2/8=\gamma$. 別解を与えよう. 3つの半円は相似であり, その相似比は $a:b:c$ である. 面積比は相似比の2乗だから, $\alpha:\beta:\gamma=a^2:b^2:c^2$. したがって, ある定数 $s>0$ が存在して, $\alpha=sa^2, \beta=sb^2, \gamma=sc^2$ が成り立つ. ゆえに, ピタゴラスの定理より $\alpha+\beta=s(a^2+b^2)=sc^2=\gamma$.

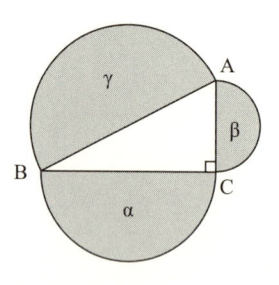

図 **A.4**　演習 1.1.5 解答図. 別解では, 3つの半円が相似である事実だけを使っている. したがって, 3つの半円を3つの任意の相似な図形に置き変えても, 等式 $\alpha+\beta=\gamma$ は成立する.

演習 1.1.6 (p.7)　月形の図形 S_1, S_2 の面積をそれぞれ s_1, s_2 とし, $\triangle ABC$ の面積を t とする. 辺 BC, CA, AB を直径とする半円の面積をそれぞれ α, β, γ とすると, AB は $\triangle ABC$ の外接円の直径だから, $s_1+s_2=(\alpha+\beta)-(\gamma-t)$. 演習 1.1.5 より $\alpha+\beta=\gamma$ だから, $s_1+s_2=t$. ゆえに, 2つの月形 S_1, S_2 の面積の和と $\triangle ABC$ の面積は等しい. 月形 S_1 と S_2 は, 歴史上最初に作図された「直線に囲まれた図形」に面積が等しい「曲線に囲まれた図形」である.

演習 1.1.7 (p.7)　図 A.5 参照. 求める円は2つある. 大きい方の円の中心を D, 小さい方の円の中心を E とする. 円 D と円 C の接点を X, 円 E と円 C の接点を Y とし, 線分 DE と AB の交点を H とする. このとき, $\triangle ABC$ は1辺の長さが2の正三角形だから, $CH=\sqrt{3}$. 円 D の半径を x とする. 直角三角形 AHD において, $AH=1, HD=HX-DX=(CX+CH)-DX=(3+\sqrt{3})-x, DA=1+x$ だから, ピタゴラスの定理より $1^2+(3+\sqrt{3}-x)^2=(1+x)^2$. ゆえに, $x=(15+6\sqrt{3})/13$. 同様に, 円 E の半径を y として, 直角三角形 EAH にピタゴラスの定理を適用することにより, $y=(15-6\sqrt{3})/13$.

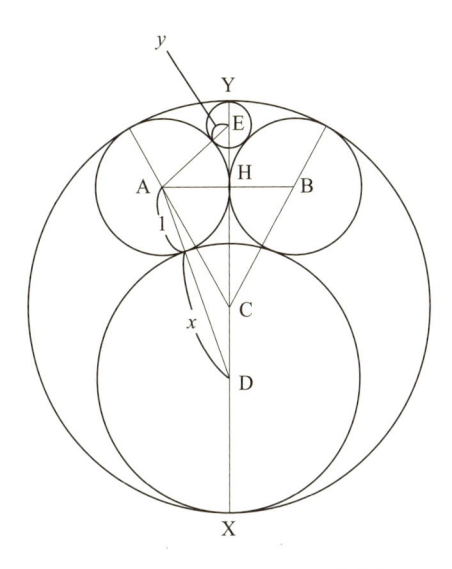

図 A.5 演習 1.1.7 解答図. 円 A, B, C の中心をまた A, B, C で表す.

演習 1.1.8 (p.8)　図 A.6 参照. 水面を AB, 芦の根元を C とする. 水深 $h =$ AC を求めたい. $BC = h+5$ だから, 直角三角形 ABC にピタゴラスの定理を適用すると, $h^2 + 60^2 = (h+5)^2$. これを解くと, $h = 357.5$ (cm).

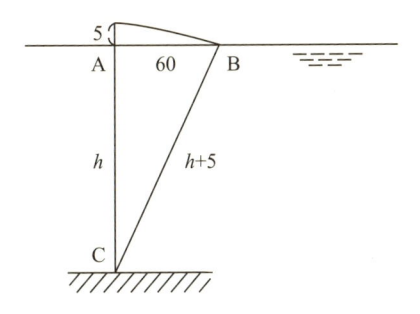

図 A.6 演習 1.1.8 解答図. 中国の紀元前の数学問題集『九章算術』の中の問題の類題である.

演習 1.2.1 (p.10)　∠A が直角である直角三角形 ABC に対し, 等式 $AB^2 + AC^2 = BC^2$ が成立することを示せばよい. 辺 BC の中点を M とすると, ハッブスの中線定理より, $AB^2 + AC^2 = 2(AM^2 + BM^2)$. いま, M は △ABC の外

接円の中心だから，$AM = BM$. ゆえに，$AB^2 + AC^2 = 2(2BM^2) = (2BM)^2 = BC^2$.

演習 1.2.2 (p.10)　ハップスの中点定理より，$AB^2 + CA^2 = 2(AD^2 + BD^2)$, $BC^2 + AB^2 = 2(BE^2 + CE^2), CA^2 + BC^2 = 2(CF^2 + AF^2)$. これらを辺々加えて整理すると，$AB^2 + BC^2 + CA^2 = AD^2 + BE^2 + CF^2 + BD^2 + CE^2 + AF^2$. いま $BD^2 = BC^2/4, CE^2 = CA^2/4, AF^2 = AB^2/4$ だから，$AB^2 + BC^2 + CA^2 = 4(AD^2 + BE^2 + CF^2)/3$.

演習 1.2.3 (p.10)　図 A.7 参照．線分 DE と辺 BC はそれぞれの中点 M で交わる．$AB \neq AC$ の場合と $AB = AC$ の場合に分けて考えよう．(i) $AB \neq AC$ のとき，△ADE にハップスの中線定理を適用すると，
$$AD^2 + AE^2 = 2AM^2 + 2DM^2. \qquad (A.9)$$
ピタゴラスの定理と $BD = BC$ であることから，$2DM^2 = 2(BD^2 - BM^2) = 2BC^2 - 2BM^2 = 6BM^2 = 2BM^2 + BC^2$. これを (A.9) に代入すると，$AD^2 + AE^2 = 2(AM^2 + BM^2) + BC^2$. △ABC にハップスの中線定理を適用すると，$2(AM^2 + BM^2) = AB^2 + CA^2$ だから，$AD^2 + AE^2 = AB^2 + BC^2 + CA^2$. (ii) $AB = AC$ のときも (A.9) と同じ等式が成立する．以下は (i) の場合と同様に証明できる．それらは読者への宿題としよう．

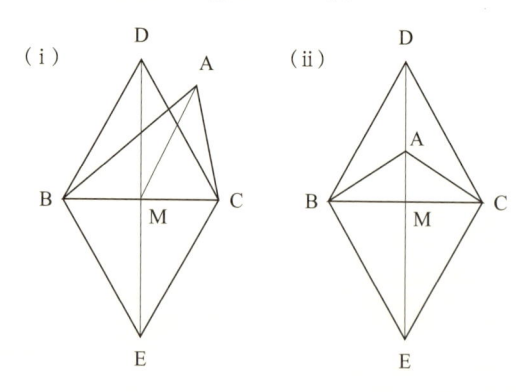

図 **A.7** 演習 1.2.3 解答図. (i) $AB \neq AC$ の場合と (ii) $AB = AC$ の場合.

演習 1.3.1 (p.14)　背理法で示す．a, b がどちらも 3 の倍数でないと仮定すると，a, b は 3 で割ると 1 余る整数または 3 で割ると 2 余る整数である．このと

き a^2 と b^2 は共に 3 で割ると 1 余る整数である．なぜなら，任意の整数 k に対して，$(3k+1)^2 = 3(3k^2+2k)+1, (3k+2)^2 = 3(3k^2+4k+1)+1$ が成り立つからである．ゆえに，a^2+b^2 は 3 で割ると 2 余る整数である．一方，c^2 は 3 で割ると 2 余る整数にはなり得ない．なぜなら，もし c が 3 の倍数ならば，c^2 も 3 の倍数，もし c が 3 の倍数でなければ，上と同じ理由で c^2 は 3 で割ると 1 余る整数になるからである．ゆえに，$a^2+b^2 \neq c^2$. これは (a,b,c) がピタゴラス数であることに矛盾する．

演習 1.3.2 (p.14)　直角をはさむ 2 辺の長さを $a, b,$ 斜辺の長さを c とすると，演習 1.1.2 より，内接円の半径は $r = (a+b-c)/2$ で与えられる．したがって，任意のピタゴラス数 (a,b,c) に対して，$a+b-c$ が偶数であることを示せばよい．既約なピタゴラス数 (a,b,c) に対しては，補題 1.7, 1.10 より，a, b の一方は偶数で，残りの 2 数は奇数である．ゆえに，$a+b-c$ は偶数．また，既約でないピタゴラス数 (a,b,c) は既約なピタゴラス数 (a',b',c') の自然数倍として表される．すなわち，ある自然数 k が存在して，$(a,b,c) = (ka', kb', kc')$. このとき，$a'+b'-c'$ は偶数だから，$a+b-c = k(a'+b'-c')$ も偶数である．

演習 1.3.3 (p.14)　$a^2 = c^2 - b^2 = (c+b)(c-b)$. いま a は素数だから，a^2 自身が数 a^2 の素因数分解である．したがって，$a^2 = c+b$ かつ $c-b = 1$. これを b, c について解くと，$b = (a^2-1)/2, c = (a^2+1)/2$.

演習 1.3.4 (p.14)　1 つの答えは表 1.1 (p.12) の中にある．$m=2, n=1$ のときのピタゴラス数 $(3,4,5)$ である．第 2 の答えは，表 1.1 を下に続けていくと，すぐに見つかる．$m=5, n=2$ のときのピタゴラス数 $(21,20,29)$ である．第 3 の答えは，問 7 で与えた $m=12, n=5$ のときのピタゴラス数 $(119,120,169)$ である．

註 A.5　等式 $|a-b|=1$ を満たすピタゴラス数を見つける方法がある．一般に，$m=k, n=j$ $(k>j)$ から命題 1.8 の方法で作られるピタゴラス数 (a,b,c) が $|a-b|=1$ を満たすならば，$m=2k+j, n=k$ から作られるピタゴラス数 (a',b',c') もまた $|a'-b'|=1$ を満たす．

演習 1.4.1 (p.16)　$(3,5,7), (8,7,13), (5,16,19)$.

註 A.6 等式 $a^2+ab+b^2=c^2$ を満たす自然数の組 (a,b,c) を見つける方法がある. 自然数 $m>n$ に対し, $a=m^2-n^2, b=2mn+n^2, c=m^2+mn+n^2$ とおくと, $a^2+ab+b^2=c^2$ が成立する.

演習 1.4.2 (p.16)　$\cos 60°=1/2$ だから, 余弦定理より $a^2-ab+b^2=c^2$.

演習 1.4.3 (p.16)　$\angle \mathrm{ADB}=\theta$ とおく. △ABD と △ACD に余弦定理を適用すると,
$$\mathrm{AB}^2=\mathrm{AD}^2+\mathrm{BD}^2-2\mathrm{AD}\cdot\mathrm{BD}\cos\theta,$$
$$\mathrm{AC}^2=\mathrm{AD}^2+\mathrm{CD}^2-2\mathrm{AD}\cdot\mathrm{CD}\cos(180°-\theta).$$
$\cos(180°-\theta)=-\cos\theta$ だから, $n\mathrm{AB}^2+m\mathrm{AC}^2=(n+m)\mathrm{AD}^2+n\mathrm{BD}^2+m\mathrm{CD}^2-2\mathrm{AD}(n\mathrm{BD}-m\mathrm{CD})\cos\theta$. 仮定より $\mathrm{BD}:\mathrm{CD}=m:n$ だから, $n\mathrm{BD}=m\mathrm{CD}$. ゆえに, 求める等式が得られる.

A.2　第 2 章の問と演習

問 1 (p.21)　(1) AB＝AC である二等辺三角形 ABC を考え, ∠A の二等分線と辺 BC との交点を D とする. このとき, △ABD と △ACD において, AB＝AC, AD は共通, ∠BAD＝∠CAD. したがって, 2 辺とその間の角が相等しいから △ABD≡△ACD. ゆえに, ∠B＝∠C. (2) 三角形 ABC の頂点 A における外角の大きさを α とし, A における内角の大きさを β とする. このとき, β＋∠B＋∠C＝180° だから, $\alpha=180°-\beta=$∠B＋∠C.

註 A.7　(1) の証明では, 命題「2 辺とその間の角が等しい 2 つの三角形は合同である」, (2) の証明では, 命題「三角形の内角の和は 180° である」を使った. もし我々が数学のまったくの初学者であったなら, (1), (2) を証明する前に, これらの命題を証明しておかなければならない.

問 2 (p.24)　図 A.8 参照. AB＞AC の場合を証明する (AB＜AC の場合も同様に証明できる). 本定理の主張は「AD は ∠A の外角を二等分する $\Longleftrightarrow$ BD：DC＝AB：AC」だから, ($\Longrightarrow$) と ($\Longleftarrow$) の両方を証明する必要がある.

($\Longrightarrow$)：AD が ∠A の外角を二等分したとする. 点 C を通って線分 AD に平行な直線と辺 AB との交点を E とする. 図 A.8 のように, 辺 AB の延長上に

点 X をとると，AD ∥ EC であることと AD が ∠XAC を二等分することから，∠AEC = ∠XAD = ∠CAD = ∠ACE．したがって，△ACE は二等辺三角形だから AC = AE．また，AD ∥ EC であることから，BD : DC = AB : AE．いま AE = AC だから，BD : DC = AB : AC．

(⇐)：逆に，BD : DC = AB : AC が成り立つとする．このとき，∠A の外角の二等分線と辺 BC の延長との交点を D′ とすると，上で証明した本定理の (⇒) の部分から，BD′ : D′C = AB : AC．ゆえに BD : DC = BD′ : D′C．すなわち，点 D と D′ は辺 BC を同じ比に外分するから，D = D′．ゆえに，AD は ∠A の外角の二等分線である．

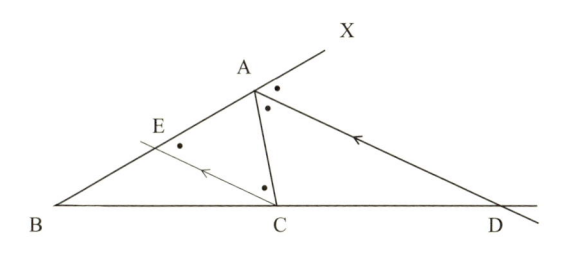

図 **A.8**　問 2 解答図．AB > AC の場合．

註 A.8　定理 2.9 は，AB = AC の場合も成立することを説明しよう．定理の主張を厳密に書くと，「任意の △ABC と辺 BC の延長上の任意の点 D に対して，次の (1), (2) が成立する」である．

(1) AD が ∠A の外角を二等分するならば BD : DC = AB : AC．
(2) BD : DC = AB : AC ならば AD は ∠A の外角を二等分する．

論理では，p が偽のとき，命題「$p \Longrightarrow q$」は無条件に真であると考える (参考書 [16] を見よ)．いま AB = AC であるとする．このとき ∠A の外角の二等分線は辺 BC に平行だから，線分 AD が ∠A の外角の二等分することはない．したがって，命題 (1) においては，前提部分が偽だから (1) は真である．また，辺 BC の延長上の点 D に対して BD : DC = 1 : 1 になることはない．したがって，命題 (2) においても，前提部分が偽だから (2) は真である．以上の理由で，AB = AC である △ABC についても，辺 BC の延長上の任意の点 D に対して (1), (2) は真である．ゆえに，定理 2.9 はすべての △ABC に対して成立する．

問 3 (p.24) 定理 2.7 より $BD:DC=6:5$. $BC=7$ だから，$BD=42/11, DC=35/11$. 定理 2.9 より $BE:CE=(CE+7):CE=6:5$. ゆえに $CE=35$.

演習 2.1.1 (p.21) 点 B を通って辺 AC に平行な直線と，点 C を通って辺 AB に平行な直線との交点を E とすると，平行四辺形 ABEC が得られる．平行四辺形の 2 本の対角線は互いの中点で交わるから，点 D は線分 AE 上にあり，$AE=2AD$ が成り立つ．このとき，△ABE に定理 2.2 を適用すると，$2AD=AE<AB+BE=AB+AC$. ゆえに，$AD<(AB+AC)/2$.

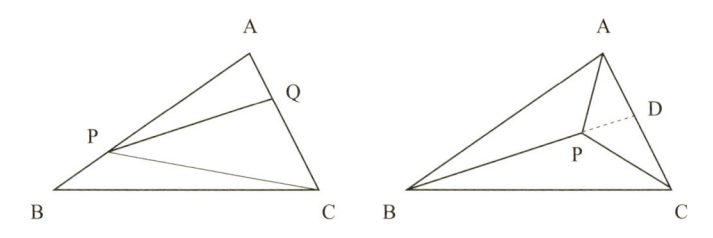

演習 2.1.2 (p.21) 図 A.9 左図参照．最初に，$PQ<PC$ を示す．いま仮定より $BC \geq AB$. もし $BC>AB$ ならば，定理 2.1 より $\angle A > \angle C$. もし $BC=AB$ ならば，二等辺三角形の両底角は等しいから $\angle A = \angle C$. したがって，いずれの場合も $\angle A \geq \angle C$. $\angle PQC$ は △APQ の外角だから，$\angle PQC = \angle A + \angle APQ > \angle A \geq \angle C > \angle QCP$. ゆえに，△PQC に定理 2.1 を用いると，$PQ<PC$. 次に，$PC<BC$ を示す．仮定より $BC \geq CA$. このとき，上と同様に $\angle A \geq \angle B$. $\angle BPC$ は △APC の外角だから，$\angle BPC = \angle A + \angle ACP > \angle A \geq \angle B$. ゆえに，△PBC に定理 2.1 を用いると，$PC<BC$. 以上によって，$PQ<PC<BC$.

図 A.9 演習 2.1.2 (左)，演習 2.1.3 (右) 解答図．

演習 2.1.3 (p.21) 図 A.9 右図参照．△PAB, △PBC, △PCA にそれぞれ定理 2.2 を適用すると，$AB<PA+PB, BC<PB+PC, CA<PC+PA$. これらを辺々加えると，$s<PA+PB+PC$ が導かれる．次に，BP の延長と辺 CA との交点を D とする．このとき，△PCD と △ABD に定理 2.2 を適用すると，

$$PB+PC<PB+(PD+DC)=BD+DC$$
$$<(AB+AD)+DC=AB+CA.$$

同様にして，$PC+PA<BC+AB, PA+PB<CA+BC$. これらを辺々加えると，$2(PA+PB+PC)<4s$. ゆえに，$PA+PB+PC<2s$.

演習 2.1.4 (p.21)　図 A.10 参照. 川幅を d とする. 点 A を真下に d だけ平行移動した地点を A′ とし, 線分 A′B が岸 ℓ と交わる地点を Q, その対岸を P とする. このとき, A, B 間の道のりを s とすると, $s = \mathrm{AP} + \mathrm{PQ} + \mathrm{QB} = \mathrm{A'B} + d$. PQ が求める橋の位置であることを示そう. 他の場所に橋 P′Q′ を架けたとすると, その道のりは $s' = \mathrm{AP'} + \mathrm{P'Q'} + \mathrm{Q'B} = \mathrm{A'Q'} + \mathrm{Q'B} + d$. 定理 2.2 より A′B < A′Q′ + Q′B だから, $s = \mathrm{A'B} + d < \mathrm{A'Q'} + \mathrm{Q'B} + d = s'$. ゆえに, PQ が A, B 間の道のりを最短にする橋の位置である.

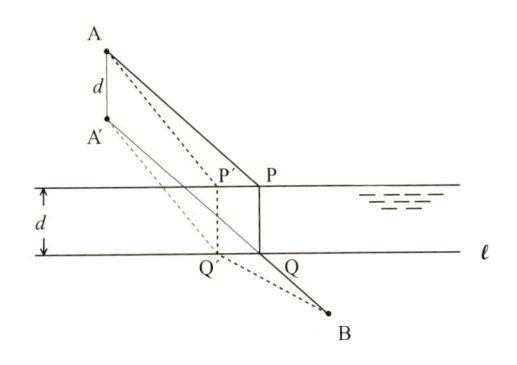

図 A.10　演習 2.1.4 解答図. 右に向かって川の右岸を ℓ とする.

演習 2.2.1 (p.24)　線分 AF は ∠A を二等分するから, CE : ED = AC : AD かつ BF : FC = AB : AC. また, △ACD ∽ △ABC だから, AC : AD = AB : AC. ゆえに, CE : ED = BF : FC.

演習 2.2.2 (p.24)　AB = AC のときは, M = D だから AM = AD. AB > AC の場合を証明しよう. 定理 2.7 より BD : DC = AB : AC だから, 点 D は線分 MC の内部にある. 定理 2.1 より, △AMD において ∠AMD < ∠ADM であることを示せばよい. いま, 定理 2.1 より ∠B < ∠C. したがって, ∠AMD < ∠AMD + ∠MAD = ∠ADC = ∠B + ∠BAD = ∠B + ∠CAD < ∠C + ∠CAD = ∠ADM. ゆえに, AD < AM. AB < AC の場合も同様に証明できる.

演習 2.2.3 (p.24)　AD の延長と △ABC の外接円との A と異なる交点を E とする. いま ∠BAD = ∠CAD で, 円周角の定理より ∠AEB = ∠ACD だから, △ABE ∽ △ADC. ゆえに, AB : AD = AE : AC だから, AB · AC = AD · AE. また, △BDE ∽ △ADC より BD : DE = AD : CD だから, BD · CD =

AD·DE. これらの 2 式より, AB·AC − BD·CD = AD(AE − DE) = AD².

A.3 第 3 章の問と演習

問 1 (p.28)   図 A.11.

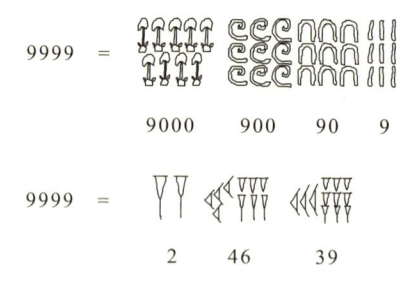

図 **A.11** 問 1 解答図．上はエジプトの記数法．$1000, 100, 10, 1$ を表す記号をそれぞれ 9 個ずつ書き並べる．下はバビロニアの記数法．$9999 = 2 \times 60^2 + 46 \times 60 + 39$ だから，2 46 39 と書く．

問 2 (p.30)   図 3.5 参照．例 3.4 の四角錐台を延長してできる四角錐を S, S から四角錐台を作るために取り除いた四角錐を S', S の体積を v, S' の体積を v' とする．S' の高さを h' とすると，$(h+h'):h' = a:b$ だから $h' = bh/(a-b)$. したがって，$v' = b^2 h'/3 = b^3 h/(3(a-b))$. また，$S \backsim S'$ でその相似比は $a:b$ だから，$v:v' = a^3:b^3$. ゆえに，$v = a^3 v'/b^3 = a^3 h/(3(a-b))$. 結果として，四角錐台の体積は $v - v' = h(a^3 - b^3)/(3(a-b)) = (a^2 + ab + b^2)h/3$.

問 3 (p.32)   連立方程式 (3.1) を解く．$y = 27 - x$ を $xy + (x-y) = 183$ に代入して整理すると，$x^2 - 29x + 210 = 0$. これを解くと，$x = 14, 15$. $x = 14$ のとき，$y = 13, xy = 182$. $x = 15$ のとき，$y = 12, xy = 180$.

演習 3.1.1 (p.33)   5 人が受け取るパンの個数は，$10, 15, 20, 25, 30$.

演習 3.1.2 (p.33)   大きい正方形の 1 辺の長さは 8, 小さい正方形の 1 辺の長さは 6.

演習 3.1.3 (p.33)   図 A.12 参照．線分 BC が台形 $B_1 C_1 C_2 B_2$ の面積を 2 等分したとする．このとき，$BC = x$ とおくと，相似な三角形 $AB_1 C_1$, ABC, $AB_2 C_2$

の相似比は $17:x:7$ だから，それらの面積の比は $289:x^2:49$．いま BC は台形の面積を二等分するから，$289-x^2=x^2-49$．ゆえに，$x=13$．

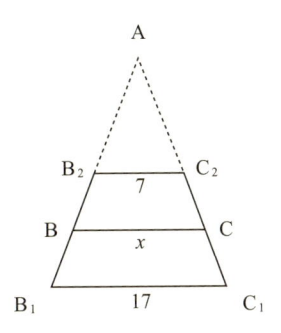

図 A.12 演習 3.1.3 解答図．

演習 3.1.4 (p.33)　A の高さを h とおくと，B の高さは $h+20$．台形 A の上底の長さを x とおくと，$x:30=(h+20):(2h+20)$ だから，$2x(h+10)=30(h+20)$．一方，$A-B=420$ だから，$(x+30)h/2-x(h+20)/2=420$．以上を連立方程式として解くと，$x=18, h=40$．このとき，B の高さは $h+20=60$（バビロニアの粘土板では違う方法で解答を求めている．参考書 [36] を見よ）．

演習 3.2.1 (p.36)　円 O の直径 AB と円周上の A,B と異なる点 C をとる．$\angle$ACB が直角であることを示す．OA$=$OC だから $\triangle$OAC は二等辺三角形．したがって，定理 3.9 (3) より $\angle$OAC$=\angle$OCA$=\alpha$ とおくことができる．同様に，$\triangle$OBC において $\angle$OBC$=\angle$OCB$=\beta$ とおくことができる．前提より $\triangle$ABC の内角の和は二直角だから，$\angle A+\angle B+\angle C=2\alpha+2\beta=180°$．ゆえに，$\angle$ACB$=\angle$OCA$+\angle$OCB$=\alpha+\beta=90°$．

演習 3.2.2 (p.37)　船 B,C を同時に見ることのできる陸上の地点 A を選ぶ．このとき，例題 3.10 の方法で，定理 3.9 を使って距離 AB と AC を測ることができる．そこで，線分 AB を陸の方に延長して，その延長上に AB$'=$AB となるように点 B$'$ をとる．同様に，線分 AC を陸の方に延長して，その延長上に AC$'=$AC となるように点 C$'$ をとる．このとき，定理 3.9 (1) より $\angle$BAC$=$ $\angle$B$'$AC$'$．また AB$=$AB$'$, AC$=$AC$'$ だから，前提より $\triangle$ABC$\equiv\triangle$AB$'$C$'$．ゆえに，B,C 間の距離の代わりに，陸上で B$'$,C$'$ 間の距離を測ればよい．

演習 3.2.3 (p.37)　図 A.13 参照．太陽の方向がピラミッドの底面の 1 辺と垂直になる時刻の陰を利用する．ピラミッドの底面の 1 辺の長さは測定できるから，陰の長さを測ることにより，BC の長さが分かる．いま $BC = a$ であったとする．同じ時刻に長さ 1 の棒 A'B' の陰 B'C' の長さを測ると，$B'C' = a'$ であったとする．このとき，ピラミッドの高さを $h = AB$ とおくと $\triangle ABC \backsim \triangle A'B'C'$ だから，$h : a = 1 : a'$．ゆえに，$h = a/a'$．

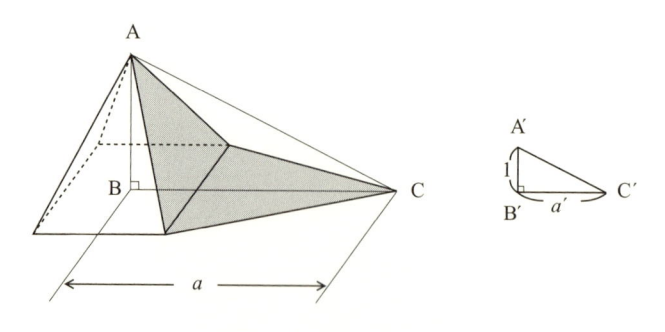

図 A.13　演習 3.2.3 解答図．

演習 3.3.1 (p.42)　$AB = AC$ である二等辺三角形 ABC に対して，$\angle B = \angle C$ を示す．$\triangle ABC$ と $\triangle ACB$ を比べると，仮定より $AB = AC$．また $\angle BAC = \angle CAB$．したがって，命題 4 より，$\triangle ABC \equiv \triangle ACB$．ゆえに $\angle B = \angle C$．

註 A.9　『原論』では，命題 5 に次の証明が与えられている．図 A.14 左図参照．$AB = AC$ である二等辺三角形 ABC を考える．公準 2 より，辺 AB と AC をそれぞれ A を端点とする半直線に延長して，AB の延長上に任意に点 B' をとる．命題 3 より，辺 AC の延長上に $CC' = BB'$ である点 C' をとることができる．このとき，$AC = AB$ かつ $CC' = BB'$ だから，共通概念 2 より，$AC + CC' = AB + BB'$．すなわち，$AC' = AB'$．公準 1 より，B と C'，C と B' を結ぶ線分をひく．$\triangle ABC'$ と $\triangle ACB'$ において，$AB = AC, AC' = AB'$ かつ $\angle BAC' = \angle CAB'$ だから，命題 4 より，$\triangle ABC' \equiv \triangle ACB'$．ゆえに，

$$\angle AC'B = \angle AB'C, \quad BC' = CB', \quad \angle ABC' = \angle ACB'. \tag{A.10}$$

このとき，$CC' = BB'$ と (A.10) の第 1 と第 2 の等式を合わせると，命題 4 より，$\triangle CBC' \equiv \triangle BCB'$．結果として，$\angle CBC' = \angle BCB'$．この等式と (A.10) の第 3 の等式を合わせると，共通概念 3 より，$\angle ABC' - \angle CBC' = \angle ACB' -$

∠BCB′. ゆえに，∠ABC = ∠ACB.

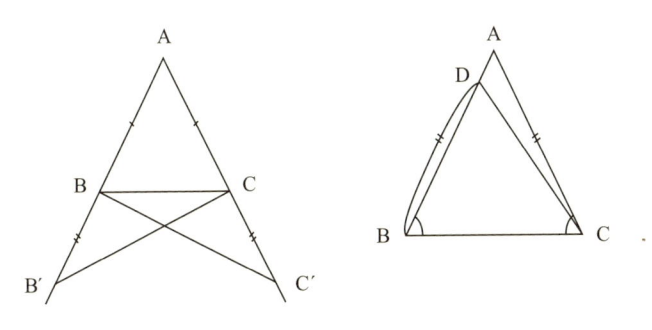

図 A.14 註 A.9.『原論』の証明 (左)，演習 3.3.2 解答図 (右).

演習 3.3.2 (p.42)　図 A.14 右図参照．背理法で証明する．もし AB ≠ AC であると仮定すると，AB > AC または AB < AC．いま AB > AC の場合を証明しよう．このとき，命題 3 より，辺 AB 上の BD = AC である点 D をとることができる．公準 1 より，点 C と D を線分で結ぶ．△DBC と △ACB において，DB = AC，仮定より ∠DBC = ∠B = ∠C = ∠ACB，かつ辺 BC は共通．したがって，命題 4 より，△DBC と △ACB は合同．このとき，△DBC は △ACB の部分であるにもかかわらず全体に等しい．これは，共通概念 5 に矛盾する．

A.4　第 4 章の問と演習

問 1 (p.48)　$p_4 = 4\sqrt{2}, q_4 = 8$. 結果として，$2.8284 < 2\sqrt{2} < \pi < 4$.

問 2 (p.52)　定理 4.3 と定理 4.5 のどちらを使ってもよい．$p_8 = 8\sqrt{2-\sqrt{2}}, q_8 = 16(\sqrt{2}-1)$. 結果として，$3.0614 < 4\sqrt{2-\sqrt{2}} < \pi < 8(\sqrt{2}-1) < 3.3138$.

問 3 (p.54)　$\tan(\pi/3) = \sqrt{3}$ だから，$\tan^{-1}\sqrt{3} = \pi/3$. $\tan(-\pi/4) = -1$ だから，$\tan^{-1}(-1) = -\pi/4$.

註 A.10 (キー・ポイント)　次の (1), (2) に注意することが大切である．

(1) $y = \tan^{-1} x$ ならば，$x = \tan y$ かつ $|y| < \pi/2$.

(2) $y = \tan x$ かつ $|x| < \pi/2$ ならば，$x = \tan^{-1} y$.

問 4 (p.65) $0<a<b<\pi$ である a,b をとり，$g(x)=f(x)\sin x$ とおく．$f(x)$ は $2n$ 次関数だから連続関数，$\sin x$ も連続関数だから，それらの積として定義される $g(x)$ も連続関数である（これは高校数学の範囲外）．閉区間で連続な関数は最小値を持つから，$g(x)$ は閉区間 $[a,b]$ のある点 c で $[a,b]$ における最小値 $m=g(c)$ をとる．すなわち，$a\le x\le b$ のとき，$g(x)\ge m$．いま $0<x<\pi$ のとき $g(x)>0$ だから，$m>0$．ゆえに，$I=\int_0^\pi g(x)dx \ge \int_a^b g(x)dx \ge \int_a^b m\,dx = m(b-a)>0$．

演習 4.1.1 (p.53) 図 A.15 参照．$x=276, y=344$．$a=2.76, b=3.44$（もし同じ作業を 2mm 方眼紙と半径 7cm の円で行うと，$x=3712, y=3980, a=3.030204\cdots, b=3.2489795\cdots$）．

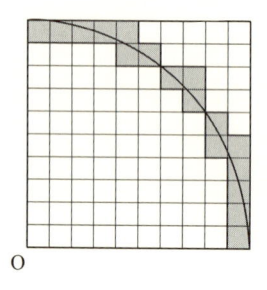

図 **A.15**　演習 4.1.1 解答図．この作業は小学校 5 年算数の教科書にも採用されている．

演習 4.1.2 (p.53) 図 A.16 参照．地球の周囲 x の $7.2°/360° = 1/50$ が 900km だから，$x=900\times 50 = 45000$ (km)．現代の観測に基づいた値は，約 40000 (km)．

演習 4.1.3 (p.54) (1) 図 A.17 において，C_1C_1' は外接正 n 角形の 1 辺，C_2C_2' は外接正 $2n$ 角形の 1 辺，AA' は内接正 n 角形の 1 辺である．点 B,D を図のように定めると，$C_1D=b_n/2, C_2D=b_{2n}/2, AB=a_n/2$．いま $OC_1:OA=C_1D:AB$ かつ $OA=1$ だから，$OC_1=C_1D/AB=b_n/a_n$．線分 OC_2 は $\angle C_1OD$ の二等分線だから，定理 2.7 より点 C_2 は線分 C_1D を $OC_1:OD=b_n/a_n:1=b_n:a_n$ の比に内分する．ゆえに，

$$C_2D = \frac{a_n}{a_n+b_n}\cdot C_1D = \frac{a_n}{a_n+b_n}\cdot \frac{b_n}{2} = \frac{a_nb_n}{2(a_n+b_n)}.$$

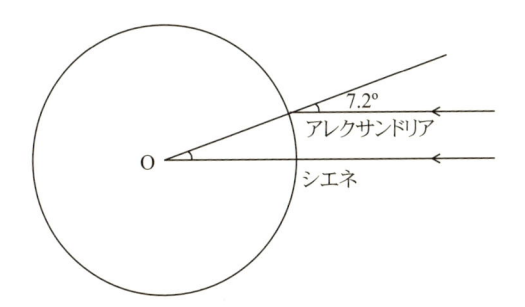

図 A.16 演習 4.1.2 解答図. 太陽光線は平行に進むと考えてよい. 図の角度は 7.2° よりも誇張して書かれている.

$b_{2n} = 2C_2D$ だから，$b_{2n} = a_n b_n/(a_n+b_n)$.

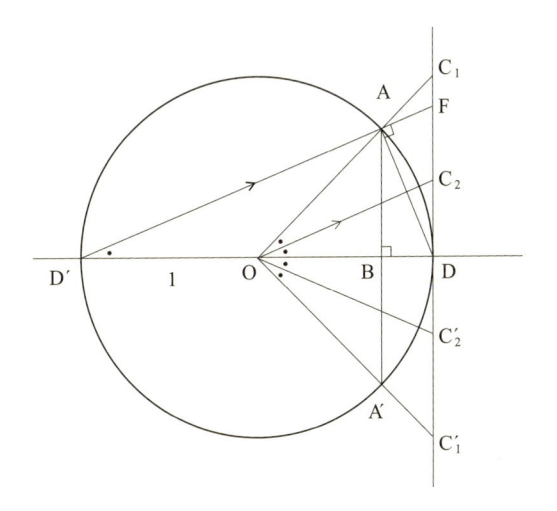

図 A.17 演習 4.1.3 解答図.

(2) 図 A.17 において，AD は円 O の内接正 $2n$ 角形の 1 辺だから AD $= a_{2n}$. また，AB $= a_n/2$, C_2D $= b_{2n}/2$. 図のように点 D′, F を定めると，円周角は中心角の半分だから，∠DD′F $=$ ∠DOC$_2$. したがって，D′F ∥ OC$_2$ だから，DF $= 2C_2D = b_{2n}$. △ABD ∽ △DAF だから，AD : AB $=$ DF : AD. ゆえに，
$$AD^2 = DF \cdot AB = b_{2n} \cdot \frac{a_n}{2} = \frac{a_n b_{2n}}{2}.$$
$a_{2n} =$ AD だから，$a_{2n} = \sqrt{a_n b_{2n}/2}$.

演習 4.1.4 (p.54)　演習 4.1.3 (1) より $b_{2n} = a_n b_n/(a_n+b_n)$ だから,
$$q_{2n} = 2n \cdot \frac{a_n b_n}{a_n + b_n} = 2n \cdot \frac{(p_n/n)(q_n/n)}{(p_n/n)+(q_n/n)} = \frac{2p_n q_n}{p_n + q_n}.$$
演習 4.1.3 (2) より $a_{2n} = \sqrt{a_n b_{2n}/2}$ だから,
$$p_{2n} = 2n\sqrt{\frac{a_n b_{2n}}{2}} = 2n\sqrt{\frac{(p_n/n)(q_{2n}/2n)}{2}} = \sqrt{p_n q_{2n}}.$$

演習 4.1.5 (p.54)　球 S の半径を r とする. S の体積を v_S, C の体積を v_C とすると, $v_S = 4\pi r^3/3, v_C = 2\pi r^3$. ゆえに, $v_S : v_C = 2:3$. S の表面積を a_S, C の表面積を a_C とすると, $a_S = 4\pi r^2, a_C = 6\pi r^2$. ゆえに, $a_S : a_C = 2:3$. 球とそれに外接する円柱について, 体積の比と表面積の比がどちらも $2:3$ であることは, アルキメデスによって発見された. アルキメデスの墓石には, この図が刻まれていたということである.

演習 4.2.1 (p.60)　註 A.10 (p.191) を思い出そう. $\tan^{-1}(-x) = \alpha$ とおくと, $-x = \tan\alpha$ かつ $|\alpha| < \pi/2$. すなわち, $x = -\tan\alpha = \tan(-\alpha)$. $|-\alpha| = |\alpha| < \pi/2$ だから, $-\alpha = \tan^{-1} x$. ゆえに, $-\tan^{-1} x = \alpha = \tan^{-1}(-x)$.

演習 4.2.2 (p.60)　註 A.10 (p.191) を思い出そう. $\tan^{-1} x = \alpha, \tan^{-1} y = \beta$ とおくと, $\tan\alpha = x, \tan\beta = y$ かつ $|\alpha| < \pi/2, |\beta| < \pi/2$. 仮定より $|x| < 1$, $|y| < 1$ だから, $|\alpha| < \pi/4, |\beta| < \pi/4$. 正接関数の加法定理より,
$$\tan(\alpha \pm \beta) = \frac{\tan\alpha \pm \tan\beta}{1 \mp \tan\alpha \tan\beta} = \frac{x \pm y}{1 \mp xy}.$$
このとき $|\alpha \pm \beta| \le |\alpha| + |\beta| < \pi/2$ だから,
$$\tan^{-1}\frac{x \pm y}{1 \mp xy} = \alpha \pm \beta = \tan^{-1} x \pm \tan^{-1} y.$$

演習 4.2.3 (p.60)　演習 4.2.2 の公式 (4.26) に $x = 1/2, y = 1/3$ を代入すると,
$$\tan^{-1}\frac{1}{2} + \tan^{-1}\frac{1}{3} = \tan^{-1}\frac{(1/2)+(1/3)}{1-(1/2)(1/3)} = \tan^{-1} 1 = \frac{\pi}{4}. \qquad (A.11)$$
定理 4.9 の数式 (4.21) に, $x = 1/2, x = 1/3$ を代入すると,
$$\tan^{-1}\frac{1}{2} = \frac{1}{2} - \frac{1}{3}\left(\frac{1}{2}\right)^3 + \frac{1}{5}\left(\frac{1}{2}\right)^5 - \frac{1}{7}\left(\frac{1}{2}\right)^7 + \cdots,$$
$$\tan^{-1}\frac{1}{3} = \frac{1}{3} - \frac{1}{3}\left(\frac{1}{3}\right)^3 + \frac{1}{5}\left(\frac{1}{3}\right)^5 - \frac{1}{7}\left(\frac{1}{3}\right)^7 + \cdots.$$
ゆえに, (A.11) と組み合わせて, 求める公式 (4.27) が得られる.

演習 4.2.4 (p.61)　公式 (4.27) の 2 つの $\{\cdots\}$ 内の級数の第 n 項までの部分和の和を S_n とすると，$4S_n$ は，奇数項では上から偶数項では下から π に近づく．

$$S_3 = \left\{\frac{1}{2} - \frac{1}{3}\left(\frac{1}{2}\right)^3 + \frac{1}{5}\left(\frac{1}{2}\right)^5\right\} + \left\{\frac{1}{3} - \frac{1}{3}\left(\frac{1}{3}\right)^3 + \frac{1}{5}\left(\frac{1}{3}\right)^5\right\} = \frac{6115}{2^5 \cdot 3^5}$$

だから，$4S_3 = 6115/2^3 \cdot 3^5 = 6115/1944 = 3.14557\cdots$．同様に計算すると，$S_4 = 1538665/2^7 \cdot 3^7 \cdot 7$ だから，$4S_4 = 1538665/2^5 \cdot 3^7 \cdot 7 = 1538665/489888 = 3.14085\cdots$．ゆえに，$3.14085 < 4S_4 < \pi < 4S_3 < 3.14558$．

演習 4.2.5 (p.61)　$4\tan^{-1}(1/5) - \tan^{-1}(1/239) = \pi/4$ を示せば，演習 4.2.3 の証明と同様に (4.28) を導くことができる．演習 4.2.2 で示した公式 (4.26) を使うと，$2\tan^{-1}(1/5) = \tan^{-1}(5/12)$．さらに，(4.26) をもう 2 回使うと，

$$4\tan^{-1}\frac{1}{5} - \tan^{-1}\frac{1}{239} = \tan^{-1}\frac{5}{12} + \left(\tan^{-1}\frac{5}{12} - \tan^{-1}\frac{1}{239}\right)$$
$$= \tan^{-1}\frac{5}{12} + \tan^{-1}\frac{1183}{2873} = \tan^{-1}1 = \frac{\pi}{4}.$$

演習 4.3.1 (p.66)　一般に有限小数 s は，十分大きな n をとると，

$$s = \frac{a}{10^n} = \frac{a}{2^n \cdot 5^n} \quad (a \in \mathbb{Z})$$

と表される (たとえば，$s = 3.14$ ならば $s = 314/10^3$)．このとき，分子 a が 2 または 5 を素因数に持てば，それらで約分して既約分数 $s = a'/(2^i \cdot 5^j)$ ($a' \in \mathbb{Z}, i \leq n, j \leq n$) が得られる．すなわち，有限小数を既約分数として表したときの分母の素因数は 2 と 5 だけである．結果として，355/113 は有限小数でないから循環小数である (循環節の長さは 112 である)．

演習 4.3.2 (p.66)　$p = m/n$ ($m, n \in \mathbb{Z}, m > 0, n > 0$) とおいて，$\pi^p$ と π^{-p} が無理数であることを示そう．もし π^p が有理数ならば，$\pi^p = a/b$ ($a, b \in \mathbb{Z}, b \neq 0$) と表される．このとき，$\pi^m = (a/b)^n = a^n/b^n$ だから $b^n \pi^m - a^n = 0$．すなわち，π は方程式 $b^n x^m - a^n = 0$ の解になるから，π が超越数であることに矛盾する．ゆえに，π^p は無理数．もし $\pi^{-p} = 1/\pi^p$ が有理数ならば π^p も有理数だから，上の証明より，π^{-p} も無理数である．

演習 4.3.3 (p.66)　(1) 正しい．なぜなら，半径 r の円の面積を s とすると，$\pi = s/r^2$．したがって，もし r と s が同時に有理数であれば，π も有理数になるので，π が無理数であることに矛盾する．ゆえに，r が有理数ならば s は無理数である．(2) 正しくない．反例をあたえよう．半径 $r = 1/\sqrt{\pi}$ の円の面積は

1 である．このとき，演習 4.3.2 より r は無理数．

演習 4.3.4 (p.66)　高校教科書の証明とは異なる証明を与えよう．背理法で証明する．もし $\sqrt{2}$ が有理数であると仮定すると，$\sqrt{2} = a/b \ (a, b \in \mathbb{Z}, b \neq 0)$ と表される．このとき，$2b^2 = a^2$．この両辺を素因数分解してみよう．右辺は平方数だから，補題 A.4 より，右辺の素因数 2 の指数は (0 である場合も含めて) 偶数．他方，左辺は 2 が 1 つ多いから，同じ理由で左辺の素因数 2 の指数は奇数．これは素因数分解の一意性 (定理 A.1 (p.175)) に矛盾する．ゆえに，$\sqrt{2}$ は無理数である．

演習 4.3.5 (p.66)　図 A.18．

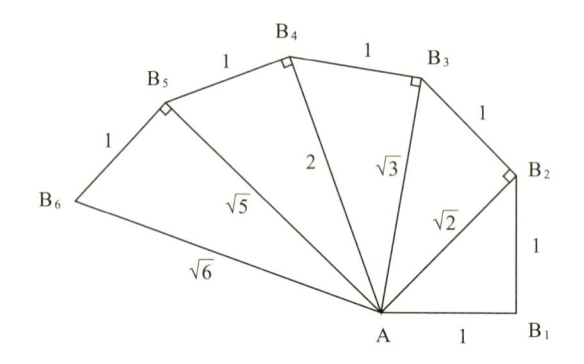

図 **A.18**　演習 4.3.5 解答図．

A.5　第 5 章の問と演習

問 1 (p.68)　(1) 図 A.19 左図参照．△ABC において，辺 AB の中点 L と辺 AC の中点 M をとり，LM ∥ BC を示す．LM の延長上に LM = MN である点 N をとる．このとき，LM = NM, AM = CM, ∠AML = ∠CMN だから，△ALM ≡ △CNM．結果として ∠ALM = ∠CNM だから，AL ∥ CN．ゆえに，BL ∥ CN．また，BL = AL = CN だから四辺形 LBCN は平行四辺形である．ゆえに，LM ∥ BC．さらに，BC = 2LM が成立する (この事実も含めて**中点連結定理**という)．

(2) 図 A.19 右図参照．平行四辺形 ABCD の対角線 AC と BD の交点を M

とする．AB∥DC だから，∠MAB = ∠MCD, ∠MBA = ∠MDC．さらに AB = CD だから，△MAB ≡ △MCD．ゆえに，AM = CM かつ BM = DM．

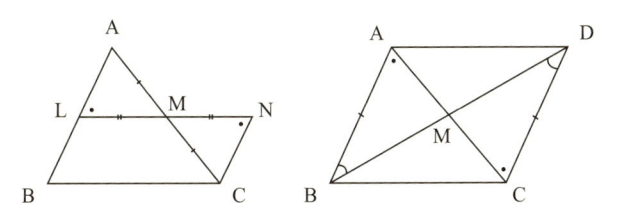

図 A.19 問 1 解答図．

問 2 (p.69)　図 A.20 左図参照．座標平面上で，△ABC の頂点 A を原点，B $= (a, b_1)$, C $= (a, b_2)$ $(b_2 < b_1)$ とすると，重心は G $= (2a/3, (b_1+b_2)/3)$ である．次に，$D = \triangle ABC$ とおいて，D の重心の座標を (5.1) を使って求めよう．
$$S = \iint_D dxdy = \int_0^a dx \int_{(b_2/a)x}^{(b_1/a)x} dy = \int_0^a \frac{b_1-b_2}{a} x\, dx = \frac{1}{2}a(b_1-b_2).$$
S は D の面積である．
$$\iint_D x\,dxdy = \int_0^a dx \int_{(b_2/a)x}^{(b_1/a)x} x\, dy = \int_0^a \frac{b_1-b_2}{a} x^2\, dx = \frac{a^2}{3}(b_1-b_2),$$
$$\iint_D y\,dxdy = \int_0^a dx \int_{(b_2/a)x}^{(b_1/a)x} y\, dy = \int_0^a \frac{b_1^2-b_2^2}{2a^2} x^2\, dx = \frac{a}{6}(b_1^2-b_2^2).$$
ゆえに，D の重心 G $= (x_0, y_0)$ の座標は
$$x_0 = \frac{1}{S}\iint_D x\,dxdy = \frac{2a}{3}, \quad y_0 = \frac{1}{S}\iint_D y\,dxdy = \frac{b_1+b_2}{3}.$$
これは，最初に求めた △ABC の重心 G と一致する．

問 3 (p.70)　図 5.3 のように，内心 I から辺 BC, CA, AB へ下ろした垂線の足をそれぞれ D, E, F とする．このとき，ID = IE = IF = r だから，$S = \triangle IBC + \triangle ICA + \triangle IAB = (ar/2) + (br/2) + (cr/2) = rs$．

問 4 (p.71)　斜辺の中点である．

問 5 (p.73)　図 5.6 参照．△ABC の内心を I とすると，I は線分 I_aA, I_bB, I_cC の交点である．線分 AI は頂点 A の内角を二等分するから，$\angle I_aAB = \angle I_aAC$．また，線分 I_bI_c は頂点 A における外角を二等分するから，$\angle I_cAB = \angle I_bAC$．

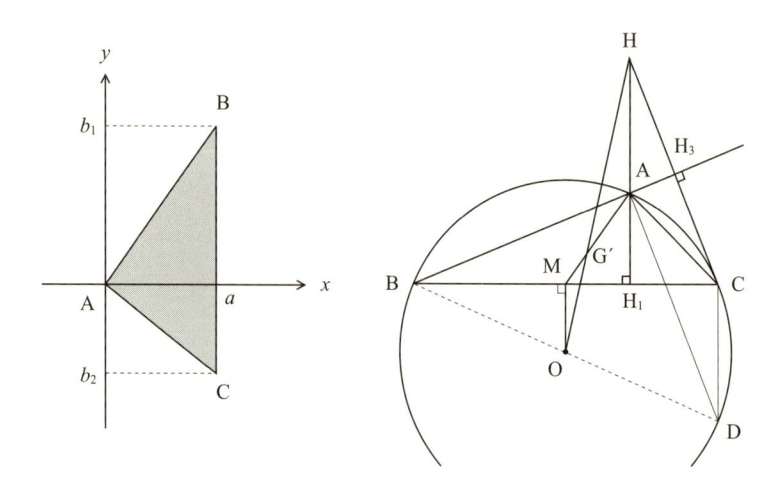

図 **A.20**　問 2 解答図 (左)，問 6 解答図 (右).

ゆえに，$\angle I_a A I_b = \angle I_a A I_c$ だから，線分 $I_a A$ は I_a から辺 $I_b I_c$ へ下ろした垂線である．同様に，線分 $I_b B$ は I_b から辺 $I_c I_a$ へ下ろした垂線．ゆえに，それらの交点 I は $\triangle I_a I_b I_c$ の垂心である．

問 6 (p.75)　図 A.20 右図参照．

問 7 (p.76)　図 A.21 参照．

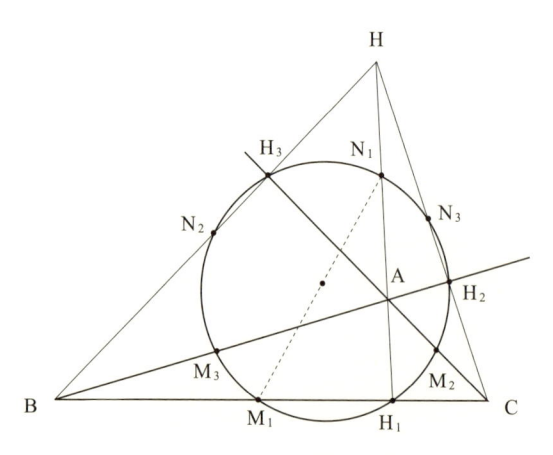

図 **A.21**　問 7 解答図．

A.5. 第5章の問と演習

演習 5.1.1 (p.70)　△ABC において，辺 BC, CA, AB の中点をそれぞれ D, E, F とする．このとき，底辺の長さと高さが等しいから，△ABD = △ACD かつ △GBD = △GCD．ゆえに，△GAB = △ABD − △GBD = △ACD − △GCD = △GCA．同様に，△GAB = △GBC．

演習 5.1.2 (p.70)　図 A.22 左図参照．$AA' : A'B = BB' : B'C = CC' : C'A = m : n$ とする．$m < n$ の場合を証明する．線分 BC の中点を D, B'C' の中点を D' とし，線分 AD と A'D' の交点を G とする．点 G が AD と A'D' をともに 2 : 1 に内分することを示せばよい．線分 DC 上に点 H を C'H ∥ AB となるようにとる．このとき，$CH : HB = CC' : C'A = m : n$ だから，$CH = BB'$．結果として，D は B'H の中点．このとき，D' は B'C' の中点だから，中点連結定理より DD' ∥ C'H ∥ AB．ゆえに，△GAA' ∽ △GDD'．また $2DD' = C'H$ だから，

$$\frac{AG}{GD} = \frac{A'G}{GD'} = \frac{AA'}{DD'} = \frac{2AA'}{C'H}. \tag{A.12}$$

いま，$AA' : AB = m : m+n = CC' : CA = C'H : AB$ だから $AA' = C'H$．したがって，(A.12) より，$AG : GD = A'G : GD' = 2 : 1$．ゆえに，G は △ABC と △A'B'C' の重心である．$m \geq n$ の場合も同様に証明できる．

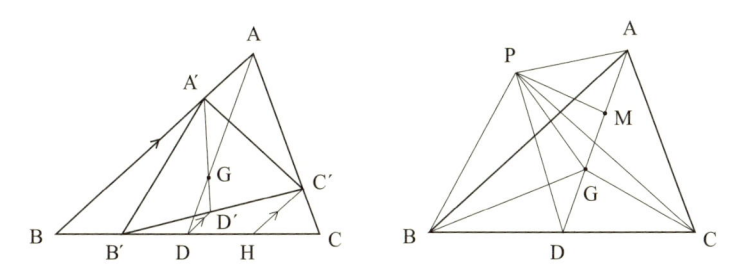

図 **A.22**　演習 5.1.2 (左)，演習 5.1.3 (右) 解答図．

演習 5.1.3 (p.70)　図 A.22 右図参照．任意の点 P をとる．辺 BC の中点を D, AG の中点を M とする．定理 1.5 より，△PGA において $AP^2 + GP^2 = 2(PM^2 + AM^2)$，△PBC において $BP^2 + CP^2 = 2(PD^2 + BD^2)$．これらを辺々加えると，

$$AP^2 + BP^2 + CP^2 = 2(PD^2 + PM^2 + AM^2 + BD^2) - GP^2. \tag{A.13}$$

次に, (A.13) の右辺の PD^2+PM^2, AM^2, BD^2 について考えよう. いま $MG = GD$ だから, $\triangle PDM$ において, 定理 1.5 より, $PD^2+PM^2 = 2(GP^2+GD^2) = 2GP^2+(AG^2/2)$. また, $AM = AG/2$ だから, $AM^2 = AG^2/4$. さらに, $\triangle GBC$ において, 定理 1.5 より $BG^2+CG^2 = 2(GD^2+BD^2)$ だから, $BD^2 = (BG^2+CG^2)/2 - GD^2 = (BG^2+CG^2)/2 - (AG^2/4)$. これらを (A.13) の右辺へ代入して整理すると $AP^2+BP^2+CP^2 = AG^2+BG^2+CG^2+3GP^2$.

演習 5.1.4 (p.70)　演習 2.1.1 より, $2AD < AB+CA, 2BE < BC+AB, 2CF < CA+BC$. これらを辺々加えると, $AD+BE+CF < AB+BC+CA = 2s$. 次に, $\triangle ABC$ の重心を G とすると, 定理 2.2 より, $AB < AG+BG, BC < BG+CG, CA < CG+AG$. これらを辺々加えると,
$$2s = AB+BC+CA < 2(AG+BG+CG) = \frac{4}{3}(AD+BE+CF).$$
ゆえに, $3s/2 < AD+BE+CF$.

演習 5.1.5 (p.70)　$\angle A = 2\alpha, \angle B = 2\beta, \angle C = 2\gamma$ とおくと, $\alpha+\beta+\gamma = 90°$. 内心の定義より $\angle IBC = \beta, \angle ICB = \gamma$ だから, $\angle BIC = 180°-(\beta+\gamma) = 180°-(90°-\alpha) = 90°+\alpha$.

演習 5.1.6 (p.70)　$\triangle ABC$ の重心と内心が一致したとする. このとき, 辺 BC の中点を D とすると, 中線 AD と $\angle A$ の二等分線は一致する. したがって, 定理 2.7 より, $AB:AC = BD:DC = 1:1$. ゆえに, $AB = AC$. 同様に $AB = BC$ だから, $\triangle ABC$ は正三角形である.

演習 5.2.1 (p.74)　図 A.23 参照. $\triangle ABC$ の 3 つの内角のうち, $\angle A$ が最大であると仮定する. 頂点 A から辺 BC へ下ろした垂線の足を D とし, AE を $\triangle ABC$ の外接円の直径とする. このとき, $\angle ABD = \angle AEC$ かつ $\angle ACE = 90° = \angle ADB$ より, $\triangle ABD \backsim \triangle AEC$. したがって, $AB:AE = AD:CA$ だから, $AB \cdot CA = AD \cdot AE$. ゆえに, $abc = BC \cdot CA \cdot AB = BC \cdot AD \cdot AE = 2S \cdot 2R$ だから, $R = abc/(4S)$. $\angle B, \angle C$ が最大の角のときも, 同様に証明できる.

演習 5.2.2 (p.74)　(1) 図 A.24 左図参照. 線分 HH_1 が $\angle H_2H_1H_3$ を二等分することを示す. $AH_1 \perp BC$ かつ $BH_2 \perp CA$ だから, 4 点 A, B, H_1, H_2 は同一円周上にある. ゆえに, 円周角の定理より $\angle AH_1H_2 = \angle ABH_2$. 同様に, 4 点 B, C, H_2, H_3 は同一円周上にあるから, $\angle ABH_2 = \angle ACH_3$. さらに, 4

A.5. 第 5 章の問と演習　　　　　　　　　　　　　　　　　　　　201

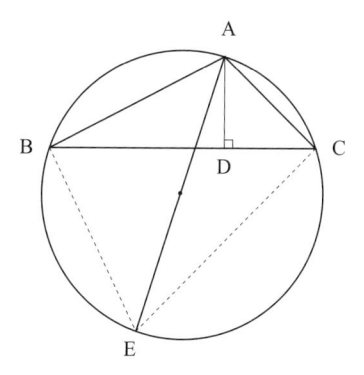

図 **A.23** 演習 5.2.1 解答図.

点 C, A, H_3, H_1 は同一円周上にあるから，$\angle ACH_3 = \angle AH_1H_3$. 以上により，$\angle AH_1H_2 = \angle AH_1H_3$. ゆえに，$HH_1$ は $\angle H_2H_1H_3$ を二等分する．同様に，HH_2 は $\angle H_1H_2H_3$ を二等分するから，それらの交点 H は $\triangle H_1H_2H_3$ の内心である．

(2) 図 A.24 右図参照．点 A は鋭角三角形 HBC の垂心だから，(1) より，A は $\triangle H_1H_2H_3$ の内心である．したがって，線分 HH_1 は $\angle H_2H_1H_3$ を二等分する．また，BH_3 は $\angle H_1H_3H_2$ を二等分するから，$\angle CH_3H_1 = 90° - \angle H_1H_3B = 90° - \angle H_2H_3B = HH_3H_2$. 結果として，線分 HC は $\triangle H_1H_2H_3$ の頂点 H_3 における外角の二等分線である．ゆえに，H は $\triangle H_1H_2H_3$ の傍心である．

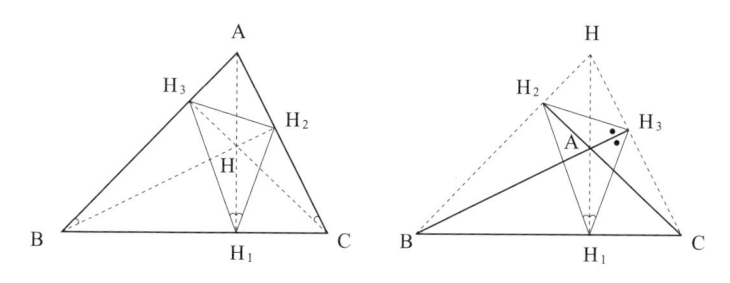

図 **A.24** 演習 5.2.2 (1) (左)，演習 5.2.2 (2) (右) 解答図．

演習 5.2.3 (p.74)　　図 5.6 参照．$\triangle ABC$ の $\angle A, \angle B, \angle C$ 内の傍心をそれぞれ I_a, I_b, I_c とする．このとき，$\triangle ABC = \triangle I_a CA + \triangle I_a AB - \triangle I_a BC$ だから，$S = (br_a/2) + (cr_a/2) - (ar_a/2) = r_a(s-a)$. 同様に，$S = r_b(s-b) = r_c(s-c)$.

演習 5.2.4 (p.74)　本章の問 3 と演習 5.2.3 より，$S=rs=r_a(s-a)=r_b(s-b)=r_c(s-c)$. ゆえに，$(1/r_a)+(1/r_b)+(1/r_c)=((s-a)+(s-b)+(s-c))/S=s/S=1/r$.

演習 5.2.5 (p.74)　図 A.25 参照．$\triangle ABC$ の外接円と線分 I_aI との交点を M とする．$\triangle MIB$ と $\triangle MI_aB$ が二等辺三角形であることを示す．そのために，$\angle A = 2\alpha, \angle B = 2\beta$ とおくと，$\angle MIB = \alpha+\beta$. また，円周角の定理より $\angle MBC = \angle MAC = \alpha$ だから，$\angle MBI = \angle MBC + \angle IBC = \alpha+\beta$. 以上により，$\angle MIB = \angle MBI$. ゆえに，$\triangle MIB$ は二等辺三角形だから，$MI = MB$. 次に，問 5 で示したように，$\angle IBI_a = 90°$. ゆえに，$\angle MBI_a = \angle IBI_a - \angle MBI = 90°-(\alpha+\beta)$. 一方，$\triangle IBI_a$ において，$\angle II_aB = 90° - \angle MIB = 90°-(\alpha+\beta)$. 以上により，$\angle MI_aB = \angle II_aB = \angle MBI_a$. ゆえに，$\triangle MI_aB$ は二等辺三角形だから，$MI_a = MB$. 結果として，$MI = MB = MI_a$.

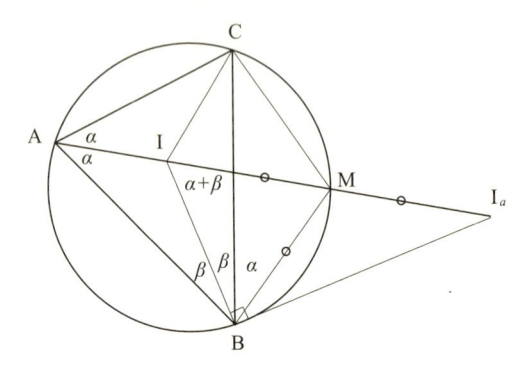

図 **A.25**　演習 5.2.5 解答図．$MI = MB = MI_a$ を示したい．

演習 5.3.1 (p.77)　図 5.9 参照．辺 BC の中点を M_1 とし，線分 OM_1 の延長上に $M_1E = OM_1$ である点 E をとる．このとき，$\triangle OBC$ は二等辺三角形だから，$\overrightarrow{OB}+\overrightarrow{OC}=2\overrightarrow{OM_1}=\overrightarrow{OE}$. 定理 5.10 の証明中に示したように，$OE = 2OM_1 = AH$ かつ $OM_1 \mathbin{/\mkern-5mu/} AH$ だから，四辺形 AOEH は平行四辺形である．ゆえに，$\overrightarrow{OA}+\overrightarrow{OB}+\overrightarrow{OC}=\overrightarrow{OA}+\overrightarrow{OE}=\overrightarrow{OH}$.

演習 5.3.2 (p.78)　図 A.26 左図参照．$\triangle BHD \equiv \triangle BKD$ であることを示せばよい．頂点 B から辺 CA へ下ろした垂線の足を E とする．このとき，$\triangle HBD \backsim \triangle HAE$ だから $\angle HBD = \angle HAE$. 円周角の定理より $\angle CAK = \angle CBK$. した

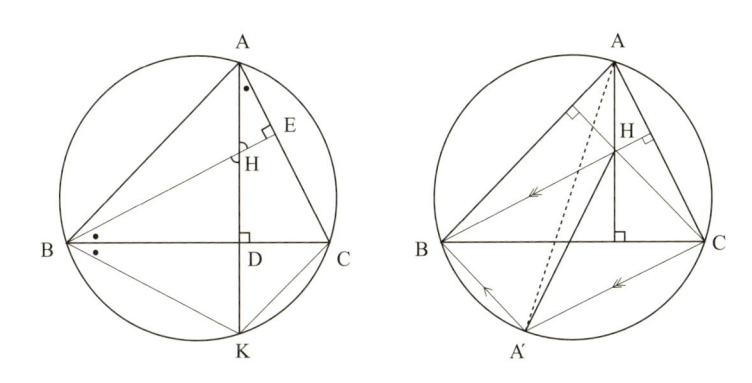

がって，△BHD と △BKD において，∠HBD = ∠KBD．また，∠BDH = ∠BDK = 直角，辺 BD は共通だから，△BHD ≡ △BKD．ゆえに，HD = DK．

図 **A.26**　演習 5.3.2 (左)，演習 5.3.3 (右) 解答図．

演習 5.3.3 (p.78)　図 A.26 右図参照．四辺形 HBA′C が平行四辺形であることを示せばよい．線分 A′B と CH の延長は共に辺 AB に垂直だから，A′B ∥ CH．また，線分 A′C と BH の延長は共に辺 CA に垂直だから，A′C ∥ BH．ゆえに，四辺形 HBA′C は平行四辺形．結果として，その対角線 A′H と BC は互いの中点で交わる．

演習 5.3.4 (p.78)　図 A.27 参照．最初に，OH ∥ BC だから，∠B と ∠C は直角でないことに注意しておく．辺 BC の中点を D とし，頂点 A から辺 BC へ下ろした垂線の足を E とする．定理 5.8 より △ABC の重心 G は線分 OH 上にあり，仮定より OH ∥ BC だから，AH : HE = AG : GD = 2 : 1．△ABC の外接円の半径を R とすると，正弦定理より $AB = 2R\sin C$ だから，$AE = 2R\sin B\sin C$．一方，線分 BO の延長が △ABC の外接円と交わる点を F とすると，定理 5.8 の証明中で示したように四辺形 AHCF は平行四辺形だから，$FC = AH = 2AE/3$．円周角の定理より ∠BFC = ∠A だから，$FC = 2R\cos A$．したがって，$AE = 3R\cos A$．結果として，$3\cos A = 2\sin B\sin C$．また，$\cos A = \cos(2\pi - (B+C)) = -\cos(B+C) = \sin B\sin C - \cos B\cos C$ だから，$3\cos B\cos C = \sin B\sin C$．ゆえに，$\tan B\tan C = (\sin B\sin C)/(\cos B\cos C) = 3$．

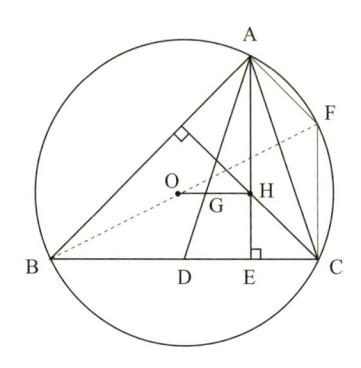

図 **A.27** 演習 5.3.4 解答図.

A.6　第6章の問と演習

問 1 (p.81)　定理 6.3 より，$PT^2 = PA \cdot PB = 4$ だから，$PT = 2$．

問 2 (p.82)　もし $P = A$ であったと仮定する．このとき，(6.4) より $PC \cdot PD = PA \cdot PB = 0$ だから，$P (= A)$ は C または D と一致する．これは 4 点 A, B, C, D が相異なることに矛盾する．同様に $P = B, P = C, P = D$ と仮定した場合にも矛盾が生じるから，点 P が A, B, C, D のどれかと一致することはない．次に，もし 3 点 A, B, C が同一直線上にあったとする．仮定より，2 直線 AB と CD は 1 点 P で交わるから $P = C$．これは上で示した事実に矛盾する．ゆえに，3 点 A, B, C は同一直線上にない．

問 3 (p.83)　点 P が線分 AB 上にあり，線分 CD 上にない場合を考える．座標平面上の点 $A = (-2, 0), B = (2, 0), C = (0, 1), D = (0, 4)$ をとると，2 直線 AB と CD は点 $P = (0, 0)$ で交わり，等式 $PA \cdot PB = PC \cdot PD$ が成り立つ．ところが，4 点 A, B, C, D は同一円周上にない．

問 4 (p.86)　2 通りの反例を与える．(1) △ABC の辺 BC, CA, AB の中点をそれぞれ P, Q, R とする．このとき，等式 (6.7) は成立するが，3 点 P, Q, R は共線的でない．

(2) △ABC の辺 BC の中点を P，辺 CA を 2 : 1 の比に外分する点を Q，辺 AB を 1 : 2 の比に外分する点を R とする．このとき，等式 (6.7) は成立するが，3 点 P, Q, R は共線的でない．

問 5 (p.86)　$(BP/PC)\cdot(CQ/QA)\cdot(AR/RB) = (12/5)\cdot(7/16)\cdot(19/21) = 19/20 \neq 1$ だから，チェバの定理より 3 直線 AP, BQ, CR は共点的でない．点 R を辺 AB を $20:21$ の比に内分する点に取り直せば，AP, BQ, CR は共点的である．

問 6 (p.88)　仮定より，次の 2 つの場合 (i), (ii) のいずれかが成立する．(i) Q は辺 CA の内部にあり，R も辺 AB の内部にある．(ii) Q は辺 CA 上になく，R も辺 AB 上にない．したがって，図 A.28 の陰の部分には，直線 BQ と CR の交点 O は存在しない．ゆえに，直線 OA は辺 BC の内部を通る．

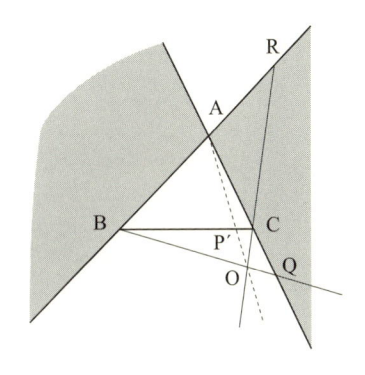

図 **A.28**　問 6 解答図．陰の部分には，点 O は存在しない．

問 7 (p.88)　2 通りの反例を与える．(1) △ABC の辺 BC を $2:1$ に内分する点を P, 辺 CA の中点を Q, 辺 AB を $1:2$ に外分する点を R とする．このとき，等式 (6.12) が成立するが，直線 AP, BQ, CR は共点的でも平行でもない．

(2) △ABC の辺 BC を $2:1$ に外分する点を P, 辺 CA を $2:1$ に外分する点を Q, 辺 AB を $1:4$ に外分する点を R とする．このとき，等式 (6.12) が成立するが，直線 AP, BQ, CR は共点的でも平行でもない．

演習 6.1.1 (p.83)　図 A.29 参照．2 点 H_1, H_2 は線分 AB を直径とする円周上にあるから，方べきの定理より $HA \cdot HH_1 = HB \cdot HH_2$. 2 点 H_1, H_3 は線分 AC を直径とする円周上にあるから，方べきの定理より $HA \cdot HH_1 = HC \cdot HH_3$. ゆえに，$HA \cdot HH_1 = HB \cdot HH_2 = HC \cdot HH_3$.

演習 6.1.2 (p.83)　図 A.30 左図参照．直線 AB と直線 C_1C_2 の交点を P とする．定理 6.3 より $PC_1^2 = PA \cdot PB = PC_2^2$. ゆえに，点 P は線分 C_1C_2 の中点で

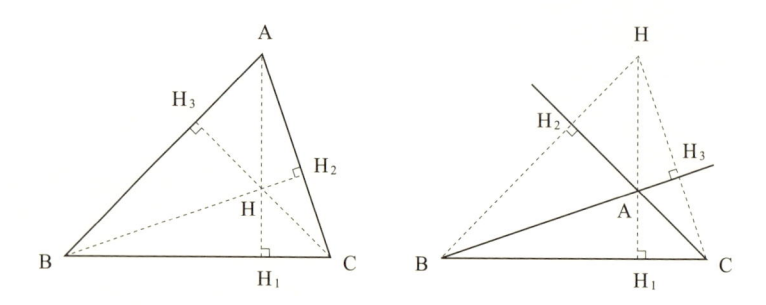

図 **A.29** 演習 6.1.1 解答図. ∠A が鋭角の場合 (左) と鈍角の場合 (右).

ある.

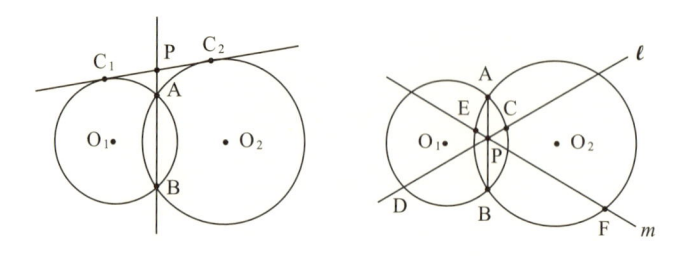

図 **A.30** 演習 6.1.2 (左), 演習 6.1.3 (右) 解答図.

演習 6.1.3 (p.83)　図 A.30 右図参照. $\ell \neq m$ だから, 4 点 C, D, E, F はすべて相異なり, 線分 CD と EF は 1 点 P で交わる. 円 O_1 に関する方べきの定理より, PC·PD = PA·PB. 円 O_2 に関する方べきの定理より, PE·PF = PA·PB. 以上により PC·PD = PE·PF. ゆえに, 方べきの定理の逆より, 4 点 C, D, E, F は同一円周上にある.

演習 6.1.4 (p.83)　4 点 C, D, O, P はすべて相異なり, 弦 CD は中心 O を通らないから, CD と線分 OP は 1 点 M で交わる. 方べきの定理より, MC·MD = MA·MB. また, OA⊥AP かつ OB⊥BP だから, 2 点 A, B は OP を直径とする円周上にある. したがって, 方べきの定理より MO·MP = MA·MB. 以上の結果として, MC·MD = MO·MP. ゆえに, 方べきの定理の逆より, 4 点 C, D, O, P は同一円周上にある.

演習 6.2.1 (p.89) 図 A.31 左図参照. チェバの定理より $(BM/MC)\cdot(CQ/QA)\cdot(AR/RB)=1$. いま $BM:MC=1:1, CQ:QA=t:1, AR:RB=3:1$ だから, $t=1/3$. $\triangle BCR$ と直線 AO にメネラウスの定理を適用すると, $(BM/MC)\cdot(CO/OR)\cdot(RA/AB)=1$. いま $BM:MC=1:1, RA:AB=3:2$ だから,

$$CO:OR=2:3. \tag{A.14}$$

$\triangle AOR$ と直線 BC にメネラウスの定理を適用すると, $(AM/MO)\cdot(OC/CR)\cdot(RB/BA)=1$. (A.14) より $OC:CR=2:5$, 仮定より $RB:BA=1:2$ だから, $AM:MO=5:1$.

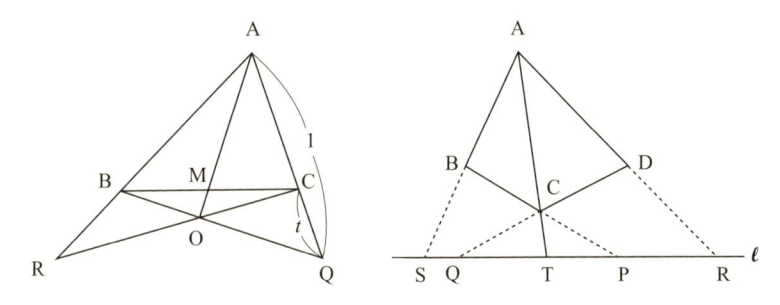

図 **A.31** 演習 6.2.1 (左), 演習 6.2.4 (右) 解答図.

演習 6.2.2 (p.89) $\triangle ABC$ について, 内心定理を証明しよう. $\angle A$ の二等分線と辺 BC の交点を P, $\angle B$ の二等分線と辺 CA の交点を Q, $\angle C$ の二等分線と辺 AB の交点を R とすると, 3 点 P, Q, R はすべて辺の内部にある. 定理 2.7 より, $BP:PC=AB:CA, CQ:QA=BC:AB, AR:RB=CA:BC$ だから,

$$\frac{BP}{PC}\cdot\frac{CQ}{QA}\cdot\frac{AR}{RB}=\frac{AB}{CA}\cdot\frac{BC}{AB}\cdot\frac{CA}{BC}=1.$$

ゆえに, チェバの定理の逆より, 3 直線 AP, BQ, CR は共点的である.

演習 6.2.3 (p.89) $\triangle ABC$ の頂点 A, B, C から対辺またはその延長へ下ろした垂線の足をそれぞれ P, Q, R とする. 3 直線 AP, BQ, CR が共点的であることを示せばよい. $\triangle ABC$ が鋭角三角形ならば, 3 点 P, Q, R はすべて辺の内部にあり, $\triangle ABC$ が鈍角三角形ならば, 3 点 P, Q, R のうち 1 点は辺の内部にあり, 他の 2 点は辺上にない. $\triangle ABC$ が直角三角形の場合は, 3 垂線は直角の頂点で交わるから共点的である. いま, $\triangle ABP \backsim \triangle CBR$ だから $BP:RB=AB:$

BC, △CAR∽△BAQ だから AR : QA = CA : AB, △BCQ∽△ACP だから CQ : PC = BC : CA. 結果として,

$$\frac{BP}{PC} \cdot \frac{CQ}{QA} \cdot \frac{AR}{RB} = \frac{BP}{RB} \cdot \frac{AR}{QA} \cdot \frac{CQ}{PC} = \frac{AB}{BC} \cdot \frac{CA}{AB} \cdot \frac{BC}{CA} = 1.$$

ゆえに,チェバの定理の逆より,3 直線 AP, BQ, CR は共点的である.

演習 6.2.4 (p.89)　図 A.31 右図参照.対角線の延長である 2 直線 AC と BD は平行でないから,少なくとも一方は直線 ℓ と交わる.したがって,いま AC と ℓ が点 T で交わると仮定してよい.このとき,△ABC と直線 ℓ, △ACD と直線 ℓ にそれぞれメネラウスの定理を適用すると,

$$\frac{BP}{PC} \cdot \frac{CT}{TA} \cdot \frac{AS}{SB} = 1, \quad \frac{AT}{TC} \cdot \frac{CQ}{QD} \cdot \frac{DR}{RA} = 1.$$

上の 2 式を辺々かけると求める等式 (6.14) が得られる.

演習 6.2.5 (p.89)　図 A.32 参照.線分 AC の中点を P, BD の中点を Q, EF の中点を R とし,線分 EB の中点を N, EC の中点を M, BC の中点を L とする.このとき,中点連結定理より 3 点の組 {N, M, R}, {M, P, L}, {L, Q, N} はそれぞれ共線的である.また,△LMN において,点 P, Q はそれぞれ辺 LM, NL の内部にあり,点 R は辺 MN 上にない.ゆえに,メネラウスの定理の逆より,

$$\frac{MR}{RN} \cdot \frac{NQ}{QL} \cdot \frac{LP}{PM} = 1 \tag{A.15}$$

が成立することを示せばよい.再び中点連結定理より, MR : RN = CF : FB, NQ : QL = ED : DC, LP : PM = BA : AE だから,

$$\frac{MR}{RN} \cdot \frac{NQ}{QL} \cdot \frac{LP}{PM} = \frac{CF}{FB} \cdot \frac{ED}{DC} \cdot \frac{BA}{AE} = \frac{CF}{FB} \cdot \frac{BA}{AE} \cdot \frac{ED}{DC} \tag{A.16}$$

が成立する.△EBC と直線 AF にメネラウスの定理を適用することにより,(A.16) の右辺は 1 であることが分かる.結果として (A.15) が示された.

A.7　第 7 章の問と演習

問 1 (p.91)　内分点は $(-3, 4)$, 外分点は $(-39, 28)$.

問 2 (p.91)　いろいろな解答の方法がある.$AB^2 = 10^2 + 24^2 = CD^2$ だから, $AB = CD$. 同様に $BC^2 = 20^2 + 15^2 = DA^2$ だから, $BC = DA$. ゆえに,向かい合う 2 辺の長さが等しいから,四辺形 ABCD は平行四辺形である.

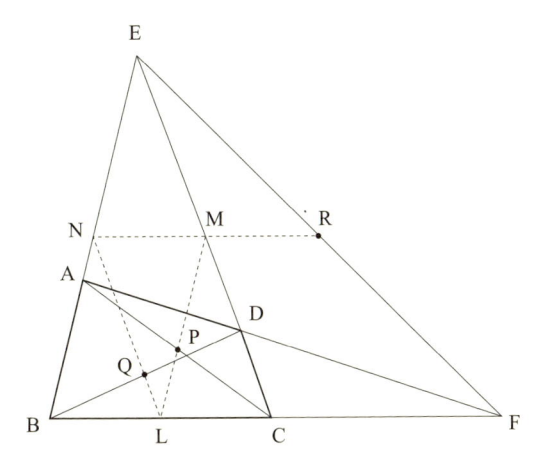

図 **A.32** 演習 6.2.5 解答図.

問 3 (p.92)　辺 BC の中点 M の位置ベクトルは $\overrightarrow{OM} = (\boldsymbol{b}+\boldsymbol{c})/2$. 重心定理 (定理 5.1) より, 重心 G は線分 AM を $2:1$ の比に内分するから,
$$\overrightarrow{OG} = \frac{\overrightarrow{OA}+2\overrightarrow{OM}}{3} = \frac{1}{3}\left(\boldsymbol{a}+\frac{2(\boldsymbol{b}+\boldsymbol{c})}{2}\right) = \frac{1}{3}(\boldsymbol{a}+\boldsymbol{b}+\boldsymbol{c}).$$

問 4 (p.94)　$\boldsymbol{p}=s\boldsymbol{u}+t\boldsymbol{v}$ とおくと, $-2=3s+t, 18=s-2t$. これらを s,t について解くと, $s=2, t=-8$. ゆえに, $\boldsymbol{p}=2\boldsymbol{u}-8\boldsymbol{v}$.

問 5 (p.97)　命題 7.5 より, 直線 ℓ の方程式は $-3x+4y+c=0$. 点 A(7,5) を通ることから $c=1$. ゆえに, $-3x+4y+1=0$. 系 7.8 より, 点 P(−2,7) から ℓ までの距離は 7.

問 6 (p.101)　求める点を $\boldsymbol{p}=(x,y)$ とおくと, (7.17) より $x=(1-t)x_1+tx_2$, $y=(1-t)y_1+ty_2$. t を消去すると, $(y_2-y_1)(x-x_1)-(x_2-x_1)(y-y_1)=0$.

問 7 (p.101)　$\boldsymbol{p}=(x,y)$ とおくと, (7.18) より $a(x-x_1)+b(y-y_1)=0$.

演習 7.1.1 (p.94)　$P(x,y)$ とおく. $AP^2 = BP^2$ かつ $AP^2 = CP^2$ より
$$(x-2)^2+(y-11)^2 = (x-8)^2+(y-(-7))^2,$$
$$(x-2)^2+(y-11)^2 = (x-(-6))^2+(y-(-5))^2$$
だから, $x-3y+1=0, x+2y-4=0$. これら 2 式から, $x=2, y=1$.

演習 7.1.2 (p.94)　　$\overrightarrow{AB} = \overrightarrow{DC}$ であればよい．$\overrightarrow{AB} = (11, 4), \overrightarrow{DC} = (10-x, -2-y)$ だから，$11 = 10-x, 4 = -2-y$. ゆえに，$x = -1, y = -6$.

演習 7.1.3 (p.95)　　$\overrightarrow{GA} + \overrightarrow{GB} + \overrightarrow{GC} = (\overrightarrow{OA} - \overrightarrow{OG}) + (\overrightarrow{OB} - \overrightarrow{OG}) + (\overrightarrow{OC} - \overrightarrow{OG}) = \overrightarrow{OA} + \overrightarrow{OB} + \overrightarrow{OC} - 3\overrightarrow{OG}$．問 3 の結果より $\overrightarrow{OA} + \overrightarrow{OB} + \overrightarrow{OC} = 3\overrightarrow{OG}$ だから，$\overrightarrow{GA} + \overrightarrow{GB} + \overrightarrow{GC} = \mathbf{0}$.

演習 7.1.4 (p.95)　　$\boldsymbol{a} = \overrightarrow{GA}, \boldsymbol{b} = \overrightarrow{GB}, \boldsymbol{c} = \overrightarrow{GC}$ とおくと，
$$BC^2 + CA^2 + AB^2 = |\boldsymbol{c}-\boldsymbol{b}|^2 + |\boldsymbol{a}-\boldsymbol{c}|^2 + |\boldsymbol{b}-\boldsymbol{a}|^2$$
$$= (\boldsymbol{c}-\boldsymbol{b})\cdot(\boldsymbol{c}-\boldsymbol{b}) + (\boldsymbol{a}-\boldsymbol{c})\cdot(\boldsymbol{a}-\boldsymbol{c}) + (\boldsymbol{b}-\boldsymbol{a})\cdot(\boldsymbol{b}-\boldsymbol{a})$$
$$= 2(\boldsymbol{a}\cdot\boldsymbol{a} + \boldsymbol{b}\cdot\boldsymbol{b} + \boldsymbol{c}\cdot\boldsymbol{c}) - 2(\boldsymbol{c}\cdot\boldsymbol{b} + \boldsymbol{a}\cdot\boldsymbol{c} + \boldsymbol{b}\cdot\boldsymbol{a}).$$
演習 7.1.3 の結果より $\boldsymbol{a} + \boldsymbol{b} + \boldsymbol{c} = \mathbf{0}$ だから，
$$2(\boldsymbol{c}\cdot\boldsymbol{b} + \boldsymbol{a}\cdot\boldsymbol{c} + \boldsymbol{b}\cdot\boldsymbol{a}) = (\boldsymbol{a}\cdot\boldsymbol{b} + \boldsymbol{a}\cdot\boldsymbol{c}) + (\boldsymbol{b}\cdot\boldsymbol{c} + \boldsymbol{b}\cdot\boldsymbol{a}) + (\boldsymbol{c}\cdot\boldsymbol{a} + \boldsymbol{c}\cdot\boldsymbol{b})$$
$$= \boldsymbol{a}\cdot(\boldsymbol{b}+\boldsymbol{c}) + \boldsymbol{b}\cdot(\boldsymbol{c}+\boldsymbol{a}) + \boldsymbol{c}\cdot(\boldsymbol{a}+\boldsymbol{b})$$
$$= -(\boldsymbol{a}\cdot\boldsymbol{a} + \boldsymbol{b}\cdot\boldsymbol{b} + \boldsymbol{c}\cdot\boldsymbol{c}).$$
ゆえに，$BC^2 + CA^2 + AB^2 = 3(\boldsymbol{a}\cdot\boldsymbol{a} + \boldsymbol{b}\cdot\boldsymbol{b} + \boldsymbol{c}\cdot\boldsymbol{c}) = 3(GA^2 + GB^2 + GC^2)$.

演習 7.1.5 (p.95)　　四辺形 ABCD に対して，辺 AB, BC, CD, DA の中点をそれぞれ E, F, G, H とする．いま $\boldsymbol{a} = \overrightarrow{OA}, \boldsymbol{b} = \overrightarrow{OB}, \boldsymbol{c} = \overrightarrow{OC}, \boldsymbol{d} = \overrightarrow{OD}$ とおくと，$\overrightarrow{OE} = (\boldsymbol{a}+\boldsymbol{b})/2, \overrightarrow{OF} = (\boldsymbol{b}+\boldsymbol{c})/2, \overrightarrow{OG} = (\boldsymbol{c}+\boldsymbol{d})/2, \overrightarrow{OH} = (\boldsymbol{d}+\boldsymbol{a})/2$. したがって，
$$\overrightarrow{EF} = \overrightarrow{OF} - \overrightarrow{OE} = (\boldsymbol{b}+\boldsymbol{c})/2 - (\boldsymbol{a}+\boldsymbol{b})/2 = (\boldsymbol{c}-\boldsymbol{a})/2,$$
$$\overrightarrow{HG} = \overrightarrow{OG} - \overrightarrow{OH} = (\boldsymbol{c}+\boldsymbol{d})/2 - (\boldsymbol{d}+\boldsymbol{a})/2 = (\boldsymbol{c}-\boldsymbol{a})/2.$$
ゆえに，$\overrightarrow{EF} = \overrightarrow{HG}$ だから，四辺形 EFGH は平行四辺形である．

演習 7.2.1 (p.102)　　命題 7.5 より，$\boldsymbol{d} = (1, -3)$ は直線 ℓ の方向ベクトルである．

(1) $\boldsymbol{d}$ は m の方向ベクトルだから，m の方程式は $3x + y + c = 0$. 点 $(3, 2)$ を通るから，$c = -11$. ゆえに，$3x + y - 11 = 0$.

(2) $\boldsymbol{d}$ は m の法線ベクトルだから，m の方程式は $x - 3y + c = 0$. 点 $(8, -2)$ を通るから，$c = -14$. ゆえに，$x - 3y - 14 = 0$.

演習 7.2.2 (p.102)   命題 7.11 より，2 式が同じ直線を表すためには，$(p-3)(q+5)-20=0, -4(p+1)+(q+5)=0, -5+(p-3)(p+1)=0$ であることが必要十分．ゆえに，$p=4, q=15$，または，$p=-2, q=-9$．

演習 7.2.3 (p.102)   ベクトル $\boldsymbol{n}=(\cos\theta, \sin\theta)$ は直線 ℓ の法線ベクトルだから，ℓ の方程式は $x\cos\theta+y\sin\theta+\gamma=0$．いま，$\ell$ は点 $\mathrm{H}(c\cos\theta, c\sin\theta)$ を通るから $\gamma=-c$．ゆえに，$x\cos\theta+y\sin\theta=c$ は ℓ の方程式である．

演習 7.2.4 (p.103)   図 A.33 参照．$\triangle\mathrm{OAB}$ の外心 Q は，辺 OA の垂直二等分線 m_A と辺 OB の垂直二等分線 m_B の交点である．m_A, m_B のベクトル方程式は，
$$m_A : \boldsymbol{a}\cdot(\boldsymbol{p}-(\boldsymbol{a}/2))=0, \quad m_B : \boldsymbol{b}\cdot(\boldsymbol{p}-(\boldsymbol{b}/2))=0$$
で与えられる．すなわち，$m_A : \boldsymbol{a}\cdot\boldsymbol{p}=|\boldsymbol{a}|^2/2, m_B : \boldsymbol{b}\cdot\boldsymbol{p}=|\boldsymbol{b}|^2/2$．いま $\boldsymbol{a}=(a,b), \boldsymbol{b}=(c,d)$ だから，$\boldsymbol{p}=(x,y)$ とおくと，
$$m_A : ax+by=|\boldsymbol{a}|^2/2, \quad m_B : cx+dy=|\boldsymbol{b}|^2/2. \tag{A.17}$$
$\boldsymbol{a}, \boldsymbol{b}$ は平行でないから，命題 7.4 より $D=ad-bc\neq 0$．したがって，連立方程式 (A.17) を x, y について解くと，外心 Q の座標 (7.22) が得られる．

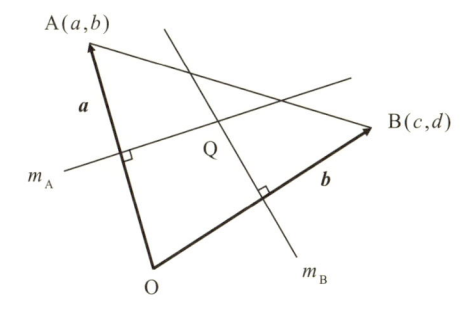

図 **A.33**   演習 7.2.4 解答図．m_A は OA の中点を通り，法線ベクトル $\boldsymbol{a}$ の直線，m_B は OB の中点を通り，法線ベクトル $\boldsymbol{b}$ の直線である．

演習 7.2.5 (p.103)   重心 G は $\mathrm{G}(6, 8/3)$．$\angle\mathrm{AOB}$ の二等分線を ℓ_1，$\angle\mathrm{OAB}$ の二等分線を ℓ_2 とする．線分 OA, OB 上に $\mathrm{OA}'=\mathrm{OB}'=1$ である点 A', B' をとると，$\mathrm{A}'(3/5, 4/5), \mathrm{B}'(1,0)$．このとき，直線 ℓ_1 は原点 O を通り，方向ベクトル $\overrightarrow{\mathrm{OA}'}+\overrightarrow{\mathrm{OB}'}=(8/5, 4/5)$ の直線だから，$\ell_1 : x-2y=0$．一方，$\ell_2 : x-6=$

O. 内心 I は ℓ_1 と ℓ_2 の交点だから，I(6,3)．演習 7.2.4 の結果より，外心 Q は Q(6,7/4)．例題 7.14 の結果より，垂心 H は H(6,9/2)．頂点 O における外角の二等分線を m_1，頂点 A における外角の二等分線を m_2 とすると，$m_1 \perp \ell_1, m_2 \perp \ell_2$ だから，$m_1 : 2x+y=0, m_2 : y-8=0$．∠AOB 内の傍心 I_o は ℓ_1 と m_2 の交点だから，$I_o(16,8)$．∠OAB 内の傍心 I_a は ℓ_2 と m_1 の交点だから，$I_a(6,-12)$．∠ABO 内の傍心 I_b は m_1 と m_2 の交点だから，$I_b(-4,8)$．

A.8　第 8 章の問と演習

問 1 (p.105)　$\begin{pmatrix} 1 & 6 \\ -1 & 3/2 \end{pmatrix}, \begin{pmatrix} 6 & 0 \\ -12 & 3 \end{pmatrix}, \begin{pmatrix} 1 & -6 \\ -3 & -1/2 \end{pmatrix}, \begin{pmatrix} 3 & -6 \\ -7 & 1/2 \end{pmatrix}$．

問 2 (p.106)
$$\begin{pmatrix} -11 \\ -6 \end{pmatrix}, \begin{pmatrix} 13 \\ 8 \end{pmatrix}, \begin{pmatrix} -11 & 13 \\ -6 & 8 \end{pmatrix}, \begin{pmatrix} -1 & 3 \\ 4 & -2 \end{pmatrix}, \begin{pmatrix} 7 & -3 \\ 6 & -2 \end{pmatrix}, \begin{pmatrix} 17 & -16 \\ -8 & 9 \end{pmatrix}.$$

問 3 (p.109)　$|A|=2 \neq 0$ だから，A は逆行列 $A^{-1} = \begin{pmatrix} 7/2 & -5/2 \\ -4 & 3 \end{pmatrix}$ を持つ．

$|B|=0$ だから B は逆行列を持たない．

$|C|=1 \neq 0$ だから，C は逆行列 $C^{-1} = \begin{pmatrix} 2/3 & -1/6 \\ 4 & 1/2 \end{pmatrix}$ を持つ．

問 4 (p.111)　$A = \begin{pmatrix} 2 & -3 \\ -4 & 1 \end{pmatrix}, \boldsymbol{x} = \begin{pmatrix} x \\ y \end{pmatrix}, \boldsymbol{b} = \begin{pmatrix} -4 \\ 1 \end{pmatrix}$ とおくと，与えられた連立方程式は $A\boldsymbol{x} = \boldsymbol{b}$ と表される．いま A は逆行列 $A^{-1} = -\frac{1}{10}\begin{pmatrix} 1 & 3 \\ 4 & 2 \end{pmatrix}$ を持つ．したがって，$\boldsymbol{x} = A^{-1}\boldsymbol{b} = -\frac{1}{10}\begin{pmatrix} 1 & 3 \\ 4 & 2 \end{pmatrix}\begin{pmatrix} -4 \\ 1 \end{pmatrix} = \begin{pmatrix} 1/10 \\ 7/5 \end{pmatrix}$．ゆえに，$x=1/10, y=7/5$．

問 5 (p.113)
$$f[A_1]=\{b\}, f[A_2]=\{b,d\},$$
$$f^{-1}[B_1]=\varnothing, f^{-1}[B_2]=\{1,3\}, f^{-1}[B_3]=\{1,3,4\}.$$

問 6 (p.114)　直線 ℓ を集合 $\ell = \{(x,y) : ax+by+c=0\}$ と考え，$f[\ell]$ を求める問題．$b=0$ のとき，$\ell : x=-c/a$ だから，$f[\ell]=\{(-c/a,0)\}$．$b \neq 0$ のとき，

ℓ は y 軸に平行でないから，$f[\ell] = \{(x,0) : x \in \mathbb{R}\}$.

問 7 (p.117)　任意の正則行列 $A \in \mathbb{GL}$ に対して，$(A^{-1})^{-1} = A$ が成り立つから，
$$(f \circ f)(A) = f(f(A)) = (A^{-1})^{-1} = A.$$
ゆえに $f \circ f = \mathrm{id}_{\mathbb{GL}}$. 系 8.33 より，$f$ は全単射かつ $f^{-1} = f$.

問 8 (p.119)　$\begin{pmatrix} x' \\ y' \end{pmatrix} = \begin{pmatrix} -1 & 0 \\ 0 & -1 \end{pmatrix} \begin{pmatrix} x \\ y \end{pmatrix}, \begin{pmatrix} x' \\ y' \end{pmatrix} = \begin{pmatrix} 0 & 1 \\ 1 & 0 \end{pmatrix} \begin{pmatrix} x \\ y \end{pmatrix}$.

問 9 (p.120)　$A_1 A_3 = \begin{pmatrix} 0 & -1 \\ -1 & 0 \end{pmatrix}, A_3 A_1 = \begin{pmatrix} 0 & 1 \\ 1 & 0 \end{pmatrix}$ だから，$f_1 \circ f_3 \neq f_3 \circ f_1$ である．実際，点 $\mathrm{P}(1,0)$ に対し，$(f_1 \circ f_3)(\mathrm{P}) = (0,-1) \neq (0,1) = (f_3 \circ f_1)(\mathrm{P})$.
$A_1 A_2 = A_2 A_1 = A_3 A_3 = \begin{pmatrix} -1 & 0 \\ 0 & -1 \end{pmatrix}$ だから，$f_1 \circ f_2 = f_2 \circ f_1 = f_3 \circ f_3$ である．合成変換 $f_3 \circ f_3$ は，原点を中心とする回転角 $90°$ の回転を 2 回続けて行うから，原点を中心とする回転角 $180°$ の回転．それは，x 軸に関する対称移動 f_1 と y 軸に関する対称移動 f_2 の合成 $f_1 \circ f_2$ および $f_2 \circ f_1$ に等しい．

問 10 (p.122)　$\begin{pmatrix} 3 & 1 \\ 1 & 2 \end{pmatrix}, f(\mathrm{P}_1) = (2, 2/3), f(\mathrm{P}_2) = (3, 2)$.

問 11 (p.124)
$$\rho_{2\pi/3}(\mathrm{P}) = R_{2\pi/3} \begin{pmatrix} 3 \\ 1 \end{pmatrix} = \frac{1}{2} \begin{pmatrix} -1 & -\sqrt{3} \\ \sqrt{3} & -1 \end{pmatrix} \begin{pmatrix} 3 \\ 1 \end{pmatrix} = \begin{pmatrix} -(3+\sqrt{3})/2 \\ (3\sqrt{3}-1)/2 \end{pmatrix}.$$

問 12 (p.126)　行列 A は正則でない．命題 8.48 の証明より，ℓ は原点 O を通り，方向ベクトル $f(\boldsymbol{e}_1) = (6,4)$ の直線である．ゆえに，$\ell : 2x - 3y = 0$. 次に，命題 8.48 の証明において，$\mathrm{Q} = \mathrm{O}$ とおくと，$t = 0$. また，$f(\boldsymbol{e}_2) = (3,2) = k f(\boldsymbol{e}_1)$ とおくと，$k = 1/2$ だから，$m : 2x + y = 0$.
別解．$f((x,y)) = (x',y')$ とおくと，$x' = 6x + 3y, y' = 4x + 2y$. これら 2 式から x, y を消去すると，$2x' - 3y' = 0$. ゆえに，$\ell : 2x - 3y = 0$. また，$6x + 3y = 0, 4x + 2y = 0$ とおくと，$2x + y = 0$. ゆえに，$m : 2x + y = 0$.

問 13 (p.126)　零行列 O の表す 1 次変換 $f : \mathbb{R}^2 \longrightarrow \mathbb{R}^2$ は，平面 $\mathbb{R}^2$ のすべての点を原点 O へうつす定値写像である．ゆえに，$f[\mathbb{R}^2] = \{\mathrm{O}\}, f^{-1}[\{\mathrm{O}\}] = \mathbb{R}^2$.

問 14 (p.130)　$f((x,y)) = (x', y')$ とおくと，
$$x' = 2x - y, \quad y' = x - 3y. \tag{A.18}$$
これを x, y について解くと，
$$x = (3x' - y')/5, \quad y = (x' - 2y')/5. \tag{A.19}$$
$f[\ell]$ を求めるために，$(x,y) \in \ell$ とすると，(A.19) より $(3x' - y')/5 - 2(x' - 2y')/5 + 2 = 0$. これを整理して，$x', y'$ をそれぞれ x, y で置き換えると，$f[\ell]: x + 3y + 10 = 0$. $f^{-1}[m]$ を求めるために，$(x', y') \in m$ とすると，(A.18) より $(2x - y) - 2(x - 3y) - 5 = 0$. ゆえに，$f^{-1}[m]: y - 1 = 0$.

演習 8.1.1 (p.111)　命題 8.2 (1)–(7) を使って，$2(X + B) = 3A - 2X$ を以下のように変形する．

(7) より $2X + 2B = 3A - 2X$. 減法の定義より $2X + 2B = 3A + (-2X)$.

(1) より $2X + 2B = (-2X) + 3A$.

両辺に左から $2X$ を加えると $2X + (2X + 2B) = 2X + ((-2X) + 3A)$.

(2) より $(2X + 2X) + 2B = (2X + (-2X)) + 3A$.

(6), (4), (1) より $(2+2)X + 2B = O + 3A = 3A + O$. (3) より $4X + 2B = 3A$.

両辺に右から $-2B$ を加えると $(4X + 2B) + (-2B) = 3A + (-2B)$.

(2) と減法の定義より $4X + (2B + (-2B)) = 3A - 2B$.

(4) より $4X + O = 3A - 2B$. (3) より $4X = 3A - 2B$.

両辺に左から $\frac{1}{4}$ をかけると $\frac{1}{4}(4X) = \frac{1}{4}(3A - 2B)$.

(5) より $\left(\frac{1}{4} 4\right) X = \frac{1}{4}(3A - 2B)$. ゆえに，$X = \frac{1}{4}(3A - 2B)$.

以上の解答から分かるように，命題 8.2 の条件 (1)–(7) は，行列の加法と減法を支える基本原理である．

演習 8.1.2 (p.111)　命題 8.2, 8.5 を使って，等式
$$(A+B)(A-B) = A^2 - B^2 + (-AB) + BA \tag{A.20}$$
を導くことができる．もし A, B が交換可能ならば，$(-AB) + BA = (-AB) + AB = O$. ゆえに，(A.20) より，$A^2 - B^2 = (A+B)(A-B)$ が成り立つ．逆に，もし $A^2 - B^2 = (A+B)(A-B)$ が成り立つならば，(A.20) より，$-AB + BA = O$. このとき $AB = BA$ だから，A, B は交換可能である．

演習 8.1.3 (p.111)　$X = \begin{pmatrix} a & b \\ c & d \end{pmatrix}$ とおくと，$X^2 = \begin{pmatrix} a^2+bc & ab+bd \\ ac+cd & bc+d^2 \end{pmatrix}$. いま，$X^2 = A$ とおいて，両辺の成分を比べると，

(1) $a^2 + bc = 3$,　(2) $ab + bd = 2$,　(3) $ac + cd = 4$,　(4) $bc + d^2 = 3$.

(1), (4) より $a^2 - d^2 = 0$ だから，$(a+d)(a-d) = 0$. (2) より $b(a+d) = 2$ だから $a+d \neq 0$. したがって，$a = d \neq 0$. これと (2), (3) より，$ab = 1, ac = 2$. ゆえに，$b = 1/a, c = 2/a$. これを (1) に代入すると，$a^2 + (2/a^2) = 3$ だから，$a = \pm 1$ または $a = \pm\sqrt{2}$. このとき，b, c, d の値を求めると，$X = \begin{pmatrix} 1 & 1 \\ 2 & 1 \end{pmatrix}$, $\begin{pmatrix} -1 & -1 \\ -2 & -1 \end{pmatrix}$, $\begin{pmatrix} \sqrt{2} & \sqrt{2}/2 \\ \sqrt{2} & \sqrt{2} \end{pmatrix}$, $\begin{pmatrix} -\sqrt{2} & -\sqrt{2}/2 \\ -\sqrt{2} & -\sqrt{2} \end{pmatrix}$.

演習 8.1.4 (p.111)　A, B は零因子であるとする．このとき，もし A が正則行列ならば，A の逆行列 A^{-1} が存在する．$AB = O$ の両辺に左から A^{-1} をかけると，$A^{-1}(AB) = A^{-1}O = O$. このとき，結合法則より $A^{-1}(AB) = (A^{-1}A)B = EB = B$ だから，$B = O$. これは $B \neq O$ であることに矛盾する．ゆえに，A は正則行列でない．B が正則行列でないことも，同様に示される．

演習 8.1.5 (p.112)　(1) $A = \begin{pmatrix} a & b \\ c & d \end{pmatrix}, B = \begin{pmatrix} p & q \\ r & s \end{pmatrix}$ とおくと，積 AB の定義より，

$$|AB| = (ap+br)(cq+ds) - (aq+bs)(cp+dr)$$
$$= apcq + apds + brcq + brds - aqcp - aqdr - bscp - bsdr$$
$$= apds + brcq - aqdr - bscp = (ad-bc)(ps-qr) = |A||B|.$$

また，kA の定義より，$|kA| = kakd - kbkc = k^2(ad-bc) = k^2|A|$.

(2) $|A| \neq 0$ のとき，命題 8.10 より A の逆行列 A^{-1} が存在する．(1) より，$|A^{-1}||A| = |A^{-1}A| = |E| = 1$. ゆえに，$|A^{-1}| = 1/|A| = |A|^{-1}$.

演習 8.1.6 (p.112)　$A^2 = \begin{pmatrix} a^2+bc & ab+bd \\ ac+cd & bc+d^2 \end{pmatrix}, (a+d)A = \begin{pmatrix} a^2+ad & ab+bd \\ ac+cd & ad+d^2 \end{pmatrix}$, $(ad-bc)E = \begin{pmatrix} ad-bc & 0 \\ 0 & ad-bc \end{pmatrix}$ だから，$A^2 - (a+d)A + (ad-bc)E = O$. 次に，$a = d = 2, b = -1, c = 1$ のとき，$A^2 - 4A + 5E = O$. ゆえに，$A^2 =$

$4A - 5E = \begin{pmatrix} 3 & -4 \\ 4 & 3 \end{pmatrix}$. また, $A^3 = 4A^2 - 5A = 4(4A - 5E) - 5A = 11A - 20E = \begin{pmatrix} 2 & -11 \\ 11 & 2 \end{pmatrix}$. $A^4 = 11A^2 - 20A = 11(4A - 5E) - 20A = 24A - 55E = \begin{pmatrix} -7 & -24 \\ 24 & -7 \end{pmatrix}$.

演習 8.2.1 (p.117) (1) f と g が全射であるとする．このとき, $f[X] = Y$ かつ $g[Y] = Z$ だから, $(g \circ f)[X] = g[f[X]] = g[Y] = Z$. ゆえに, $g \circ f$ は全射である.

(2) f と g が単射であるとする．X の任意の異なる要素 x, x' をとる．いま f は単射だから, $f(x) \neq f(x')$. 次に g も単射だから, $g(f(x)) \neq g(f(x'))$. 結果として, $(g \circ f)(x) \neq (g \circ f)(x')$. ゆえに, $g \circ f$ は単射である.

演習 8.2.2 (p.117) いろいろな解答がある．写像 $f: \mathbb{R}^2 \longrightarrow \mathbb{R}^2; (x,y) \longmapsto (x^3 - x, y)$ は全射であるが単射でない．また, $f: \mathbb{R}^2 \longrightarrow \mathbb{R}^2; (x,y) \longmapsto (2^x, y)$ は単射であるが全射でない.

演習 8.2.3 (p.117) 直線 m を集合 $m = \{(x,y) : ax + by + c = 0\}$ と考え, $f^{-1}[m]$ を求める問題．x 軸を L で表す．3つの場合に分けて考える.

(1) $a = c = 0$ のとき, $m = L$ だから $f^{-1}[m] = \mathbb{R}^2$.
(2) $a = 0$ かつ $c \neq 0$ のとき, m と L は交わらないから $f^{-1}[m] = \emptyset$.
(3) $a \neq 0$ のとき, m と L は点 $(-c/a, 0)$ で交わる．このとき,
$$(x,y) \in f^{-1}[m] \Longleftrightarrow f((x,y)) \in m \Longleftrightarrow (x,0) \in m \Longleftrightarrow x = -c/a$$
だから, $f^{-1}[m]$ は直線 $x = -c/a$. すなわち, $f^{-1}[m] = \{(x,y) : ax + c = 0\}$.

演習 8.2.4 (p.117) 方程式 $y = ax + b$ を x について解いて, x と y を入れ替えると, $y = (1/a)x - (b/a)$. ゆえに f の逆関数は, $f^{-1}: \mathbb{R} \longrightarrow \mathbb{R}; x \longmapsto (1/a)x - (b/a)$.

演習 8.3.1 (p.124) 行列 $A = \begin{pmatrix} a & b \\ c & d \end{pmatrix}, A' = \begin{pmatrix} a' & b' \\ c' & d' \end{pmatrix}$ の表す1次変換をそれぞれ f, f' とするとき, $A \neq A'$ ならば $f \neq f'$ であることを示せばよい．いま $A \neq A'$ とすると, 少なくとも1つの対応する成分が異なるから, $a \neq a'$ と仮定する．このとき, 点 $P(1,0)$ に対し $f(P) = (a,c) \neq (a',c') = f'(P)$ だから, $f \neq$

f'.

演習 8.3.2 (p.124)　いま g を表す行列を $\begin{pmatrix} a & b \\ c & d \end{pmatrix}$ とすると，$\begin{pmatrix} a & b \\ c & d \end{pmatrix} \begin{pmatrix} 0 & -2 \\ 1 & 0 \end{pmatrix} = \begin{pmatrix} 3 & 0 \\ -1 & 4 \end{pmatrix}$. このとき $a=0, b=3, c=-2, d=-1$ だから，

$$g : \begin{pmatrix} x \\ y \end{pmatrix} \longmapsto \begin{pmatrix} 0 & 3 \\ -2 & -1 \end{pmatrix} \begin{pmatrix} x \\ y \end{pmatrix}.$$

演習 8.3.3 (p.124)　図 A.34 参照．基本ベクトル e_1, e_2 を考えると，例題 8.43 より，正方形 S は $f(e_1), f(e_2)$ を 2 辺とする平行四辺形にうつされる．したがって，次の 2 つの場合 (1), (2) が考えられる．(1) $f(e_1) = e_1, f(e_2) = \overrightarrow{OP_3}$, (2) $f(e_1) = \overrightarrow{OP_3}, f(e_2) = e_1$. (1) のとき $\begin{pmatrix} 1 & 1 \\ 0 & 1 \end{pmatrix}$, (2) のとき $\begin{pmatrix} 1 & 1 \\ 1 & 0 \end{pmatrix}$.

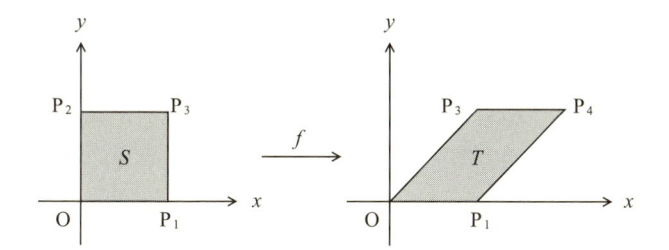

図 **A.34**　演習 8.3.3 解答図．

演習 8.3.4 (p.124)　△ABC の 3 辺 BC, CA, AB の中点をそれぞれ D, E, F とすると，例題 8.44 より，f によってそれらは △f(A)f(B)f(C) の対応する辺の中点にそれぞれうつされる．結果として，△ABC の 3 中線 $\ell = \mathrm{AD}, m = \mathrm{BE}, n = \mathrm{CF}$ に対して，$f[\ell], f[m], f[n]$ は △f(A)f(B)f(C) の 3 中線である．△ABC の重心 G は ℓ, m, n 上にあるから，f(G) もまた $f[\ell], f[m], f[n]$ 上にある．ゆえに，f(G) は △f(A)f(B)f(C) の重心である．

演習 8.3.5 (p.125)　内心，外心，垂心，傍心については成立しない．反例を与えよう．点 $\mathrm{A}(2,0) = \mathrm{A}'(2,0), \mathrm{B}(1,\sqrt{3}), \mathrm{B}'(1,1)$ をとる．1 次変換
$$f : \mathbb{R}^2 \longrightarrow \mathbb{R}^2; (x, y) \longmapsto (x, \sqrt{3}y/3)$$
によって，正三角形 OAB は直角二等辺三角形 OA'B' にうつされる．△OAB の内心，外心，垂心は $\mathrm{P}(1,\sqrt{3}/3)$，傍心は $\mathrm{I}_o(3,\sqrt{3}), \mathrm{I}_a(-1,\sqrt{3}), \mathrm{I}_b(1,-\sqrt{3})$.

このとき, $f(\mathrm{P}) = (1, 1/3), f(\mathrm{I}_o) = (3, 1), f(\mathrm{I}_a) = (-1, 1), f(\mathrm{I}_b) = (1, -1)$. ところが, $\triangle\mathrm{OA'B'}$ の内心は $(1, \sqrt{2}-1)$, 外心は $(1, 0)$, 垂心は $(1, 1)$, 傍心は $\mathrm{I}_o(1+\sqrt{2}, 1), \mathrm{I}_{a'}(1-\sqrt{2}, 1), \mathrm{I}_{b'}(1, -1-\sqrt{2})$. ゆえに, $\triangle\mathrm{OAB}$ の内心, 外心, 垂心, 傍心は, f によって $\triangle\mathrm{OA'B'}$ の内心, 外心, 垂心, 傍心にうつされない.

演習 8.4.1 (p.134)　条件より行列 A は正則でないから, $|A| = 3a + 24 = 0$. ゆえに, $a = -8$. 次に, $f((x,y)) = (x', y')$ とおくと, $x' = 3x - 4y, y' = 6x - 8y$. これら 2 式から x, y を消去すると, $2x' - y' = 0$. ゆえに, $\ell: 2x - y = 0$. また, $3x - 4y = 0, 6x - 8y = 0$ とおくと, $3x - 4y = 0$. ゆえに, $f^{-1}[\{\mathrm{O}\}]$ は直線 $3x - 4y = 0$ である.

演習 8.4.2 (p.134)　(1) $\begin{pmatrix} a & b \\ c & 2 \end{pmatrix}\begin{pmatrix} 1 \\ 1 \end{pmatrix} = \begin{pmatrix} 3 \\ -1 \end{pmatrix}$ だから, $a + b = 3, c = -3$. y 軸上の点 $\mathrm{P}(0, 1)$ をとると, $f(\mathrm{P}) = (b, 2)$. これが直線 $2x + y = 0$ 上にあるから, $2b + 2 = 0$. ゆえに, $b = -1, a = 4$.

(2) 任意の点 $\mathrm{P}(x, y) \in \mathbb{R}^2$ に対し, $f(\mathrm{P}) = (4x - y, -3x + 2y)$ だから, $f(\mathrm{P}) = \mathrm{P}$ であるためには, $4x - y = x$ かつ $-3x + 2y = y$ であることが必要十分. 結果として, $3x - y = 0$ であることが必要十分. ゆえに, $f(\mathrm{P}) = \mathrm{P}$ を満たす点 P は直線 $3x - y = 0$ 上の点である.

(3) $\mu(U) = \pi, \|A\| = 5$ だから, 定理 8.59 より $\mu(f[U]) = 5\pi$.

演習 8.4.3 (p.134)　直線 $\ell: ax + by + c = 0$ に対し, $f[\ell]$ の方程式を求めよう. $f((x, y)) = (x', y')$ とおくと, $x' = -2x - 3y, y' = x + 2y$. これを x, y について解くと, $x = -2x' - 3y', y = x' + 2y'$. いま $(x, y) \in \ell$ とすると, $a(-2x' - 3y') + b(x' + 2y') + c = 0$. これを整理して, x', y' を x, y に置き換えると,
$$f[\ell]: (-2a + b)x + (-3a + 2b)y + c = 0.$$
命題 7.11 より, $f[\ell] = \ell$ であるためには, (i) $(-2a + b)b - (-3a + 2b)a = 0$, (ii) $(-3a + 2b)c - cb = 0$, (iii) $ca - (-2a + b)c = 0$ が成り立つことが必要十分. (i), (ii), (iii) を整理すると,
$$(a - b)(3a - b) = 0, \quad c(3a - b) = 0. \tag{A.21}$$
(A.21) を満たす a, b, c を求めればよい. 第 1 式より, $a = b$ または $3a = b$. 直線の定義より $a = b = 0$ でないから, いずれの場合も $a \neq 0$ かつ $b \neq 0$ であることに注意しよう. 2 つの場合 (1), (2) が考えられる.

(1) $3a=b$ のとき，c は任意の実数でよい．ℓ の方程式に代入すると，$ax + 3ay + c = 0$ だから，$x + 3y + (c/a) = 0$. c は任意だから，$k = c/a$ とおくと，$x + 3y + k = 0$ $(k \in \mathbb{R})$.

(2) $3a \neq b$ のとき，$a = b$ かつ $c = 0$ だから，$x + y = 0$. 以上により，$\ell : x + 3y + k = 0$ $(k \in \mathbb{R})$ または $x + y = 0$.

演習 8.4.4 (p.134)　正則行列 A が $A^2 = A$ を満たすならば，$A = E$ であることを示せばよい．等式 $A^2 = A$ の両辺に左から逆行列 A^{-1} をかけると，$A^{-1}A^2 = A^{-1}A = E$. $A^{-1}A^2 = (A^{-1}A)A = EA = A$ だから，$A = E$.

演習 8.4.5 (p.134)　等式 $|AB| = |A||B|$ は，面積を $|B|$ 倍する 1 次変換と，面積を $|A|$ 倍する 1 次変換の合成は，面積を $|A||B|$ 倍することを示している．また，$|A| \neq 0, |B| \neq 0$ かつ $|A|, |B|$ が同符号のとき $|AB| > 0$ だから，2 つの向きを保つ 1 次変換の合成と 2 つの向きを変える 1 次変換の合成は，共に向きを保つ 1 次変換になること，$|A| \neq 0, |B| \neq 0$ かつ $|A|, |B|$ が異符号のとき $|AB| < 0$ だから，向きを保つ 1 次変換と向きを変える 1 次変換の合成は，向きを変える 1 次変換になることを示している．等式 $|kA| = k^2|A|$ は，辺の長さを k 倍する 1 次変換は面積を k^2 倍すること，等式 $|A^{-1}| = |A|^{-1}$ は，面積を $|A|$ 倍する 1 次変換の逆写像は，面積を $1/|A|$ 倍することを示している．

A.9　第 9 章の問と演習

問 1 (p.135)　$\tau_{\boldsymbol{u}}(\mathrm{P}) = (x+1, y+2), \tau_{2\boldsymbol{u}}(\mathrm{P}) = (x+2, y+4), \tau_{-\boldsymbol{u}}(\mathrm{P}) = (x-1, y-2)$.

問 2 (p.136)　任意の $\boldsymbol{x} \in \mathbb{R}^2$ に対し，$(\tau_{\boldsymbol{v}} \circ \tau_{\boldsymbol{u}})(\boldsymbol{x}) = \tau_{\boldsymbol{v}}(\tau_{\boldsymbol{u}}(\boldsymbol{x})) = \tau_{\boldsymbol{v}}(\boldsymbol{x} + \boldsymbol{u}) = (\boldsymbol{x} + \boldsymbol{u}) + \boldsymbol{v} = \boldsymbol{x} + (\boldsymbol{u} + \boldsymbol{v}) = \tau_{\boldsymbol{u}+\boldsymbol{v}}(\boldsymbol{x})$. ゆえに，$\tau_{\boldsymbol{v}} \circ \tau_{\boldsymbol{u}} = \tau_{\boldsymbol{u}+\boldsymbol{v}}$.

問 3 (p.136)　$\boldsymbol{u} = \overrightarrow{\mathrm{OC}}$ とおくと，$\rho_{\mathrm{C},\theta} = \tau_{\boldsymbol{u}} \circ \rho_{\theta} \circ \tau_{-\boldsymbol{u}}$ が成立するから，
$$\rho_{\mathrm{C},\theta}(\mathrm{P}) = \tau_{\boldsymbol{u}}(\rho_{\theta}(\tau_{-\boldsymbol{u}}(\mathrm{P}))) = \tau_{\boldsymbol{u}}(\rho_{\theta}((x-s, y-t)))$$
$$= \tau_{\boldsymbol{u}}(((x-s)\cos\theta - (y-t)\sin\theta, (x-s)\sin\theta + (y-t)\cos\theta))$$
$$= ((x-s)\cos\theta - (y-t)\sin\theta + s, (x-s)\sin\theta + (y-t)\cos\theta + t).$$

問 4 (p.137)　$\sigma_\ell(\mathrm{P}) = \mathrm{P}'(x',y')$ とおく．ベクトル $\overrightarrow{\mathrm{PP}'} = (x'-x, y'-y)$ と直線 ℓ の方向ベクトル $\boldsymbol{d} = (b, -a)$ は垂直だから，$b(x'-x) - a(y'-y) = 0$．また，線分 PP' の中点は ℓ 上にあるから，$a((x+x')/2) + b((y+y')/2) + c = 0$．これらを x', y' について解くと，$x' = ((b^2-a^2)x - 2aby - 2ac)/(a^2+b^2)$, $y' = -(2abx + (b^2-a^2)y + 2bc)/(a^2+b^2)$．

問 5 (p.138)　$f(\mathrm{O}) = \sigma_\ell(\rho_{\pi/3}(\tau_{\boldsymbol{u}}(\mathrm{O}))) = \sigma_\ell(\rho_{\pi/3}((6, 2\sqrt{3}))) = \sigma_\ell((0, 4\sqrt{3}))$．問 4 の結果を使うと，$f(\mathrm{O}) = (-12\sqrt{3}/5, 16\sqrt{3}/5)$．

問 6 (p.140)　$|kE| = k^2$ だから，$(kE)^{-1} = \dfrac{1}{k^2}\begin{pmatrix} k & 0 \\ 0 & k \end{pmatrix} = \dfrac{1}{k}E$.

問 7 (p.140)　$\eta_k((x,y)) = (x',y')$ とおくと，$x' = kx, y' = ky$．したがって，$x = x'/k, y = y'/k$．いま $(x,y) \in C$ とすると，$((x'/k)-a)^2 + ((y'/k)-b)^2 = r^2$．これを整理して，$x', y'$ をそれぞれ x, y に置き換えると，$\eta_k[C] : (x-ka)^2 + (y-kb)^2 = (kr)^2$．ゆえに，$\eta_k[C]$ は，中心 (ka, kb)，半径 kr の円である．

問 8 (p.142)　$\rho_\theta^*(\mathrm{P}_1) = \mathrm{P}_3, \rho_\theta^*(\mathrm{P}_2) = \mathrm{P}_2, \rho_\theta^*(\mathrm{P}_3) = \mathrm{P}_1, \rho_\theta^*(\mathrm{P}_4) = \mathrm{P}_4$.

問 9 (p.142)　等式 (1) $R_\beta R_\alpha^* = R_{\alpha+\beta}^*$, (2) $R_\beta^* R_\alpha = R_{\beta-\alpha}^*$, (3) $R_\beta^* R_\alpha^* = R_{\beta-\alpha}$ を示せばよい．

(1) x 軸に関する鏡映を表す行列を S_0 とすると，定義より $R_\alpha^* = R_\alpha S_0$．ゆえに，$R_\beta R_\alpha^* = R_\beta(R_\alpha S_0) = (R_\beta R_\alpha)S_0 = R_{\alpha+\beta}S_0 = R_{\alpha+\beta}^*$．(2), (3) は，三角関数の加法定理より，

$$R_\beta^* R_\alpha = \begin{pmatrix} \cos\beta\cos\alpha + \sin\beta\sin\alpha & -\cos\beta\sin\alpha + \sin\beta\cos\alpha \\ \sin\beta\cos\alpha - \cos\beta\sin\alpha & -\sin\beta\sin\alpha - \cos\beta\cos\alpha \end{pmatrix}$$

$$= \begin{pmatrix} \cos(\beta-\alpha) & \sin(\beta-\alpha) \\ \sin(\beta-\alpha) & -\cos(\beta-\alpha) \end{pmatrix} = R_{\beta-\alpha}^*.$$

$$R_\beta^* R_\alpha^* = \begin{pmatrix} \cos\beta\cos\alpha + \sin\beta\sin\alpha & \cos\beta\sin\alpha - \sin\beta\cos\alpha \\ \sin\beta\cos\alpha - \cos\beta\sin\alpha & \sin\beta\sin\alpha + \cos\beta\cos\alpha \end{pmatrix}$$

$$= \begin{pmatrix} \cos(\beta-\alpha) & -\sin(\beta-\alpha) \\ \sin(\beta-\alpha) & \cos(\beta-\alpha) \end{pmatrix} = R_{\beta-\alpha}.$$

問 10 (p.146)　任意の 2 点 $\mathrm{P}, \mathrm{Q} \in \mathbb{R}^2$ に対し，$\overrightarrow{\mathrm{OP}} = \boldsymbol{x}, \overrightarrow{\mathrm{OQ}} = \boldsymbol{y}$ とおくと，$\eta_k(\mathrm{P})\eta_k(\mathrm{Q}) = |\eta_k(\boldsymbol{x}) - \eta_k(\boldsymbol{y})| = |k\boldsymbol{x} - k\boldsymbol{y}| = k|\boldsymbol{x} - \boldsymbol{y}| = k\mathrm{PQ}$．ゆえに，$\eta_k$ は比

例定数 k の比例写像である．

問 11 (p.148)　A が直交行列ならば，補題 9.24 より ${}^tA = A^{-1}$．ゆえに，$A{}^tA = AA^{-1} = E$．逆に，$A{}^tA = E$ が成り立つとする．このとき，演習 8.1.5 より $|A||{}^tA| = |E| = 1$ だから，$|A| \neq 0$．したがって，A の逆行列 A^{-1} が存在する．等式 $A{}^tA = E$ の左から A^{-1} をかけると，$A^{-1}(A{}^tA) = A^{-1}E$．左辺は，$A^{-1}(A{}^tA) = (A^{-1}A){}^tA = E{}^tA = {}^tA$ だから，${}^tA = A^{-1}E = A^{-1}$．ゆえに，再び補題 9.24 より，A は直交行列である．

問 12 (p.150)　集合 $\mathbb{M}$ が加法 $+$ に関して，集合 $\mathbb{GL}$ が乗法 $\cdot$ に関して，それぞれ，群の公理 (1), (2), (3) を満たすことを示せばよい．

命題 8.2 より，(1) 任意の $A \in \mathbb{M}$ に対して，$A + O = O + A = A$, (2) 任意の $A, B, C \in \mathbb{M}$ に対して，$(A+B)+C = A+(B+C)$, (3) 任意の $A \in \mathbb{M}$ に対して，$A + (-A) = (-A) + A = O$．ゆえに，$\mathbb{M}$ は加法に関して群をなす．

命題 8.5 より，(1) 任意の $A \in \mathbb{GL}$ に対して，$AE = EA = A$, (2) 任意の $A, B, C \in \mathbb{GL}$ に対して，$(AB)C = A(BC)$．(3) 命題 8.10 より，任意の正則行列 $A \in \mathbb{GL}$ は逆行列 A^{-1} をもつ．このとき，$AA^{-1} = A^{-1}A = E$．ゆえに，$\mathbb{GL}$ は乗法に関して群をなす．

演習 9.1.1 (p.140)　$\boldsymbol{u} = (s,t)$ とおく．任意の点 $\mathrm{P}(x,y) \in \mathbb{R}^2$ に対し，
$$(\sigma_\ell \circ \tau_{\boldsymbol{u}})(\mathrm{P}) = \sigma_\ell(\tau_{\boldsymbol{u}}(\mathrm{P})) = \sigma_\ell((x+s, y+t)) = (y+t, x+s),$$
$$(\tau_{\boldsymbol{u}} \circ \sigma_\ell)(\mathrm{P}) = \tau_{\boldsymbol{u}}(\sigma_\ell(\mathrm{P})) = \tau_{\boldsymbol{u}}((y,x)) = (y+s, x+t).$$
ゆえに，$\sigma_\ell \circ \tau_{\boldsymbol{u}} = \tau_{\boldsymbol{u}} \circ \sigma_\ell$ が成立するためには，$s = t$ であることが必要十分．

演習 9.1.2 (p.140)　(1) 正しい．なぜなら，$\tau_{\boldsymbol{v}} \circ \tau_{\boldsymbol{u}} = \tau_{\boldsymbol{u}+\boldsymbol{v}} = \tau_{\boldsymbol{v}+\boldsymbol{u}} = \tau_{\boldsymbol{u}} \circ \tau_{\boldsymbol{v}}$ (問 2)．

(2) 正しい．なぜなら，$\rho_\beta \circ \rho_\alpha = \rho_{\alpha+\beta} = \rho_{\beta+\alpha} = \rho_\alpha \circ \rho_\beta$．

(3) 正しくない．$\ell : x - y = 0, m : y = 0$ とすると，$(\sigma_m \circ \sigma_\ell)((1,1)) = (1,-1)$, $(\sigma_\ell \circ \sigma_m)((1,1)) = (-1,1)$．ゆえに，$\sigma_m \circ \sigma_\ell \neq \sigma_\ell \circ \sigma_m$．

演習 9.1.3 (p.141)　(1) $x - 3y - 6 = 0$, (2) $(1 + 3\sqrt{3})x - (3 - \sqrt{3})y + 6 = 0$．註 8.53 を思い出そう．

演習 9.1.4 (p.141)　平行移動の場合．座標軸を適当に回転することにより，x 軸に平行なベクトル $\boldsymbol{u} = (s, 0)$ の定める平行移動 $\tau_{\boldsymbol{u}}$ について証明すればよい．

2 直線 $\ell: x-s/2=0, m: x-s=0$ に対して，$\tau_{\boldsymbol{u}}=\sigma_m\circ\sigma_\ell$ が成り立つことを示す．任意の点 $\mathrm{P}(x,y)\in\mathbb{R}^2$ に対して，$\sigma_\ell(\mathrm{P})=\mathrm{P}'(x',y'), \sigma_m(\mathrm{P}')=\mathrm{P}''(x'',y'')$ とおくと，鏡映 σ_ℓ, σ_m の性質から，$y=y'=y'', (x+x')/2=s/2, (x'+x'')/2=s$．第 2 式と第 3 式より $x''=x+s$ だから，$(\sigma_m\circ\sigma_\ell)(\mathrm{P})=\mathrm{P}''(x+s,y)=\tau_{\boldsymbol{u}}(\mathrm{P})$．ゆえに，$\tau_{\boldsymbol{u}}=\sigma_m\circ\sigma_\ell$ が成り立つ．

回転の場合．座標軸を適当に平行移動することにより，原点 O を中心とする回転 ρ_θ について証明すればよい．原点 O を通り，x 軸正方向となす角が $\theta/2$ の直線 ℓ と，O を通り，x 軸正方向となす角が θ の直線 m に対して，$\rho_\theta=\sigma_m\circ\sigma_\ell$ が成り立つことを示す．任意の点 $\mathrm{P}(r\cos\alpha, r\sin\alpha)\in\mathbb{R}^2$ に対し，$\sigma_\ell(\mathrm{P})=\mathrm{P}'(r'\cos\alpha', r'\sin\alpha'), \sigma_m(\mathrm{P}')=\mathrm{P}''(r''\cos\alpha'', r''\sin\alpha'')$ とおくと，鏡映 σ_ℓ, σ_m の性質から，$r=r'=r'', (\alpha+\alpha')/2=\theta/2, (\alpha'+\alpha'')/2=\theta$．第 2 式と第 3 式より $\alpha''=\alpha+\theta$ だから，$(\sigma_m\circ\sigma_\ell)(\mathrm{P})=\mathrm{P}''(r\cos(\alpha+\theta), r\sin(\alpha+\theta))=\rho_\theta(\mathrm{P})$．ゆえに，$\rho_\theta=\sigma_m\circ\sigma_\ell$ が成り立つ．

演習 9.1.5 (p.141) 演習 9.1.4 の逆が成立することを示す問題．任意の直線 ℓ, m に対して，合成写像 $\sigma_m\circ\sigma_\ell$ が平行移動または回転であることを示す．

$\ell\,/\!/\,m$ のとき．座標軸を適当に回転することにより，ℓ, m は y 軸に平行であると仮定してよい．したがって，$\ell: x-a=0, m: x-b=0$ とする．任意の点 $\mathrm{P}(x,y)$ に対して，$\sigma_\ell(\mathrm{P})=\mathrm{P}'(x',y'), \sigma_m(\mathrm{P}')=\mathrm{P}''(x'',y'')$ とすると，鏡映 σ_ℓ, σ_m の性質より，$y=y'=y'', (x+x')/2=a, (x'+x'')/2=b$．第 2 式と第 3 式より $x''=x+2(b-a)$ だから，$(\sigma_m\circ\sigma_\ell)(\mathrm{P})=\mathrm{P}''(x+2(b-a),y)$．ゆえに，$\sigma_m\circ\sigma_\ell$ はベクトル $\boldsymbol{u}=(2(b-a),0)$ の定める平行移動に等しい．

ℓ, m が平行でないとき，座標軸を適当に平行移動することにより，ℓ, m は原点 O で交わると仮定してよい．このとき，ℓ が x 軸正方向となす角を θ_1, m が x 軸正方向となす角を θ_2 とする．任意の点 $\mathrm{P}(r\cos\alpha, r\sin\alpha)$ に対して，$\sigma_\ell(\mathrm{P})=\mathrm{P}'(r'\cos\alpha', r'\sin\alpha'), \sigma_m(\mathrm{P}')=\mathrm{P}''(r''\cos\alpha'', r''\sin\alpha'')$ とすると，鏡映 σ_ℓ, σ_m の性質から，$r=r'=r'', (\alpha+\alpha')/2=\theta_1, (\alpha'+\alpha'')/2=\theta_2$．第 2 式と第 3 式より $\alpha''=\alpha+2(\theta_2-\theta_1)$ だから，

$$(\sigma_m\circ\sigma_\ell)(\mathrm{P})=\mathrm{P}''(r\cos(\alpha+2(\theta_2-\theta_1)), r\sin(\alpha+2(\theta_2-\theta_1))).$$

ゆえに，$\sigma_m\circ\sigma_\ell$ は，原点 O を中心とする回転角 $2(\theta_2-\theta_1)$ の回転に等しい．

演習 9.2.1 (p.146)　背理法で証明する．あるベクトル $\boldsymbol{u},\boldsymbol{u}'$ と角度 θ,θ' が存在して，$\tau_{\boldsymbol{u}}\circ\rho_\theta = \tau_{\boldsymbol{u}'}\circ\rho_{\theta'}^*$ が成立したと仮定する．このとき，$(\tau_{\boldsymbol{u}}\circ\rho_\theta)(\boldsymbol{0}) = \tau_{\boldsymbol{u}}(\boldsymbol{0}) = \boldsymbol{u}$ かつ $(\tau_{\boldsymbol{u}'}\circ\rho_{\theta'}^*)(\boldsymbol{0}) = \tau_{\boldsymbol{u}'}(\boldsymbol{0}) = \boldsymbol{u}'$ だから，$\boldsymbol{u}=\boldsymbol{u}'$．したがって，平行移動 $\tau_{-\boldsymbol{u}}$ との合成写像を考えると，$\rho_\theta = \tau_{-\boldsymbol{u}}\circ\tau_{\boldsymbol{u}}\circ\rho_\theta = \tau_{-\boldsymbol{u}}\circ\tau_{\boldsymbol{u}'}\circ\rho_{\theta'}^* = \rho_{\theta'}^*$．ゆえに，表現行列の一意性（演習 8.3.1）より，$R_\theta = R_{\theta'}^*$．ところが，$|R_\theta|=1, |R_{\theta'}^*|=-1$ だから，$R_\theta = R_{\theta'}^*$ となることはない．以上により，矛盾が生じた．

演習 9.2.2 (p.146)　(1) $AB \parallel A'B'$ のとき，2 つの場合を考える．(i) $\overrightarrow{AB}=\overrightarrow{A'B'}$ のとき，$\boldsymbol{u}=\overrightarrow{AA'}$ の定める平行移動が求める写像 f である．(ii) $\overrightarrow{AB}=-\overrightarrow{A'B'}$ のとき，$A\neq A'$ または $B\neq B'$ である．もし $A\neq A'$ ならば，線分 AA' の中点を中心とする角度 $180°$ の回転が求める写像 f である．もし $B\neq B'$ ならば，線分 BB' の中点を中心とする角度 $180°$ の回転が求める写像 f である．

(2) $AB, A'B'$ が平行でないとき，3 つの場合を考える．(i) $A=A'$ のとき，点 A を中心とする角度 $\angle BAB'$ の回転が求める写像 f である．(ii) $B=B'$ のとき，点 B を中心とする角度 $\angle ABA'$ の回転が求める写像 f である．(iii) $A\neq A', B\neq B'$ のとき，線分 AA' の垂直二等分線と線分 BB' の垂直二等分線の交点を O とする（図 A.35 参照）．このとき，$OA=OA', OB=OB', AB=A'B'$ だから，$\triangle OAB \equiv \triangle OA'B'$．したがって，$\angle AOA' = \angle BOB'$ が導かれる．ゆえに，点 O を中心とする角度 $\angle AOA'$ の回転が求める写像 f である．

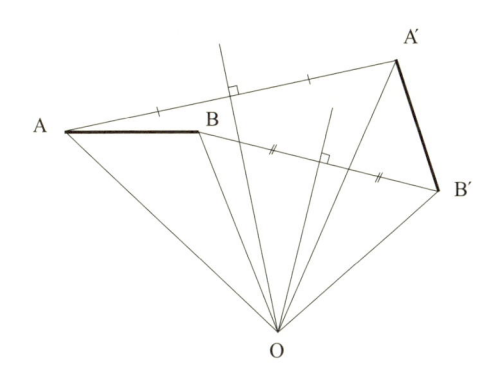

図 **A.35**　演習 9.2.2 解答図．$A\neq A', B\neq B'$ の場合．

演習 9.2.3 (p.147)　向きを保つ任意の合同変換 $f:\mathbb{R}^2 \longrightarrow \mathbb{R}^2$ をとり，f が回転または平行移動であることを示す．任意の $\triangle ABC$ を 1 つ固定すると，$\triangle ABC \equiv$

$\triangle f(A)f(B)f(C)$. 一方,演習 9.2.2 の結果より,$g(A) = f(A), g(B) = f(B)$ を満たす回転または平行移動 g が存在する.このとき,
$$\triangle g(A)g(B)g(C) \equiv \triangle ABC \equiv \triangle f(A)f(B)f(C).$$
さらに,f と g は共に向きを変えない写像だから,$g(C) = f(C)$ が成立する.ゆえに,補題 9.19 より $g = f$ が成り立つから,f は回転または平行移動である.

演習 9.2.4 (p.147)　定義より,向きを保つ合同変換は回転と平行移動の合成写像として,向きを変える合同変換は鏡映と平行移動の合成写像として表される.演習 9.1.4 より,回転と平行移動は共に 2 つの鏡映の合成写像として表されるから,結果として,前者は偶数個の鏡映の合成写像として,後者は奇数個の鏡映の合成写像として表される.

演習 9.2.5 (p.147)　$f((x,y)) = (x', y')$ とおくと,$x' = \sqrt{2}x - \sqrt{2}y - 2, y' = \sqrt{2}x + \sqrt{2}y + 1$. これを使うと,$f[\ell] : y = 0$. 次に,$g((x,y)) = (x', y')$ とおくと,$x' = \sqrt{2}x + \sqrt{2}y - 2, y' = \sqrt{2}x - \sqrt{2}y + 1$. これを使うと,$g[\ell] : x + 3 = 0$.

演習 9.3.1 (p.152)　直交変換は内積を保つ 1 次変換として特徴付けられることを示す問題.1 次変換 f を表す行列を $A = \begin{pmatrix} a & b \\ c & d \end{pmatrix}$ とすると,(1) は A が直交行列であることを意味する.補題 9.24 の証明中で示したように,A が直交行列であるためには,次の (A.22) が満たされることが必要十分である.
$$a^2 + c^2 = b^2 + d^2 = 1 \quad \text{かつ} \quad ab + cd = 0. \tag{A.22}$$
一方,任意のベクトル $\boldsymbol{x} = (x_1, x_2), \boldsymbol{y} = (y_1, y_2) \in \mathbb{R}^2$ に対し,
$$f(\boldsymbol{x}) \cdot f(\boldsymbol{y}) = (ax_1 + bx_2)(ay_1 + by_2) + (cx_1 + dx_2)(cy_1 + dy_2)$$
$$= (a^2 + c^2)x_1y_1 + (ab + cd)(x_1y_2 + x_2y_1) + (b^2 + d^2)x_2y_2.$$
結果として,(2) が成立するためには,(A.22) が満たされることが必要十分.ゆえに,(1), (2) は同値である.

演習 9.3.2 (p.152)　集合 $\mathbb{O}$ が補題 9.29 の (a), (b) を満たすことを示せばよい.定理 9.25 と補題 9.7 より,(a) は成立する.任意の θ に対して,$(\rho_\theta)^{-1} = \rho_{-\theta} \in \mathbb{O}, (\rho_\theta^*)^{-1} = \rho_\theta^* \in \mathbb{O}$ だから,(b) は成立する.ゆえに,集合 $\mathbb{O}$ は合成 ∘ に関して群をなす.

演習 9.3.3 (p.152)　図 A.36 参照．$\mathbb{O}_3 = \{\rho_0, \rho_{2\pi/3}, \rho_{4\pi/3}, \sigma_0, \sigma_{\pi/3}, \sigma_{2\pi/3}\}$. 補題 9.15 より，$\sigma_0 = \rho_0^*, \sigma_{\pi/3} = \rho_{2\pi/3}^*, \sigma_{2\pi/3} = \rho_{4\pi/3}^*$ であることに注意．集合 $\mathbb{O}_3$ が補題 9.29 の (a), (b) を満たすことを示せばよい．(a) 任意の $f, g \in \mathbb{O}_3$ に対して，$(g \circ f)[T] = g[f[T]] = g[T] = T$ だから，$g \circ f \in \mathbb{O}_3$. (b) $(\rho_0)^{-1} = \rho_0 \in \mathbb{O}_3, (\rho_{2\pi/3})^{-1} = \rho_{4\pi/3} \in \mathbb{O}_3, (\rho_{4\pi/3})^{-1} = \rho_{2\pi/3} \in \mathbb{O}_3, (\sigma_0)^{-1} = \sigma_0 \in \mathbb{O}_3, (\sigma_{\pi/3})^{-1} = \sigma_{\pi/3} \in \mathbb{O}_3, (\sigma_{2\pi/3})^{-1} = \sigma_{2\pi/3} \in \mathbb{O}_3$. ゆえに，$\mathbb{O}_3$ は合成 $\circ$ に関して群をなす．群 $(\mathbb{O}_3, \circ)$ を**正三角形の群**という．

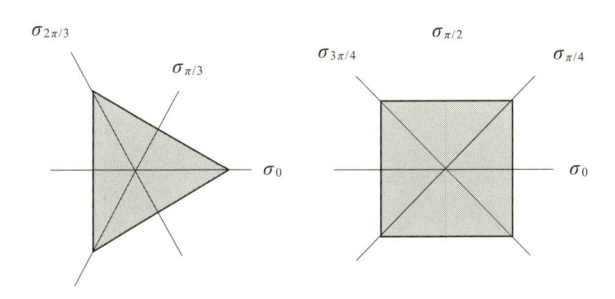

図 A.36　演習 9.3.3, 9.3.4 解答図．正三角形の群と正方形の群．

演習 9.3.4 (p.152)　図 A.36 参照．$\mathbb{O}_4 = \{\rho_0, \rho_{\pi/2}, \rho_\pi, \rho_{3\pi/2}, \sigma_0, \sigma_{\pi/4}, \sigma_{\pi/2}, \sigma_{3\pi/4}\}$. 集合 $\mathbb{O}_4$ が合成 $\circ$ に関して群をなすことは，演習 9.3.3 と同様に証明できる．群 $(\mathbb{O}_4, \circ)$ を**正方形の群**という．

演習 9.3.5 (p.152)　基本ベクトル $e_1 = (1,0), e_2 = (0,1)$ を 2 辺とする直角二等辺三角形 T が，任意の三角形とアフィン同型であることを示せばよい（なぜなら，任意の三角形 T_1, T_2 に対して，もし $T \simeq T_1, T \simeq T_2$ ならば，関係 $\simeq$ は同値関係だから，$T_1 \simeq T_2$ が導かれる）．任意の $\triangle ABC$ をとり，$\overrightarrow{OA} = \boldsymbol{a}, \overrightarrow{OB} = \boldsymbol{b}, \overrightarrow{OC} = \boldsymbol{c}$ とおく．$\boldsymbol{b} - \boldsymbol{a} = (p, r), \boldsymbol{c} - \boldsymbol{a} = (q, s)$ において，行列 $A = \begin{pmatrix} p & q \\ r & s \end{pmatrix}$ の表す 1 次変換を $f : \mathbb{R}^2 \longrightarrow \mathbb{R}^2$ とする．ベクトル $\boldsymbol{b} - \boldsymbol{a}$ と $\boldsymbol{c} - \boldsymbol{a}$ は平行でないから，命題 7.4 より $ps - qr \neq 0$. したがって，A は正則行列だから，合成写像 $\tau_{\boldsymbol{a}} \circ f$ はアフィン変換である．このとき，$(\tau_{\boldsymbol{a}} \circ f)(\boldsymbol{e}_1) = \tau_{\boldsymbol{a}}(\boldsymbol{b} - \boldsymbol{a}) = (\boldsymbol{b} - \boldsymbol{a}) + \boldsymbol{a} = \boldsymbol{b}, (\tau_{\boldsymbol{a}} \circ f)(\boldsymbol{e}_2) = \tau_{\boldsymbol{a}}(\boldsymbol{c} - \boldsymbol{a}) = (\boldsymbol{c} - \boldsymbol{a}) + \boldsymbol{a} = \boldsymbol{c}, (\tau_{\boldsymbol{a}} \circ f)(\boldsymbol{0}) = \tau_{\boldsymbol{a}}(\boldsymbol{0}) = \boldsymbol{0} + \boldsymbol{a} = \boldsymbol{a}$ だから，$\tau_{\boldsymbol{a}} \circ f$ は T を $\triangle ABC$ へうつす．ゆえに，$T \simeq \triangle ABC$.

A.10　第 10 章の問と演習

問 1 (p.154)　註 10.3 の方程式 (10.2) と比較すると $1/a = 4p$ だから, $p = 1/(4a)$. したがって, 焦点は $(0, 1/(4a))$, 準線は $y = -1/(4a)$.

問 2 (p.154)　$C_p : y^2 = 4px \ (p \ne 0)$ とおく. はじめに, 任意の $p \ne 0$ に対して, $C_1 : y^2 = 4x$ は $C_p : y^2 = 4px$ と相似であることを示す. $p > 0$ のとき, 拡大または縮小 η_p によって C_1 は C_p へうつされる (なぜなら, $\eta_p((x,y)) = (X, Y)$ とおくと, $X = px, Y = py$ だから, $x = X/p, y = Y/p$. したがって, $(x, y) \in C_1$ とすると, $(Y/p)^2 = 4X/p$. これを整理して, X, Y を x, y で置き換えると, C_p の方程式が得られるからである). ゆえに, $\eta_p[C_1] = C_p$. 一方, $p < 0$ のとき, いま示したことから $\eta_{-p}[C_1] = C_{-p}$. y 軸を対称軸とする鏡映を σ で表すと, $\sigma[C_{-p}] = C_p$ だから, $(\sigma \circ \eta_{-p})[C_1] = C_p$. ゆえに, いずれの場合も $C_1 \backsim C_p$.

任意の 2 つの放物線 C, C' をとると, C, C' はそれぞれ標準形の方程式の表す放物線 $C_p, C_{p'}$ と合同である. すなわち, $C \equiv C_p$ かつ $C' \equiv C_{p'}$. 最初に証明したように $C_1 \backsim C_p$ かつ $C_1 \backsim C_{p'}$ だから, 定理 9.13 より $C \backsim C'$.

問 3 (p.155)　標準形の方程式に直すと, $(x^2/2^2) + y^2 = 1$. ゆえに, 頂点は $(\pm 2, 0), (0, \pm 1)$. 焦点は $(\pm\sqrt{3}, 0)$. 概形は略.

問 4 (p.155)　任意の 2 つの楕円 C, C' をとると, C, C' はそれぞれ標準形の方程式の表す楕円 C_0, C_0' と合同である. すなわち, $C \equiv C_0$ かつ $C' \equiv C_0'$. また, 単位円を S で表すと, 例 10.7 で示したように, $S \simeq C_0$ かつ $S \simeq C_0'$. 合同ならばアフィン同型であり, 関係 $\simeq$ は対称律と推移律を満たすから, $C \simeq C'$.

問 5 (p.157)　標準形の方程式に直すと, $x^2/(\sqrt{2})^2 - y^2/(\sqrt{2})^2 = 1$. ゆえに, 頂点は $(\pm\sqrt{2}, 0)$. 焦点は $(\pm 2, 0)$.

問 6 (p.160)　原点 O における接線は $x = 0$ だから, $\mathrm{P}(x_1, y_1) \ne \mathrm{O}$ の場合を考える. 点 $\mathrm{P}(x_1, y_1)$ における接線の傾きを m とする. 連立方程式 $y^2 = 4px, y - y_1 = m(x - x_1)$ が重解を持つような m を求めよう. 第 2 式を第 1 式に代入すると, $(m(x - x_1) + y_1)^2 = 4px$. これを展開して x について整理すると,

$$m^2 x^2 - 2(m(mx_1 - y_1) + 2p)x + (mx_1 - y_1)^2 = 0. \tag{A.23}$$

(A.23) が重解を持つためには, $(m(mx_1-y_1)+2p)^2-m^2(mx_1-y_1)^2=0$ であることが必要十分. したがって, $m(mx_1-y_1)+p=0$. いま $x_1=y_1^2/4p$ だから, $y_1^2m^2-4py_1m+4p^2=0$, すなわち, $(y_1m-2p)^2=0$. ゆえに, $m=2p/y_1$ だから, 接線の方程式 (10.8) が得られる.

問 7 (p.162) 命題 10.17 より, $x+2\sqrt{3}y-4=0$.

問 8 (p.170) $a=3, h=-5, b=3, p=7, q=-1, c=3$. $ab-h^2\neq 0$ だから, 連立方程式 $3s-5t+7=0, -5s+3t-1=0$ を解くと, $s=1, t=2$. このとき $d=8$. 補題 10.26 より, $\boldsymbol{u}=(1,2), C_1: 3x^2-10xy+3y^2+8=0$ とおくと, $\tau_{\boldsymbol{u}}[C_1]=C$. 次に, $a=b$ だから, $\theta=\pi/4$ とする. $\rho_\theta((x,y))=(X,Y)$ とおくと, $X=(x-y)/\sqrt{2}, Y=(x+y)/\sqrt{2}$. $(X,Y)\in C_1$ とすると,
$$3(x-y)^2-10(x-y)(x+y)+3(x+y)^2+16=0.$$
これを展開して整理すると, 双曲線 $C_0:(x^2/4)-y^2=1$ が得られる. このとき, $\rho_\theta[C_0]=C_1$ だから, $(\tau_{\boldsymbol{u}}\circ\rho_\theta)[C_0]=C$. ゆえに, C は双曲線 C_0 と合同である.

演習 10.1.1 (p.159) $F(c,0), F'(-c,0), c>0, m>n$ とする. $PF:PF'=m:n$ である点 $P(x,y)$ をとると, $nPF=mPF'$ だから, $n^2((x-c)^2+y^2)=m^2((x-(-c))^2+y^2)$. これを展開して整理すると,
$$\left(x+\frac{c(m^2+n^2)}{m^2-n^2}\right)^2+y^2=\frac{4c^2m^2n^2}{(m^2-n^2)^2} \tag{A.24}$$
したがって, $s=-c(m^2+n^2)/(m^2-n^2), r=2cmn/(m^2-n^2)$ とおくと, 点 P は中心 $(s,0)$, 半径 r の円 C 上にある. 逆に, (A.24) を満たす点 $P(x,y)$ は $PF:PF'=m:n$ を満たすから, C が求める軌跡である. 円 C を**アポロニウスの円**という.

演習 10.1.2 (p.159) $F(c,0), F'(-c,0), c>0$ とする. $PF^2+PF'^2=2a$ である点 $P(x,y)$ をとると, $((x-c)^2+y^2)+(x-(-c))^2+y^2)=2a$ だから,
$$x^2+y^2=a-c^2. \tag{A.25}$$
ゆえに, $a<c^2$ のとき, 条件を満たす点 P は存在しない. $a=c^2$ のとき, P は原点 O だけである. $a>c^2$ のとき, P は O を中心とする半径 $r=\sqrt{a-c^2}$ の円 C 上にある. このとき, 逆に (A.25) を満たす点 $P(x,y)$ は $PF^2+PF'^2=2a$ を満たすから, 円 C が求める軌跡である.

演習 10.1.3 (p.159)　放物線上の点 $P(x_1, y_1)$ に対し，OP の傾きを m とすると，$m = y_1/x_1 = 4p/y_1$. ゆえに，直線 PK の方程式は，$y - y_1 = (-y_1/4p)(x - x_1)$. $y = 0$ とおくと，$x = x_1 + 4p$ だから，HK $= 4|p|$（一定値）.

演習 10.1.4 (p.159)　楕円 C 上の点 $P(x, y) \in C$ に対し，PH $= |x - (a^2/c)|$. 一方，
$$PF^2 = (x-c)^2 + y^2 = (x-c)^2 + b^2(1 - (x^2/a^2))$$
$$= (x-c)^2 + (a^2 - c^2)(1 - (x^2/a^2)) = (a - ex)^2$$
だから，PF $= |a - ex| = e|x - (a/e)| = e|x - (a^2/c)| = e$PH.

註 A.11　演習 10.1.4 で，逆に PF $= e$PH を満たす点 P は C の点である．したがって，楕円 C は焦点 F と直線 ℓ からの距離の比が一定値 $e = c/a < 1$ である点の軌跡として表される．一般に，定点 F と F を通らない直線 ℓ，および定数 $e > 0$ が与えられたとき，点 P から ℓ への距離を PH で表し，PF $= e$PH を満たす点 P の軌跡を C とする．このとき，C は，$e < 1$ のとき楕円，$e = 1$ のとき放物線，$e > 1$ のとき双曲線であることが知られている．直線 ℓ を 2 次曲線 C の**準線**，e を**離心率**という (参考書 [29] を参照).

演習 10.1.5 (p.159)　任意の双曲線 H が双曲線 $H_0 : x^2 - y^2 = 1$ とアフィン同型であることを示せばよい．任意の双曲線 H は標準形の方程式を持つ双曲線 $H_1 : (x^2/a^2) - (y^2/b^2) = 1$ と合同である．すなわち，$H \equiv H_1$ だから $H \simeq H_1$. また，例 10.7 と同様に，行列 $A = \begin{pmatrix} a & 0 \\ 0 & b \end{pmatrix}$ の表す 1 次変換は H_0 を H_1 へうつすから，$H_0 \simeq H_1$. 関係 $\simeq$ は対称律と推移律を満たすから，$H \simeq H_0$.

演習 10.1.6 (p.159)　$C : (x^2/a^2) + (y^2/b^2) = 1, F(c, 0), F'(-c, 0)$ とする．C 上の点 $P(x_1, y_1)$ に対し，$\triangle$PFF$'$ の重心を $G(x, y)$ とすると，第 7 章，問 3 より，
$$x = (x_1 + c + (-c))/3 = x_1/3, \quad y = (y_1 + 0 + 0)/3 = y_1/3.$$
すなわち，$x_1 = 3x, y_1 = 3y$. $P(x_1, y_1) \in C$ だから，$(9x^2/a^2) + (9y^2/b^2) = 1$. ゆえに，G は楕円 $(x^2/(a/3)^2) + (y^2/(b/3)^2) = 1$ 上を動く．

演習 10.1.7 (p.159)　地面を x 軸，壁を y 軸と考え，棒の下端の座標を $(x_1, 0)$，上端の座標を $(0, y_1)$ とする．このとき，$P(x, y)$ として，$c = a - b$ とおくと，

$x=cx_1/a, y=by_1/a$. ゆえに，$x_1=ax/c, y_1=ay/b$. いま $x_1^2+y_1^2=a^2$ が成り立つから，$(a^2x^2/c^2)+(a^2y^2/b^2)=a^2$. ゆえに，点 P は楕円 $(x^2/c^2)+(y^2/b^2)=1$ 上を動く．

演習 10.1.8 (p.159)　円柱 D を平面 H で切ったときの切断面の周囲の曲線 C が楕円であることを示す．図 A.37 のように，D に内接し，H に接する 2 つの球 S_1, S_2 を考える．各 $i=1,2$ について，H と S_i の接点を F_i，D に接する S_i の大円を D_i とし，曲線 C 上の点 P に対し，P から D_i へ下ろした垂線の足を H_i とする．このとき，PF_i と PH_i は球 S_i の接線だから，$PF_i=PH_i$ ($i=1,2$). したがって，D_1, D_2 の間の距離を a とすると，$PF_1+PF_2=PH_1+PH_2=H_1H_2=a$ が成立する．ゆえに，C は F_1, F_2 を焦点とする楕円である．

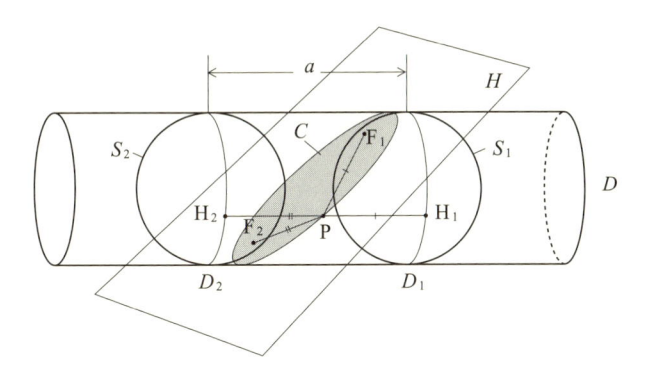

図 **A.37**　演習 10.1.8 解答図．円柱 D を平面 H で切断する．

演習 10.2.1 (p.164)　$P(x_1, y_1)$ とおく．$y_1 \neq 0$ であることに注意．各 $i=1,2$ に対して，点 P における C_i の接線の傾きを m_i とすると，命題 10.15, 10.17 の証明中で求めたように，$m_1=2/y_1, m_2=-x_1/(a^2y_1)$. いま $y_1^2=4x_1$ だから，$m_1m_2=-1/(2a^2)$. $m_1m_2=-1$ とおくと，$a=\pm 1/\sqrt{2}$. $a>0$ だから，$a=1/\sqrt{2}$.

演習 10.2.2 (p.164)　各 $i=1,2$ に対して点 P_i は C 上の点だから $P_i(y_i^2/(4p), y_i)$ と表される．ここで，$y_i \neq 0$ かつ $y_1 \neq y_2$ であることに注意する．点 P_i における C の接線を ℓ_i とし，その傾きを m_i とすると，命題 10.15 の証明より $m_i=2p/y_i$. 一方，2 点 P_1, P_2 を通る直線の方程式は，

$$(y_2-y_1)\left(x-\frac{y_1^2}{4p}\right)-\frac{y_2^2-y_1^2}{4p}(y-y_1)=0.$$

これが点 $(p,0)$ を通ることから，$y_1y_2=-4p^2$. ゆえに，$m_1m_2=4p^2/(y_1y_2)=4p^2/(-4p^2)=-1$ だから，ℓ_1,ℓ_2 は垂直である．次に，命題 10.15 より，

$$\ell_i: yy_i=2p\left(x+\frac{y_i^2}{4p}\right) \quad (i=1,2). \tag{A.26}$$

(A.26) を $i=1,2$ について連立させて y を消去すると，$x=y_1y_2/(4p)=-4p^2/(4p)=-p$. ゆえに，$\ell_1,\ell_2$ は C の準線上で交わる．

演習 10.2.3 (p.165)　C と H の共通の焦点を $\mathrm{F}(c,0), \mathrm{F}'(-c,0)\ (c>0)$ とすると，

$$C:\frac{x^2}{a_1^2}+\frac{y^2}{a_1^2-c^2}=1, \quad H:\frac{x^2}{a_2^2}-\frac{y^2}{c^2-a_2^2}=1 \quad (a_1>c>a_2) \tag{A.27}$$

と表される．C と H の交点を $\mathrm{P}(x_0,y_0)$ とおく．このとき，$y_0\neq 0$ であることに注意．点 P における C,H の接線をそれぞれ ℓ_1,ℓ_2，それらの傾きを m_1,m_2 とすると，命題 10.17 の証明より $m_1=-(a_1^2-c^2)x_0/(a_1^2y_0)$. また，同様に $m_2=(c^2-a_2^2)x_0/(a_2^2y_0)$ だから，

$$m_1m_2=-\frac{(a_1^2-c^2)(c^2-a_2^2)x_0^2}{a_1^2a_2^2y_0^2}. \tag{A.28}$$

一方，P は C,H 上にあるから，(A.27) に x_0,y_0 を代入して整理すると，

$$\left(\frac{1}{a_1^2-c^2}+\frac{1}{c^2-a_2^2}\right)y_0^2=\left(\frac{1}{a_2^2}-\frac{1}{a_1^2}\right)x_0^2.$$

したがって，$x_0^2/y_0^2=a_1^2a_2^2/((a_1^2-c^2)(c^2-a_2^2))$ だから，(A.28) より，$m_1m_2=-1$. ゆえに，ℓ_1,ℓ_2 は垂直に交わる．

演習 10.2.4 (p.165)　H 上の点 $\mathrm{P}(x_0,y_0)$ における接線を ℓ とすると，命題 10.20 より，$\ell:b^2x_0x-a^2y_0y=a^2b^2$. 一方，$H$ の 2 本の漸近線は，$\ell_1:bx-ay=0, \ell_2:bx+ay=0$. いま，$\ell$ と ℓ_1 の交点を $\mathrm{A}(x_1,y_1)$，ℓ と ℓ_2 の交点を $\mathrm{B}(x_2,y_2)$，$\triangle \mathrm{OAB}$ の面積を S とすると，補題 8.58 より，$S=|x_1y_2-x_2y_1|/2$ が成り立つ．ℓ と ℓ_1 の方程式，ℓ と ℓ_2 の方程式を，それぞれ，連立させて解くと，

$$\mathrm{A}\left(\frac{a^2b}{bx_0-ay_0},\frac{ab^2}{bx_0-ay_0}\right), \quad \mathrm{B}\left(\frac{a^2b}{bx_0+ay_0},\frac{-ab^2}{bx_0+ay_0}\right)$$

を得る．ここで，点 P は ℓ_1, ℓ_2 上にないから，$bx_0 - ay_0 \neq 0, bx_0 + ay_0 \neq 0$ であることに注意．また，$P \in H$ より $b^2 x_0^2 - a^2 y_0^2 = a^2 b^2$ だから，

$$S = \frac{1}{2} \left| \frac{a^2 b}{bx_0 - ay_0} \cdot \frac{-ab^2}{bx_0 + ay_0} - \frac{a^2 b}{bx_0 + ay_0} \cdot \frac{ab^2}{bx_0 - ay_0} \right|$$
$$= \frac{1}{2} \left| \frac{2a^3 b^3}{b^2 x_0^2 - a^2 y_0^2} \right| = \left| \frac{a^3 b^3}{a^2 b^2} \right| = ab.$$

ゆえに，S の値は P の位置に無関係に一定である．

演習 10.2.5 (p.165)　定理 10.16 は「放物線 C の頂点と異なる点 P における接線を m，m と C の軸との交点を N，C の焦点を F とすると，$\angle \text{FPN} = \angle \text{FNP}$ が成り立つ」と表現される．図 A.38 のように，放物線 C の軸上に PF = NF である点 N をとると，$\angle \text{FPN} = \angle \text{FNP}$ が成り立つ．このとき，2 点 P, N を通る直線 m が C の接線であることを示せばよい．P から C の準線 ℓ へ下ろした垂線の足を H とすると，放物線の定義から PF = PH．一方，$\angle \text{FPN} = \angle \text{FNP} = \angle \text{HPN}$ だから，m は二等辺三角形 PFH の底辺 FH の垂直二等分線である．いま，m 上の任意の点 $P' \neq P$ をとり，P' から ℓ へ下ろした垂線の足を H' とする．このとき，$P'F = P'H$ だから，$P'F \neq P'H'$．したがって，P' は C の点ではない．ゆえに，m と C は P 以外の点を共有しないから，m は C の接線である．

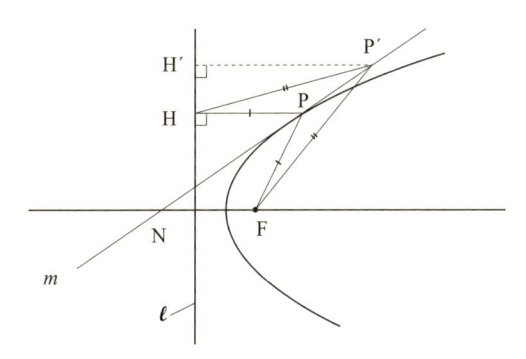

図 **A.38**　演習 10.2.5 解答図．直線 m 上の任意の点 P' に対して，$P'F = P'H$ が成り立つ．

演習 10.3.1 (p.173)　(1) 標準形は $C_0 : (3x^2/2) - y^2 = 1$，双曲線 ($\tan \theta = 2, \boldsymbol{u} = (-1, 2)$ とおくと，$(\tau_{\boldsymbol{u}} \circ \rho_\theta)[C_0] = C$)．(2) 標準形は $C_0 : y^2 = x$，放物線

($\boldsymbol{u}=(1,0), \theta=\pi/4$ とおくと, $(\rho_\theta \circ \tau_{\boldsymbol{u}})[C_0]=C$). (3) 標準形は $2x^2+4y^2=1$, 楕円 ($\boldsymbol{u}=(\sqrt{3},1), \theta=\pi/6$ とおくと, $(\tau_{\boldsymbol{u}} \circ \rho_\theta)[C_0]=C$).

演習 10.3.2 (p.173)　図 A.34 (p.217) に示す 1 次変換 f による放物線 C の像の形を調べる問題. $f[C]:x^2-2xy+y^2-y=0$. 標準形に直すと, $C_0:y^2=(\sqrt{2}/4)x$, 放物線 ($\boldsymbol{u}=(-\sqrt{2}/16, \sqrt{2}/8), \theta=\pi/4$ とおくと, $(\rho_\theta \circ \tau_{\boldsymbol{u}})[C_0]=f[C]$).

演習 10.3.3 (p.173)　2 次曲線 C は, 楕円 $C_0:x^2+4y^2=4$ を原点 O を中心として $\theta=\pi/3$ 回転して得られる図形である. すなわち, $\rho_\theta[C_0]=C$. このとき, 点 $\mathrm{P}_0(1,\sqrt{3}/2) \in C_0$ をとると, $\rho_\theta(\mathrm{P}_0)=\mathrm{P}$ が成り立つ. 点 P_0 における C_0 の接線を ℓ とおくと, 求める C の接線は $\rho_\theta[\ell]$ である. 本章の問 7 で求めたように, $\ell:x+2\sqrt{3}y-4=0$ だから, $\rho_\theta[\ell]:5x-3\sqrt{3}y+8=0$.

参考書

[1] 安藤清, 佐藤敏明『初等幾何学』, 森北出版, 1994.

[2] H.S.M. コクセター著, 銀林浩訳『幾何学入門 (上下)』, ちくま学芸文庫, 筑摩書房, 2009.

[3] F. カジョリ著, 小倉金之助補訳『初等数学史上 — 古代中世 —』, 共立全書 537 共立出版, 1970.

[4] ジャン＝ポール・ドゥラエ著, 畑正義訳『π 魅惑の数』, 朝倉書店, 2001.

[5] 中村幸四郎, 寺坂英孝, 伊藤俊太郎, 池田美恵訳・解説『ユークリッド原論』, 共立出版, 1971.

[6] R. ハーツホーン著, 難波誠訳『幾何学 I, II, — 現代数学から見たユークリッド原論 —』, シュプリンガー・ジャパン, 2007.

[7] D. ヒルベルト著, 寺阪英孝, 大西正男訳・解説『ヒルベルト　幾何学の基礎』, 共立出版, 1970.

[8] 伊藤俊太郎, 原亨吉, 村田全『数学史』, 筑摩書房数学講座 18, 1975.

[9] G. ジェニングス著, 伊理正夫・伊理由美訳『幾何再入門』, 岩波書店, 1996.

[10] 金田康正『π のはなし』, 東京図書, 1991.

[11] V.J. カッツ著, 上野健爾・三浦伸夫監訳, 中根美知代他翻訳『数学の歴史』, 共立出版, 2005.

[12] 小林吹代『ピタゴラス数を生み出す行列のはなし』, ベレ出版, 2008.

[13] 小林昭七『ユークリッド幾何から現代幾何へ』, 日本評論社, 1990.

[14] 小林昭七『円の数学』, 裳華房, 1999.

[15] E. マオール著, 伊理由美訳『ピタゴラスの定理』, 岩波書店, 2007.

[16] 松坂和夫『集合・位相入門』, 岩波書店, 1968.

[17] 松坂和夫『代数系入門』, 岩波書店, 1976.

[18] 三田博雄訳『アルキメデスの科学』, 世界の名著 9, 中央公論社, 1972.

[19] 室井和男『バビロニアの数学』, 東京大学出版会, 2000.

[20] 中岡稔『双曲幾何学入門』, 数理科学ライブラリ 5, サイエンス社, 1993.

[21] 難波誠『平面図形の幾何学』, 現代数学社, 2008.

[22] 西山享『よくわかる幾何学 — 複素平面・初等幾何学・射影幾何学をめぐって』, 丸善, 2004.

[23] H. ラーデマッヘル，O. テープリッツ著，山崎三郎，鹿野健訳『数と図形』，日本評論社，1989.

[24] P.J.Ryan, *Euclidean and non-Euclidean Geometry, An analytic approach*, Cambridge Univ. Press, 1986.

[25] 斉藤憲『ユークリッド『原論』とは何か』，岩波科学ライブラリー 148, 岩波書店，2008.

[26] 清宮俊雄『初等幾何の楽しみ』，日本評論社，2001.

[27] 瀬山士郎『幾何学再発見』，日本評論社，2005.

[28] 畠中尚志訳『スピノザ，エチカ —— 倫理学 —— (上下)』，岩波文庫，岩波書店，1951.

[29] 竹内伸子，泉屋周一，村山光孝『座標幾何学』，日科技連出版社，2008.

[30] 田代嘉宏『古典幾何学』，基礎数学叢書 5, 新曜社，1979.

[31] 寺澤順『π と微積分の 23 話』，日本評論社，2006.

[32] 寺澤順『はじめてのルベーグ積分』，日本評論社，2009.

[33] 上垣渉『アルキメデスを読む』，日本評論社，1999.

[34] 上垣渉『ギリシャ数学の探訪』，亀書房，日本評論社，2007.

[35] 上野健爾『円周率 π をめぐって』，日本評論社，1999.

[36] B. L. ヴァン・デル・ウァルデン著，村田全・佐藤勝造訳『数学の黎明』，みすず書房，1984.

[37] 矢野健太郎『平面解析幾何学』，裳華房，1969.

　以上は本書の中で引用した参考書と，執筆にあたって参考にした書籍である．現代の理系の大学における「幾何学」は「微分幾何」または「位相幾何」とほぼ同義語であるが，それらも含めて，幾何学に関する参考書は数多く出版されている．多くの参考書を平行して眺めながら勉強することは，数学を理解するこつの 1 つだと思う．同じ事柄が，参考書ごとに異なる方法で説明されているからである．

索　引

数字・記号類

0	92
1 次結合	92
1 次独立	94
1 次変換	118
1 次変換を表す写像	118
1 対 1 写像	114
1 点集合	122
2 次曲線	165
2 次曲線の分類	173
$\mathbb{A}$	151
$|A|$	108
A^{-1}	108
$a|b$	12
$\det A$	108
E	106
$\equiv$	137
$\boldsymbol{F}$	138
$f(x)$	112
f^{-1}	115
$f^{-1}[B]$	113
$f[A]$	113
$\mathbb{G}$	150
$\mathbb{GL}$	113, 150
id_X	116
$\mathbb{M}$	113, 150
O	105
O	90
$\mathbb{O}$	152
$\mathbb{O}_3$	152
$\mathbb{O}_4$	152
π	47, 60
$\mathbb{R}$	54, 90
R_θ	124
$\mathbb{R}^2$	90
R_θ^*	142
$\rho_{\mathrm{C},\theta}$	136
ρ_θ	123, 136
ρ_θ^*	141
$\mathbb{S}$	150
$[s,t]$	114
σ_0	141
σ_ℓ	137
σ_θ	142
$\backsim$	140
$\simeq$	151
$\subseteq$	113
${}^t A$	147
$\tan^{-1} x$	54
$\tau_{\boldsymbol{u}}$	135
$\mathbb{V}$	150
$\mathbb{Z}$	61

あ行

アークタンジェント	54
値	112
アフィン幾何	151
アフィン同型	151
アフィン変換	151
アフィン変換群	151
アポロニウス	158

アポロニウスの円	227
アルキメデス	47
アルキメデスの漸化式	49, 52
ヴィエート	53
上への写像	114
運動群	150
エジプトの数字とバビロニアの数字	26
『エチカ』	42
エラトステネス	53
エルミート	65
円周率	47
円錐曲線	158
『円の計測』	47
オイラー	14, 75
オイラー線	75
オイラーの定理	74
同じ向き	130

か行

外角の二等分線と辺の比の定理	23
外心	71
外心定理	70
解析幾何学	90
外接円	71
回転	124, 136
外分	22, 91, 92
拡大	139
鎌田俊清	53
関数	112
『幾何学の基礎』	44
基底	94
逆関数	115
逆行列	108
逆元	105, 149
逆写像	115
逆像	113
既約なピタゴラス数	10

逆の向き	130
逆変換	115
『九章算術』	181
九点円	77
九点円の定理	75
鏡映	137
共線的	84
共通概念	38
共点的	86
行ベクトル表示	92
行列	104
行列式	108
行列の表す1次変換	118
楔形文字	26
クライン	45, 151
グレゴリーの公式	58
群	149
ケーリー・ハミルトンの等式	112
結合法則	105, 107
原点	90
『原論』	37
交換可能	107
交換法則	105
公準	38
合成関数	113
合成写像	113
合成変換	113
合同	137
恒等写像	116
合同変換	137
合同変換群	150
公理	39
五心	67

さ行

作図可能	66
三平方の定理	1

軸	153	双曲線	156
指数	175	相似	140
自明解	98	相似幾何	150
写像	112	相似変換	140
終域	112	相似変換群	150
重心	68		
重心定理	67, 88	**た行**	
縮小	139	対称移動	137
主軸	156	対称律	138
シュワルツの極小定理	72	代数的数	65
準線	153, 228	楕円	154
焦点	153, 154, 156	互いに素	12
推移律	138	タレス	33, 35
垂心	72, 101	タレスの定理	33
垂心定理	71, 89	単位行列	106
垂線の足	5	単位元	105, 107, 149
垂足三角形	72	短軸	155
スチュワートの定理	16	単射	114
スピノザ	42	チェバ	83
正三角形の群	225	チェバの定理	86
正則行列	110	チェバの定理の逆	87
成分	104	中心	154, 156
正方形の群	225	中線	8
関孝和	53	中点連結定理	68, 196
零因子	107	超越数	65
零行列	105	長軸	155
零ベクトル	92	頂点	153, 154, 156
線形性	120	直線	81, 95
全射	114	直線の方程式	95
全単射	115	直角双曲線	156
線分の上にある	81	直交行列	147
線分の内部にある	85	直交変換	147
素因数	175	定義	37, 43
素因数分解	175	定義域	112
素因数分解の一意性	175	定値写像	116
像	113	デカルト	90
		点	90

転置行列	147	フェルマー	14, 90
同値関係	139	フェルマーの最終定理	14
等長写像	143	プトレマイオス	37, 46
等長変換	143	部分和	56

な行

		『プリンキピア』	42
内角の二等分線と辺の比の定理	22	分配法則	107
内心	70	閉区間	114
内心定理	69, 89	平行移動	135
内接円	70	平行線の公準	45
内分	22, 90, 92	平方数	12
ニュートン	42, 54	平面	90
粘土板	25	ベクトル方程式	100
ノイゲバウアー	32	ヘッセの標準形	102

は行

		ベルトラミ	45
		変換	112
媒介変数	100	辺の上にある	81
媒介変数表示	100	辺の内部にある	85
パップス	8	ポアンカレ	45
パップスの中線定理	8, 91	方向ベクトル	95
パピルス	25	傍心	73
反射律	138	傍心三角形	73
ピタゴラス	1, 6	傍心定理	72
ピタゴラス数	10	傍接円	73
ピタゴラスの椅子	2	法線ベクトル	95
ピタゴラスの定理	1	放物線	153
ピタゴラスの定理の逆	5	放物面	159
ヒポクラテス	7	方べき	79
ヒポクラテスの月	7	方べきの定理	79–81
非ユークリッド幾何	45	方べきの定理の逆	81
表現行列	118	ボヤイ	45
標準形	153, 154, 156, 173		

ま行

標準分解	175	マチン	61
ヒルベルト	44	マチン級数	61
ヒルベルト幾何	44	向きを変える1次変換	132
比例写像	145	向きを変える合同変換	145
比例定数	145	向きを保つ1次変換	132
比例変換	145		

向きを保つ合同変換	145
無限級数	56
無限級数展開	56
無定義用語	43
無理数	62
メネラウス	83
メネラウスの定理	83, 89
メネラウスの定理の逆	85
モスクワ・パピルス	28, 30
モデル	44

や行

ユークリッド	3, 37
ユークリッド幾何	44
ユークリッド幾何の公準系	44
有理数	6, 61
余弦定理	15

ら行

ライプニッツ	54
離心率	228
劉徽	53
リンデマン	65
リンド・パピルス	28, 30
ルドルフ・ファン・ケーレン	53
列ベクトル表示	92
ロバチェフスキー	45

大田春外（おおた・はると）

1950年生まれ．
1973年　鳥取大学教育学部を卒業．
1976年　大阪教育大学大学院教育学研究科修士課程修了．
1979年　筑波大学大学院数学研究科博士課程修了．
現　在　静岡大学名誉教授．
　　　　理学博士．

専門は集合論的トポロジー．
著書に『はじめよう位相空間』，『解いてみよう位相空間』（改訂版），『はじめての集合と位相』．

本書のwebサイト
http://www12.plala.or.jp/echohta/top/tpage03a.html

位相空間・質問箱
http://www12.plala.or.jp/echohta/top.html

高校と大学をむすぶ幾何学

2010年 9 月 15 日　第 1 版第 1 刷発行
2023年 12 月 20 日　第 1 版第 5 刷発行

著　者　　　　　　　　　　　　　　　　　　　大　田　春　外
発行所　　　　　　　　　　　　　　株式会社　日　本　評　論　社
　　　　　　　　　　　　　〒170-8474 東京都豊島区南大塚 3-12-4
　　　　　　　　　　　　　　　　電話　(03) 3987-8621 [販売]
　　　　　　　　　　　　　　　　　　 (03) 3987-8599 [編集]
印　刷　　　　　　　　　　　　　　　　　　　　　　　藤原印刷
製　本　　　　　　　　　　　　　　　　　　　　　　　井上製本所
装　釘　　　　　　　　　　　　　　　　　　　　　　　銀山宏子

ⓒ Haruto Ohta 2010　　　　　　　　　　　　　Printed in Japan
　　　　　　　　　　　　　　　　　　　　　ISBN978-4-535-78619-6

JCOPY　(社) 出版者著作権管理機構　委託出版物
本書の無断複写は著作権法上での例外を除き禁じられています．複写される場合は，そのつど事前に，(社) 出版者著作権管理機構（電話03-5244-5088，FAX 03-5244-5089，e-mail：info@jcopy.or.jp）の許諾を得てください．また，本書を代行業者等の第三者に依頼してスキャニング等の行為によりデジタル化することは，個人の家庭内の利用であっても，一切認められておりません．

はじめての集合と位相
大田春外[著]

集合・位相の基本を、高校数学とのつながりに配慮して、ていねいに説明。豊富な例と問題で、理解を確かめながら読み進められる。　◆定価2,860円（税込）

はじめよう位相空間
大田春外[著]

高校数学から位相空間論への橋渡しを目標にして、位相の背景とアイディアについて詳しく述べる。具体的には、「写像が連続であることの意味」を中心に、最終的にコンパクト性と連結性までを解説する。　◆定価2,420円（税込）

解いてみよう位相空間【改訂版】
大田春外[著]

姉妹編『はじめよう位相空間』の全章末演習問題に解をつける形で再構成し、位相空間論の基本的な性質を身につける。　◆定価2,640円（税込）

深めよう位相空間
大田春外[著]　カントール集合から位相次元まで

基礎的な内容に発展的な話題を加えた入門書。位相空間の発展の歴史の中から9つの話題を精選し、関連する結果をていねいに解説した。　◆定価4,180円（税込）

楽しもう射影平面
目で見る組合せトポロジーと射影幾何学

大田春外[著]

射影平面をキーワードとして、「閉曲面の分類定理」と「デザルクの定理」を解説した入門書。幾何学の美しさと楽しさが味わえる。　◆定価2,750円（税込）

日本評論社
https://www.nippyo.co.jp/